JN103856

ライブラリ 新物理学基礎テキスト=Q5

レクチャー 電磁気学

山本 直嗣 著

サイエンス社

●編者のことば●

　私たち人間にはモノ・現象の背後にあるしくみを知りたいという知的好奇心があります．それらを体系的に整理・研究・発展させているのが自然科学や社会科学です．物理学はその自然科学の一分野であり，現象の普遍的な基礎原理・法則を数学的手段で解明します．新たな解明・発見はそれを踏まえた次の課題の解明を要求します．このような絶えざる営みによって新しい物理学も開拓され，そして自然の理解は深化していきます．

　物理学はいつの時代も科学・技術の基礎を与え続けてきました．AI，IoT，量子コンピュータ，宇宙への進出など，最近の科学・技術の進展は私たちの社会や世界観を急速に変えつつあり，現代は第4次産業革命の時代とも言われます．それらの根底には科学の基礎的な学問である物理学があります．

　このライブラリは物理学の基礎を確実に学ぶためのテキストとして編集されました．物理学は一部の特別な人だけが学ぶものではなく，広く多くの人に理解され，また応用されて，これからの新しい時代に適応する力となっていきます．その思いから，理工系の幅広い読者にわかりやすく説明する丁寧なテキストを目指し標準的な大学生が独力で理解出来るように工夫されています．経験豊かな著者によって，物理学の根幹となる「力学」，「振動・波動」，「熱・統計力学」，「電磁気学」，「量子力学」がライブラリとして著されています．また，高校と大学の接続を意識して，「物理学の学び方」という1冊も加えました．

　「物理学はむずかしい」と，理工系の学生であっても多くの人が感じているようです．しかし，物理学は実り豊かな学問であり，物理学自体の発展はもとより，他の学問分野にも強い刺激を与えています．化学や生物学への影響ばかりではなく，最近は情報理論や社会科学，脳科学などへも応用されています．物理学自体の「難問」の解明もさることながら，これからもいろいろな応用が発展していくでしょう．

　このライブラリによってまずしっかりと基礎固めを行い，それからより高度な学びに繋げてほしいと思います．そして新しい社会を創造する糧としてもらいたいと願っています．

2019年12月　　　　　　　　　　　　　　編者　本庄春雄　原田恒司

●序　　文●

　本書は大学一年生，二年生を対象にした電磁気学の教科書です．電磁気学は，大学一年生から勉強する数学や力学などの物理の知識を使って，高校生のときに学んだ物理を補強していきます．そのため，微分積分をはじめとして，様々な数学の知識を総動員していく必要があります．大学で数学が一気に難しくなったと感じているとともに，必要性に疑問を感じている人は，電磁気学を学ぶことで，数学がこのような形で物理に使われるのだということを実感してもらえるかと思います．

　電磁気学は抽象的な話が多いため，想像しにくく，とっつきにくいかもしれません．しかしながら電磁気学は身近な製品に数多く使われているので，それらの製品に関連付けると理解しやすくなります．何気なく使っている電気ケトルも電磁気学の恩恵を受けており，携帯電話もマクスウェルがいなければ，ヘルツがいなければこの世にはありませんでした．電磁気学は，電気製品の原理を説明するために使われてきました．また，これから生まれてくる製品も電磁気学の上に成り立っているものがきっとたくさんあると思います．

　本書では一人で勉強できるように，式変形はなるべく丁寧に展開しています．数学ができなくて電磁気学を嫌いにならないように，丁寧に書きました．大学の講義で質問に来てくれる学生の大半は，電磁気学の考え方はわかったのに，数学との融合（式での表現）がうまくいっていないとか，式展開や微分，積分でつまずいていたようです．

　また，解答例の式変形はあくまでも一例であり，いろいろな式変形で解けます．別の解法で解くと，一問で複数の解法の練習になるので，試してみてください．さらに，いろいろな例を挙げながらイメージがしやすいように書いてあります．

　まずはこの教科書で興味を持って，さらに理解を深めるためには，別の教科書を手に取ってみてください．なお，歴史的な実験装置の図については，「歴史をかえた物理実験」（霜田光一，丸善出版）を参考にさせていただきました．

　数学の定理に関する説明（「数学ワンポイント」）や横道にそれるトピック（「物理の目」）は，四角の枠で囲んで本文と分けて記述しています．できれば読んでほしいですが，一回目は飛ばしても構いません．

　最後に本書の下敷きとなった電磁気の試験対策プリントを作ってくれた同じクラスだった岩崎秀夫君にまず，感謝します．さらに，執筆にあたり，多くの助言をいただいた本庄春雄先生・原田恒司先生（本ライブラリ編者），中島秀紀先生に

御礼申し上げます．また，出版に際し，サイエンス社の田島伸彦氏，鈴木綾子氏，西川遣治氏，仁平貴大氏には大変お世話になったことを記して，末尾ながら御礼申し上げます．

2023 年 5 月

山本直嗣

目　　次

サイエンス社のホームページのご案内
https://www.saiensu.co.jp
ご意見・ご要望は　rikei@saiensu.co.jp　まで

第1章

クーロンの法則

この章では，正と負の二つの電荷にはたらく力を記述したクーロンの法則を出発点として，電荷を置くことにより，電荷の周りの空間の性質が変わり（これを電場と呼ぶ），その変化によって他の電荷が力を受けるという近接作用に基づいた考え方を見ていく．

1.1 クーロンの力

子供のころに，頭を下敷きでこすって，髪の毛を逆立てたことがある人は多いと思う．ではなぜ髪の毛が下敷きに引き付けられるのだろうか? それは，「髪の毛に下敷きをこすることで，髪の毛と下敷きがともに電気を帯び，力がはたらいているためだ」と説明を受けたと思う．このように物体が電気を帯びる現象を**帯電**といい，帯電された物体（帯電体）同士にはたらく力を**静電気力**と呼ぶ．電気は 2 種類存在し，同種の電気間は反発し，異種の電気間は引き合うことが，フランス人のデュフェイ（Charles François de Cisternay du Fay）

図 1.1 静電気力が髪の毛を逆立たせる．

[出典：Wikimedia Commons より]

によって発見された．電気は，担い手である**電荷**によって生じる．電荷には，正と負の 2 種類があり，それによって帯電体に正負の電気が生じる．そのため，髪の毛が正に帯電し，下敷きが負に帯電して，髪の毛と下敷きの間に引き合う力（引力）がはたらき，重力に逆らって髪の毛が逆立つ（図 1.1）．

ミクロの視点から見ると，電荷の担い手は電子と陽子であり，電子が負の電荷を担い，陽子が正の電荷を担う．両者の電荷の絶対値は等しく，この絶対値が電荷の最小単位である．そのため，この最小単位の電荷の大きさを**素電荷**と呼び，これを e で表す．その値は $e = 1.602176634 \times 10^{-19}$ C であり，単位は C（クーロン）である．

　このような電荷間にはたらく力である静電気力をフランス人のクーロン（C. A. de Coulomb）が図 1.2 のようなねじり秤を使って測定した．クーロンが明らかにした静電気力の特徴は以下の 5 つである．

> (1)　互いに同じ電荷を持つ電荷同士は反発する
>
> (2)　互いに異なる電荷を持つ電荷同士は引き合う
>
> (3)　力は二つの電荷を結ぶ直線上にはたらく
>
> (4)　力の大きさは電荷の積に比例する
>
> (5)　電荷にはたらく力は電荷間の距離の 2 乗に反比例する

　これらを式として 1785 年にまとめたのが**クーロンの法則**であり，以下のように表される．

$$\boldsymbol{F}_{12} = k\frac{q_1 q_2}{r^2}\frac{\boldsymbol{r}}{r} = \frac{1}{4\pi\varepsilon_0}\frac{q_1 q_2}{r^2}\frac{\boldsymbol{r}}{r} \quad \left(\because\ \text{国際単位系では } k = \frac{1}{4\pi\varepsilon_0}\right) \tag{1.1}$$

この功績を称え，電荷の単位はクーロンとなった．クーロンがまとめたクーロンの法則にしたがう静電気力を**クーロン力**と呼ぶ．クーロン力は大きさと方向を持つため，式 (1.1) に示されているようにベクトルで表される．ある電荷 q_1 が別の電荷 q_2 から受ける力を $\boldsymbol{F}_{12}$ とし，その方向は，q_2 から見た q_1 の位置ベクトル $\boldsymbol{r} = \boldsymbol{r}_1 - \boldsymbol{r}_2$ となる（図 1.3）．ここで，q_1, q_2 は二つの帯電物体の電荷量である．また，k は比例定数であり，国際単位系（Système International d'unités, SI）においては $k = \frac{1}{4\pi\varepsilon_0}$ である．ε_0 は**真空の誘電率**と呼ばれる定数でおよそ $\varepsilon_0 = 8.85 \times 10^{-12}$ C·N^{-1}·m^{-2} である．

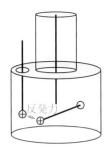

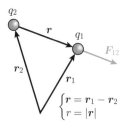

図 1.2　クーロンが用いた実験装置概略図

参考：「歴史をかえた物理実験」（霜田光一，丸善出版）

図 1.3　クーロン力のはたらく方向

式 (1.1) が表すように，q_1 と q_2 が正同士または負同士であれば，その積は正であり，力は反発力となる．一方，q_1 と q_2 が正と負の異種であれば，その積は負となり，力は引力となる．また，電荷が 2 倍になれば，はたらく力も 2 倍になる．万有引力と同様に静電気力が距離の 2 乗に反比例するため，距離が半分になればはたらく力は 4 倍になる．クーロンの法則は電磁気学のはじめの一歩であり，クーロンの法則という経験則を土台としてすべての電磁気学の法則が成り立っている．

物理の目　単位は大文字? それとも小文字?

単位は小文字が基本であるが，それが人名由来である場合は大文字から始まる．例えば電荷量の単位であるクーロンは C. A. de Coulomb 由来であるため，C と大文字になっている．他にも大きな数や小さな数を表すための接頭語である G（ギガ，10^9）や μ（マイクロ，10^{-6}）も大文字，小文字が定まっているので，興味のある人は調べてみてほしい．

── 例題 1.1 ──

水素原子の電子と陽子の間にはたらくクーロン力の大きさと万有引力の大きさの比を求めよ．ただし，電子と陽子の質量はそれぞれ $m_e = 9.1 \times 10^{-31}\,\text{kg}$, $m_p = 1.7 \times 10^{-27}\,\text{kg}$, 電子と陽子の距離は $5.3 \times 10^{-11}\,\text{m}$，万有引力定数は $G = 6.7 \times 10^{-11}\,\text{m}^3\cdot\text{kg}^{-1}\cdot\text{s}^{-2}$，素電荷 $e = 1.6 \times 10^{-19}\,\text{C}$，クーロンの法則の比例定数 $k = \frac{1}{4\pi\varepsilon_0} = 9.0 \times 10^9\,\text{N}\cdot\text{m}^2\cdot\text{C}^{-2}$ とする．

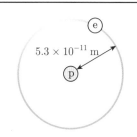

図 1.4　陽子の周りを回る電子モデル

【解答】 クーロン力を F_C，万有引力を F_G とすると，それぞれは以下のようになる．

$$F_C = k\frac{q_e q_p}{r^2} = k\frac{ee}{r^2} = k\frac{e^2}{r^2}, \quad F_G = G\frac{m_e m_p}{r^2}$$

よって，その比は

$$\frac{F_C}{F_G} = \frac{k\frac{e^2}{r^2}}{G\frac{m_e m_p}{r^2}} = \frac{ke^2}{Gm_e m_p} = \frac{9.0 \times 10^9 \times (1.6 \times 10^{-19})^2}{6.7 \times 10^{-11} \times 9.1 \times 10^{-31} \times 1.7 \times 10^{-27}}$$

$$= 2.2 \times 10^{39}$$

となる．このように，クーロン力は万有引力よりもけた違いに大きい．　□

─ 例題 1.2 ─

　点 P$(0, 1, 0)$ に 1 C，点 Q$(0, 0, 1)$ に 1 C の電荷を置いた．それぞれの電荷が受けるクーロン力の向きと大きさを求めよ．

【解答】　点 Q から見た点 P の位置ベクトル $\boldsymbol{r}$ は，P の位置ベクトル $\boldsymbol{r}_\mathrm{P}$ と点 Q の位置ベクトル $\boldsymbol{r}_\mathrm{Q}$ より，

$$\boldsymbol{r} = \boldsymbol{r}_\mathrm{P} - \boldsymbol{r}_\mathrm{Q} = (0, 1, 0) - (0, 0, 1) = (0, 1, -1)$$

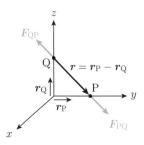

図 1.5　点 P および Q が互いに受ける力

　点 P が点 Q から受ける力 $\boldsymbol{F}_\mathrm{PQ}$ は

$$\boldsymbol{F}_\mathrm{PQ} = k\frac{q_\mathrm{P} q_\mathrm{Q}}{r^2}\frac{\boldsymbol{r}}{r} = 9.0 \times 10^9 \times \frac{1 \times 1}{(\sqrt{0^2 + 1^2 + 1^2})^2}\frac{(0, 1, -1)}{\sqrt{0^2 + 1^2 + 1^2}}$$

$$= 3.2 \times 10^9 (0, 1, -1)$$

$$= 4.5 \times 10^9 \left(0, \frac{\sqrt{2}}{2}, -\frac{\sqrt{2}}{2}\right)$$

よって向きは，$(0, \frac{\sqrt{2}}{2}, -\frac{\sqrt{2}}{2})$（$(0, 1, -1)$ でもよい），大きさは，4.5×10^9 N．また，点 Q が点 P から受ける力 $\boldsymbol{F}_\mathrm{QP}$ は，同様に

$$\boldsymbol{r}' = \boldsymbol{r}_\mathrm{Q} - \boldsymbol{r}_\mathrm{P} = (0, 0, 1) - (0, 1, 0) = (0, -1, 1)$$

$$\boldsymbol{F}_\mathrm{QP} = k\frac{q_\mathrm{P} q_\mathrm{Q}}{r'^2}\frac{\boldsymbol{r}'}{r'} = 9.0 \times 10^9 \times \frac{1 \times 1}{(\sqrt{0^2 + 1^2 + 1^2})^2}\frac{(0, -1, 1)}{\sqrt{0^2 + 1^2 + 1^2}}$$

$$= 3.2 \times 10^9 (0, -1, 1)$$

$$= 4.5 \times 10^9 \left(0, -\frac{\sqrt{2}}{2}, \frac{\sqrt{2}}{2}\right)$$

よって向きは，$(0, -\frac{\sqrt{2}}{2}, \frac{\sqrt{2}}{2})$（$(0, -1, 1)$ でもよい），大きさは，4.5×10^9 N．（もちろん作用反作用の法則より，$\boldsymbol{F}_\mathrm{PQ} = -\boldsymbol{F}_\mathrm{QP}$ として求めてもよい．）　　　□

電荷間にはたらくクーロン力は重ね合わせることができる. すなわちある二つの電荷にはたらくクーロン力は他の電荷の影響を受けない. 例えば, 3つの電荷 q_1, q_2, q_3 があり, q_1 が q_2, q_3 から受けるクーロン力 $\boldsymbol{F}_1$ は, q_1, q_2 間にはたらくクーロン力 $\boldsymbol{F}_{12}$ と, q_1, q_3 間にはたらくクーロン力 $\boldsymbol{F}_{13}$ の和となる(図1.6). これを**重ね合わせの原理**と呼び, 重ね合わせが可能であるため, クーロン力は電荷の積に比例することがいえる. 式で表すと,

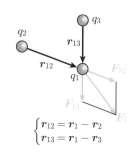

$$\begin{cases} \boldsymbol{r}_{12} = \boldsymbol{r}_1 - \boldsymbol{r}_2 \\ \boldsymbol{r}_{13} = \boldsymbol{r}_1 - \boldsymbol{r}_3 \end{cases}$$

図 1.6 重ね合わせの原理

$$\boldsymbol{F}_1 = \boldsymbol{F}_{12} + \boldsymbol{F}_{13} = k\frac{q_1 q_2}{r_{12}^2}\frac{\boldsymbol{r}_{12}}{r_{12}} + k\frac{q_1 q_3}{r_{13}^2}\frac{\boldsymbol{r}_{13}}{r_{13}} \tag{1.2}$$

となる. ただし, $\boldsymbol{r}_{12} = \boldsymbol{r}_1 - \boldsymbol{r}_2$, $\boldsymbol{r}_{13} = \boldsymbol{r}_1 - \boldsymbol{r}_3$ である. 重ね合わせの原理が成り立つことは, 電磁気学の基礎方程式が線形の方程式であることを意味している. 今のところ, これを反証する実験結果は報告されていない.

物理の目　**キャヴェンディシュの功績**

　万有引力と同様に静電気力が距離の2乗に反比例するということに関しては, 実はクーロンが第一発見者ではない. プリーストリー(Joseph Priestley)が予言しており, クーロンが発表する十年以上前にイギリス人のキャヴェンディシュ(Henry Cavendish)がすでに実験で確かめていた. ただし, キャヴェンディシュはこのことを公表していなかったため, クーロンが第一発見者となったのである. キャヴェンディシュは, ねじり秤を使って計測したのではなく, 距離に対して逆2乗則が静電気力で成り立つならば, 電位(第2章参照)は距離に反比例するという理論を用いて逆2乗則を実証した. 図1.7のような金属でできた球殻の内側に金属球を入れ, 外側の球殻を帯電させ, その球殻を取り除き, 内側の金属球にたまっている電荷が計測できる限りゼロであることを実証した.

　キャヴェンディシュの功績を発見したのは, 現在の電磁気の体系をまとめ上げたマクスウェル(James Clerk Maxwell)である. またマクスウェルによって行われた追加実験では, 電荷を直接測るのではなく, 金属球殻と金属球の間に流れる電流を計測して, その電流がほとんど流れないということを示した. 結果として, 静電気力は距離の 2.00000 ± 0.00046 乗に反比例することを確かめた. 現在は2乗の後の値は 2.7×10^{-16} 以下であることが確かめられている.

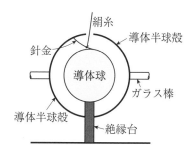

図 1.7 キャヴェンディシュが用いた実験装置概略図

(「歴史をかえた物理実験」(霜田光一, 丸善出版)より作成)

1.2 近接作用と遠隔作用

　クーロン力の伝わり方には二つの考え方がある．一つは，電荷が直接電荷に力を及ぼすとする考え方である．すなわち，クーロン力は周りには何の影響も与えずに，遠方に置いた第二の電荷に直接作用する．このため，この伝わり方を**遠隔作用**と呼ぶ．遠隔作用では，電荷を置いたとたんに瞬時に遠方に置いた電荷はクーロン力を感じることになる．もう一つの考え方は，電荷が自分の周囲の空間の状態を変え，それが徐々に周りに波及していき，それが第二の電荷に力を及ぼすとする考えである．電荷を置くことで，周りの空間の性質が変化し，この変化に伴って電荷に力が作用するため，この考え方を**近接作用**と呼ぶ．イメージとしては，図 1.8 のような柔らかい膜の上に球を置く場面を考えるとわかりやすい．球を膜の上に置くと，膜が沈み込んで，置いた球の周りに坂ができる．このできた坂によって第二の電荷が転がり落ちる．これと同様に，ある電荷が存在することにより，周りの空間の性質が変わり（電荷が坂と感じるようになる），その電場によって，第二の電荷が坂を感じて，その傾きによって転がり落ちるように力を受けるのである．このため，近接作用においては，電荷を置いたとたんに感じるのではなく，置いた影響が時間をかけて伝わる．また，この電荷が作り出す周囲の空間の状態を**電場**と呼ぶ．

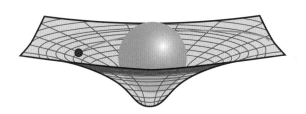

図 1.8　場の状態変化のイメージ図．中心の電荷によって，周りの空間の
状態が変わり白色の電荷がその変化に沿って転がり落ちる．

　ここで，電場を定義したい．今，第一の電荷を Q，第二の電荷を q とし，第一の電荷 Q の位置ベクトルを $\boldsymbol{r}_1$，第二の電荷 q の位置ベクトルを $\boldsymbol{r}_2$ とする．このとき，電荷 Q から見た電荷 q の位置ベクトル $\boldsymbol{r} = \boldsymbol{r}_2 - \boldsymbol{r}_1$ を用いると，クーロンの法則は以下のように変形できる．

$$\boldsymbol{F} = k\frac{qQ}{r^2}\frac{\boldsymbol{r}}{r} = q\left(k\frac{Q}{r^2}\frac{\boldsymbol{r}}{r}\right) \tag{1.3}$$

第二の電荷 q が受けるクーロン力は，第二の電荷の電荷量である q と第一の電荷 Q によって引き起こされる空間の状態変化（式 (1.3) の右辺の括弧内）の二つに分けることができる．ここで，式 (1.3) の右辺の括弧内で表せる空間の状態変化の度合いである電場 $\boldsymbol{E}(\boldsymbol{r})$（3 次元 xyz 座標で考えると $\boldsymbol{E}(x,y,z)$）は，以下のように定義できる（図 1.9）．

$$\boldsymbol{E}(\boldsymbol{r}) \equiv \frac{\boldsymbol{F}}{q} = k\frac{Q}{r^2}\frac{\boldsymbol{r}}{r} = \frac{1}{4\pi\varepsilon_0}\frac{Q}{r^2}\frac{\boldsymbol{r}}{r} \tag{1.4}$$

上の式 (1.4) からもわかるように，電場は大きさと向きを持ち，場所（位置）によって変わる関数であることがわかる．また，電場の定義より，クーロン力は電荷と電場の積として表されることがわかる．

　ある物理量 f が場所の関数として，各点 (x,y,z) で定義されているとき，$f(x,y,z)$ を場という．電場 $\boldsymbol{E}$ は 3 次元 xyz 座標系では $\boldsymbol{E}(x,y,z)$ のベクトル場であり，この電場が時間的に変化しないときを**静電場**と呼ぶ．例えばある点 R（位置ベクトル $\boldsymbol{r}' = (x',y',z')$）にある点電荷（電荷量 Q）が作る電場は，点 P（位置ベクトル $\boldsymbol{r} = (x,y,z)$）を考え，点 P の電場 $\boldsymbol{E}(\boldsymbol{r})$ が点 P における単位電荷（国際単位系における 1 C の電荷）にはたらく力 $\boldsymbol{f}$ であることから求める．

$$\boldsymbol{f} = k\frac{Q \times 1}{R^2}\frac{\boldsymbol{R}}{R} \tag{1.5}$$

$\boldsymbol{R} \equiv \boldsymbol{r} - \boldsymbol{r}' = (x-x', y-y', z-z')$，$R = \sqrt{(x-x')^2 + (y-y')^2 + (z-z')^2}$ なので，

$$\boldsymbol{E}(\boldsymbol{r}) = k\frac{Q}{R^2}\frac{\boldsymbol{R}}{R} \tag{1.6}$$

となる．$\frac{\boldsymbol{R}}{R}$ は $\overrightarrow{\mathrm{RP}}$ 方向の単位ベクトルである．

　複数の点電荷が作る電場はどのようになるのか見ていこう．それぞれの電荷量は Q_i（$i = 1, 2, 3, \ldots$）とすると，電場は式 (1.5) と同様に単位電荷にはたらくクーロ

図 1.9　電荷 Q から電荷 q が受けるクーロン力．このクーロン力は電荷 Q が作り出す電場 $\boldsymbol{E}$ で表現できる．

ン力から求められる．重ね合わせの原理から点 P にかかる力 $\boldsymbol{f}$ は

$$\boldsymbol{f} = \boldsymbol{f}_1 + \boldsymbol{f}_2 + \boldsymbol{f}_3 + \cdots + \boldsymbol{f}_n = \sum_i \boldsymbol{f}_i = \sum_i k \frac{Q_i \times 1}{R_i^2} \frac{\boldsymbol{R}_i}{R_i} \tag{1.7}$$

$\boldsymbol{R}_i \equiv \boldsymbol{r} - \boldsymbol{r}_i = (x - x_i, y - y_i, z - z_i)$, $R_i = \sqrt{(x - x_i)^2 + (y - y_i)^2 + (z - z_i)^2}$
となる（図 1.10）ため，電場 $\boldsymbol{E}(\boldsymbol{r})$ は

$$\boldsymbol{E}(\boldsymbol{r}) = \sum_i k \frac{Q_i}{R_i^2} \frac{\boldsymbol{R}_i}{R_i} \tag{1.8}$$

となる．

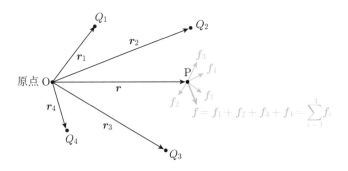

図 1.10　複数の電荷からなるクーロン力（$n = 4$ の場合）

── 例題 1.3 ──

　A$(0, 0, -1)$, B$(0, 0, 0)$, C$(0, 0, 1)$ の 3 点に等しい電荷 $q = 1.00 \times 10^{-9}$ C（$= 1$ nC, n：ナノは 10^{-9} を表す）の点電荷を置いた．この電荷が点 P$(1, 0, 0)$ に作る電場の向きと大きさを求めよ．

【解答】 A, B, C の電荷が作り出す電場は図 1.11 のようになる．各値を式 (1.8) に代入して，

$$\boldsymbol{E}(\boldsymbol{r}) = \sum_i k \frac{\boldsymbol{Q}_i \times 1}{R_i^2} \frac{\boldsymbol{R}_i}{R_i}$$

$$= kq \sum_i \frac{1}{R_i^2} \frac{\boldsymbol{R}_i}{R_i}$$

$$= kq \left(\frac{1}{R_A^2} \frac{\boldsymbol{R}_A}{R_A} + \frac{1}{R_B^2} \frac{\boldsymbol{R}_B}{R_B} + \frac{1}{R_C^2} \frac{\boldsymbol{R}_C}{R_C} \right)$$

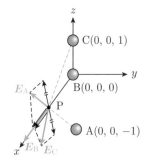

図 1.11　3 つの電荷が作り出す電場

$$= 9.0 \times 10^9 \times 1.00 \times 10^{-9}$$

$$\times \left\{ \frac{1}{(\sqrt{0^2+1^2+1^2})^2} \frac{(1,0,0)-(0,0,-1)}{\sqrt{0^2+1^2+1^2}} \right.$$

$$+ \frac{1}{(\sqrt{0^2+1^2+0^2})^2} \frac{(1,0,0)-(0,0,0)}{\sqrt{0^2+1^2+0^2}}$$

$$\left. + \frac{1}{(\sqrt{0^2+1^2+1^2})^2} \frac{(1,0,0)-(0,0,1)}{\sqrt{0^2+1^2+1^2}} \right\}$$

$$= 9.00 \left(\frac{1}{2\sqrt{2}}(1,0,1) + (1,0,0) + \frac{1}{2\sqrt{2}}(1,0,-1) \right)$$

$$= (15.4, 0, 0)$$

よって向きは $(1,0,0)$, 大きさは $15.4\,\mathrm{N \cdot C^{-1}}$ となる. □

図 1.12 に示すような連続的な電荷密度が作る電場はどうなるのだろうか. 実は, 素電荷 e の電荷の集まりによって連続的な電荷密度ができていると考えると, 複数個ある場合と変わらなく計算できる. ここで電荷密度 ρ （単位体積あたりの電荷量）を以下のように定義する.

$$\rho \equiv \lim_{V \to 0} \frac{(\text{体積 } V \text{ 内での全電荷量})}{V} \tag{1.9}$$

すると, $\boldsymbol{r}'$ 付近の微小体積中 dv にある電荷 $dQ = \rho(\boldsymbol{r}')\,dv$ が位置 $\boldsymbol{r}$ に作り出す電場 $d\boldsymbol{E}$ は,

$$d\boldsymbol{E} = k\frac{dQ}{R^2}\frac{\boldsymbol{R}}{R} = k\frac{\rho(r')\,dv}{R^2}\frac{\boldsymbol{R}}{R} \tag{1.10}$$

ただし, $\boldsymbol{R} = \boldsymbol{r} - \boldsymbol{r}'$ である.

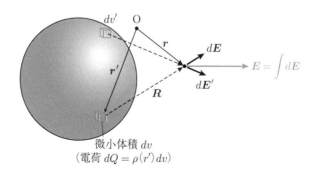

微小体積 dv
（電荷 $dQ = \rho(r')dv$）

図 1.12 連続的に分布する電荷が作り出す電場

よって，連続的に分布する電荷が作る電場 $\boldsymbol{E}(\boldsymbol{r})$ は

$$\boldsymbol{E}(\boldsymbol{r}) = \int d\boldsymbol{E} = \int k\frac{\rho(\boldsymbol{r}')}{R^2}\frac{\boldsymbol{R}}{R}\,dv$$
$$= \int \frac{1}{4\pi\varepsilon_0}\frac{\rho(\boldsymbol{r}')}{R^2}\frac{\boldsymbol{R}}{R}\,dv \tag{1.11}$$

もし，線上に電荷が分布するとなると，その線電荷密度 ρ は，単位長さあたりの電荷量となり

$$\rho \equiv \lim_{l \to 0}\frac{(\text{長さ } l \text{ 内の全電荷量})}{l} \tag{1.12}$$

となり，連続的に分布する電荷が作る電場 $\boldsymbol{E}(\boldsymbol{r})$ は

$$\boldsymbol{E}(\boldsymbol{r}) = \int d\boldsymbol{E} = \int k\frac{\rho(\boldsymbol{r}')}{R^2}\frac{\boldsymbol{R}}{R}\,dl = \int \frac{1}{4\pi\varepsilon_0}\frac{\rho(\boldsymbol{r}')}{R^2}\frac{\boldsymbol{R}}{R}\,dl \tag{1.13}$$

となる．また，電荷が面上に分布するとなると，その表面電荷密度（面電荷密度）σ は，単位面積あたりの電荷量となり

$$\sigma \equiv \lim_{S \to 0}\frac{(\text{面積 } S \text{ 内の全電荷量})}{S} \tag{1.14}$$

となり，連続的に分布する電荷が作る電場 $\boldsymbol{E}(\boldsymbol{r})$ は

$$\boldsymbol{E}(\boldsymbol{r}) = \int d\boldsymbol{E} = \int k\frac{\sigma(\boldsymbol{r}')}{R^2}\frac{\boldsymbol{R}}{R}\,dS$$
$$= \int \frac{1}{4\pi\varepsilon_0}\frac{\sigma(\boldsymbol{r}')}{R^2}\frac{\boldsymbol{R}}{R}\,dS \tag{1.15}$$

となる．

― 例題 1.4 ―

　図 **1.13** のように線電荷密度 $1\,\mathrm{C\cdot m^{-1}}$ の一様に正に帯電した長さ $2\,\mathrm{m}$ の棒が $z = 0$ を中心に z 軸上に置かれている．点 $(1,0,0)$ にできる電場を求めよ．

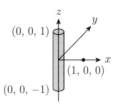

図 1.13　z 軸上に連続的に分布する電荷

【解答】図 1.14 のように，点 $(0, 0, z)$ にある微小電荷 $dq = \rho_\mathrm{L}\, dz$ が作る微小電場 $d\boldsymbol{E}$ はクーロンの法則より，

$$d\boldsymbol{E} = \frac{1}{4\pi\varepsilon_0} \frac{\rho_\mathrm{L}\, dz}{R^2} \frac{\boldsymbol{R}}{R}$$

$$\boldsymbol{R} \equiv \boldsymbol{r} - \boldsymbol{r}_i = (1 - 0, 0 - 0, 0 - z) = (1, 0, -z)$$

$$R = \sqrt{1^2 + 0^2 + (-z)^2} = \sqrt{1 + z^2}$$

対称性より z 成分は正負で相殺されてしまうため，x 成分のみを考えればよい．

$$E_x = \int dE = \int_{-1}^{1} \frac{1}{4\pi\varepsilon_0} \frac{1 \times \rho_\mathrm{L}\, dz}{(1 + z^2)^{\frac{3}{2}}}$$

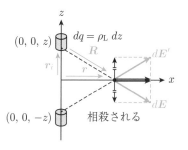

表 1.1　置換した値

z	θ
-1	$-\dfrac{\pi}{4}$
1	$\dfrac{\pi}{4}$

図 1.14　z 軸上の微小電荷が x 軸上の点に作り出す電場

$z = \tan\theta$ に置換して積分すると，積分範囲は表 1.1 のようになり，

$$E_x = \int_{-\frac{\pi}{4}}^{\frac{\pi}{4}} \frac{1}{4\pi\varepsilon_0} \frac{1 \times \rho_\mathrm{L} \frac{1}{\cos^2\theta}\, d\theta}{(1 + \tan^2\theta)^{\frac{3}{2}}} = \frac{\rho_\mathrm{L}}{4\pi\varepsilon_0} \int_{-\frac{\pi}{4}}^{\frac{\pi}{4}} \frac{\frac{1}{\cos^2\theta}}{\left(\frac{1}{\cos^2\theta}\right)^{\frac{3}{2}}}\, d\theta$$

$$= \frac{\rho_\mathrm{L}}{4\pi\varepsilon_0} \int_{-\frac{\pi}{4}}^{\frac{\pi}{4}} \cos\theta\, d\theta = \frac{\rho_\mathrm{L}}{4\pi\varepsilon_0} \Big[\sin\theta\Big]_{-\frac{\pi}{4}}^{\frac{\pi}{4}}$$

$$= \frac{\rho_\mathrm{L}}{4\pi\varepsilon_0} \left\{ \frac{\sqrt{2}}{2} - \left(-\frac{\sqrt{2}}{2}\right) \right\} = \frac{\sqrt{2}\,\rho_\mathrm{L}}{4\pi\varepsilon_0} \qquad\qquad \square$$

【別解】 $\boldsymbol{i}, \boldsymbol{j}, \boldsymbol{k}$ をそれぞれ x, y, z 方向の単位ベクトルとすると $\boldsymbol{R} = \boldsymbol{r} - \boldsymbol{r}_i = 1\boldsymbol{i} - z\boldsymbol{k}$ なので，

$$\boldsymbol{E} = \int d\boldsymbol{E} = \int_{-1}^{1} \frac{1}{4\pi\varepsilon_0} \frac{\rho_\mathrm{L}}{R^2} \frac{\boldsymbol{i} - z\boldsymbol{k}}{R}\, dz$$

$$= \boldsymbol{i} \int_{-1}^{1} \frac{1}{4\pi\varepsilon_0} \frac{\rho_\mathrm{L}}{R^2} \frac{1}{R}\, dz + \boldsymbol{k} \int_{-1}^{1} \frac{1}{4\pi\varepsilon_0} \frac{\rho_\mathrm{L}}{R^2} \frac{-z}{R}\, dz$$

$z = \tan\theta$ に置換して積分すると

$$\boldsymbol{E} = \boldsymbol{i}\frac{\rho_{\mathrm{L}}}{4\pi\varepsilon_0}\int_{-\frac{\pi}{4}}^{\frac{\pi}{4}}\cos\theta\,d\theta - \boldsymbol{k}\frac{\rho_{\mathrm{L}}}{4\pi\varepsilon_0}\int_{-\frac{\pi}{4}}^{\frac{\pi}{4}}\cos\theta\tan\theta\,d\theta$$

$$= \boldsymbol{i}\frac{\rho_{\mathrm{L}}}{4\pi\varepsilon_0}\int_{-\frac{\pi}{4}}^{\frac{\pi}{4}}\cos\theta\,d\theta - \boldsymbol{k}\frac{\rho_{\mathrm{L}}}{4\pi\varepsilon_0}\int_{-\frac{\pi}{4}}^{\frac{\pi}{4}}\sin\theta\,d\theta = \frac{\sqrt{2}\,\rho_{\mathrm{L}}}{4\pi\varepsilon_0}\boldsymbol{i}$$

よって，方向 $+x$ 方向，大きさ $\frac{\sqrt{2}\rho_{\mathrm{L}}}{4\pi\varepsilon_0}$ の電場ができる．このようにベクトルで計算すると，計算量はあまり増えず，対称性が式に表れるため，きれいに計算できる． $\qquad\square$

── 例題 1.5 ──

　半径 r の円周上に単位長さあたりの電荷密度 $\rho\ (>0)$ で一様に正の電荷を帯電させた．この電荷が円の中心軸上に作り出す電場を求めよ．

【解答】 $z = 0$ の $r\theta$ 平面上の原点を中心とする半径 r の円を考える．円筒座標系 (r, θ, z) で考えると解きやすい．円周上の微小電荷 $dQ = \rho r\,d\theta$ が z 軸上の点 $(0, 0, z)$ に作り出す電場 $d\boldsymbol{E}$ と，原点に関して対称な位置の電荷 dQ' が作り出す電場 $d\boldsymbol{E}'$ を考える．$d\boldsymbol{E}$ と $d\boldsymbol{E}'$ は図 1.15 に示す通り対称性より z 成分以外は相殺する．それゆえ z 成分のみを考えればよい．クーロンの法則より

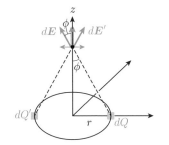

図 **1.15** 円周上に配置された微小電荷 dQ が中心軸上に作り出す電場

$$dE_z = |d\boldsymbol{E}|\sin\phi$$
$$= \frac{1}{4\pi\varepsilon_0}\frac{\rho r\,d\theta}{r^2 + z^2}\frac{z}{\sqrt{r^2 + z^2}}$$

よって，

$$E_z = \int_0^{2\pi}\frac{1}{4\pi\varepsilon_0}\frac{\rho r\,d\theta}{r^2 + z^2}\frac{z}{\sqrt{r^2 + z^2}} = \frac{1}{4\pi\varepsilon_0}\frac{\rho r z}{(r^2 + z^2)^{\frac{3}{2}}}\int_0^{2\pi}d\theta$$

$$= \frac{2\pi}{4\pi\varepsilon_0}\frac{\rho r z}{(r^2 + z^2)^{\frac{3}{2}}} = \frac{1}{2\varepsilon_0}\frac{\rho r z}{(r^2 + z^2)^{\frac{3}{2}}}$$

円の中心軸上に作り出す電場は大きさが $\frac{1}{2\varepsilon_0}\frac{\rho r z}{(r^2+z^2)^{\frac{3}{2}}}$ で，向きは中心軸方向で円から離れる方向． $\qquad\square$

1.3 電 気 力 線

電場はベクトル場であるために，電場を矢印の集まりで表すことができる．すなわち，電場の大きさを矢印の大きさで表し，電場の向きを矢印の向きで表す．しかしながら，この表現方法では，多くの矢印があると見にくくなる．また，点電荷が作り出す電場の大きさは距離の2乗に反比例して急激に小さくなるため，距離が離れた矢印は見にくくなる（図 1.16 (a)）．

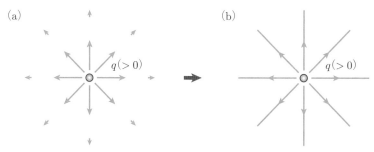

図 1.16　電場の表現の仕方．　(a)　電場の大きさを矢印で示す方法．
(b)　電気力線で表す方法．

そこで，電場を線で表そうとファラデー（Michael Faraday）は考え，**電気力線**を導入した（図 1.16 (b)）．ファラデーは電荷を置くと，自噴井戸から水が湧き出すように，電荷から何らかのものがあふれ出し，空間に流れ出し，その影響で空間の状態（性質）が変わり，場が形成されると考えた．この「何らかの流れ出すもの」

図 1.17　自噴井戸から湧き出る水

の流れを線で表すことで，電場を表現した．この線を電気力線と呼ぶ．電気力線は近接作用の考えを反映して考案されたものであり，電気力線の特徴は以下の通りである．

(1)　接線方向が電場の方向
(2)　交わらないし，枝分かれしない（電場の方向は一つに決まる）
(3)　正電荷から出発して負電荷に入る
(4)　点電荷が増えれば電気力線の本数も増える
(5)　力線の密度が電場の強さに比例する

　例えば，正の点電荷が二つ並んでいる電場を表す電気力線や正負の点電荷が二つ並んでいる電場を表す電気力線は，図 1.18 のように表される．第 2 章で述べるが，この「何らかの流れ出すもの」が「**電束**」である．

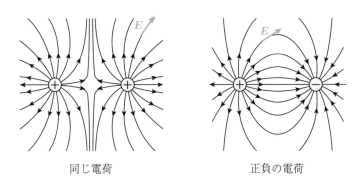

同じ電荷　　　　　　　　　正負の電荷

図 1.18　電気力線での電場の表現

演 習 問 題

演習 1.1　xy 平面（$z = 0$）の 4 点 $(0,0,0)$, $(a,0,0)$, $(0,a,0)$, $(a,a,0)$（ただし $a > 0$）に点電荷 q（> 0）を置いた．原点に置かれている点電荷にはたらくクーロン力を求めよ．

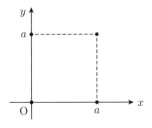

演習 1.2　正と負の電荷 q, $-q$ [C]（$q > 0$）が距離 $2a$ だけ離れて存在している．両電荷を貫く直線を z 軸とし，正電荷から負電荷を見た方向を正とする．$z = 0$ の原点を両電荷の中点とするとき，$z = 0$ の z 軸に垂直な平面上の原点から距離 r の点 P における電場の向きと大きさを求めよ．

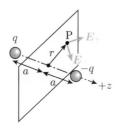

演習 1.3　電荷が一様な表面電荷密度 ρ（> 0）[C·m^{-2}] および $-\rho$ で分布している半径 a の円板が距離 $2a$ だけ離れて同軸上に平行に設置されている．円盤の中点での電場を求めよ．

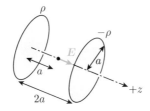

演習 1.4　無限に広い導体平面から距離 a だけ離れたところに電荷 q（$q > 0$）が置かれている．

(1)　どのような電気力線となっているのか，概略図を示せ．

(2)　導体平面全体にはたらく力を求めよ．

演習 1.5　一様な表面電荷密度 σ を持ち，無限に広がった平面板が作る電場を求めよ．平面板は $z = 0$ の xy 平面上にあるとして計算せよ．

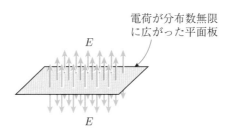

第2章

静電場の方程式

　この章では，前章で学んだ静電場を記述する方程式を説明していく．静電場は
ガウスの法則により記述できること，またクーロン力は保存力であることを学ぶ．
クーロン力は保存力であるため，重力場と同様にポテンシャルエネルギーを定義で
きることを見ていく．

2.1　ガウスの法則

　電気力線の考え方を数式で表現したものが，**ガウスの法則**である．電気力線の考
え方とは，"電荷から電束があふれ出し，その影響で空間の性質が変わり，場が形成
されるのであれば，「電荷量」と「電束の総和」は等しくなる"とする考えである．
あふれ出す「電束」は誘電率と電場強度の積で表される．つまり，ガウスの法則を
言葉で表すと，「ある閉じた曲面（閉曲面）Cを考える．閉曲面C上の接平面（曲
面Cに接する平面）と垂直方向（法線方向という）の電場の成分を積分した値は閉
曲面Cの中にある全電荷量を誘電率で割った値と等しくなる」となる．真空中のガ
ウスの法則を式で表すと，以下の通りになる（図2.1）．

$$\int_{\mathrm{C}上} \boldsymbol{E} \cdot d\boldsymbol{S} = \frac{(\text{C 内の全電荷量})}{\varepsilon_0} \quad \text{ただし} \quad d\boldsymbol{S}:\left\{\begin{array}{l}\text{大きさ}：dS \\ \text{方向　}：\text{法線方向}\end{array}\right\} \quad (2.1)$$

閉曲面Cと電荷の位置で3つに場合分けをして証明していく．はじめに，図2.2

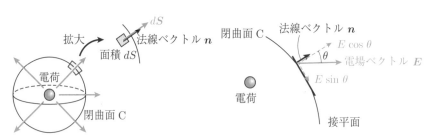

図 2.1　ガウスの法則の概念　　　図 2.2　閉曲面 C の内側に電荷がある場合
　　　　　　　　　　　　　　　　　　　　　の C 上での電場と法線ベクトル

に示すように，電荷量 e の点電荷が一つ，閉曲面 C の内側にある場合を考える．このとき，電荷が作る電場と閉曲面 C の法線ベクトル $\boldsymbol{n}$ が作り出す角を θ とすると，幾何学的に θ は 90 度以下となる．よって，$\cos\theta$ は常に正である．一方，閉曲面 C 上の微小面積 $d\boldsymbol{S}$ の大きさ dS は点電荷と曲面間の距離 r および，立体角 $d\Omega$ を使うと，$r^2\,d\Omega = dS\,|\cos\theta|$ である．ガウスの法則の左辺はクーロンの法則を用いて，

$$
\begin{aligned}
\int_{\mathrm{C}上} \boldsymbol{E}\cdot d\boldsymbol{S} &= \int_{\mathrm{C}上} |\boldsymbol{E}|\,dS\cos\theta = \int_{\mathrm{C}上} \left|\frac{1}{4\pi\varepsilon_0}\frac{e}{r^2}\right|\frac{r^2\,d\Omega}{|\cos\theta|}\cos\theta \\
&= \int_{\mathrm{C}上} \frac{1}{4\pi\varepsilon_0}\frac{e}{r^2}\frac{r^2\,d\Omega}{|\cos\theta|}\cos\theta \\
&= \frac{e}{4\pi\varepsilon_0}\int d\Omega = \frac{e}{4\pi\varepsilon_0}4\pi = \frac{e}{\varepsilon_0} \\
&= \frac{(\text{C 内の全電荷量})}{\varepsilon_0}
\end{aligned}
\tag{2.2}
$$

$$
\because\quad |\theta|\le\frac{\pi}{2}\,より\,\cos\theta = |\cos\theta|
$$

となり，証明された．

二つ目の場合分けとして，図 **2.3** に示すように，電荷が C の外にある場合を考える．閉曲面 C を電荷側の面と電荷と反対側にある面の二つに分割し，それぞれを C_1, C_2 とする．C_1 と C_2 の境を仰ぐ立体角を Ω とすると，C_1 においては，θ は 90 度から 270 度であるため，$\cos\theta = -|\cos\theta|$ となる．また，C_2 においては，θ は -90 度から 90 度であるため，$\cos\theta = |\cos\theta|$ となる．よって，

$$
\begin{aligned}
\int_{\mathrm{C}上} \boldsymbol{E}\cdot d\boldsymbol{S} &= \int_{\mathrm{C}_1上} \boldsymbol{E}\cdot d\boldsymbol{S} + \int_{\mathrm{C}_2上} \boldsymbol{E}\cdot d\boldsymbol{S} \\
&= \int_{\mathrm{C}_1上} \left|\frac{1}{4\pi\varepsilon_0}\frac{e}{r^2}\right|\frac{r^2\,d\Omega}{|\cos\theta|}\cos\theta + \int_{\mathrm{C}_2上} \left|\frac{1}{4\pi\varepsilon_0}\frac{e}{r^2}\right|\frac{r^2\,d\Omega}{|\cos\theta|}\cos\theta
\end{aligned}
$$

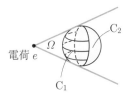

図 **2.3** 球状の閉曲面 C の外側に電荷がある場合

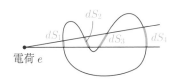

図 **2.4** 複雑形状の閉曲面 C の外側に電荷がある場合

$$= \frac{e}{4\pi\varepsilon_0}\left(-\int_{\mathrm{C_1}\perp} d\Omega + \int_{\mathrm{C_2}\perp} d\Omega\right)$$

$$= \frac{e}{4\pi\varepsilon_0}(-\Omega + \Omega) = 0 = \frac{(\text{C 内の全電荷量})}{\varepsilon_0} \tag{2.3}$$

となる.

3 つ目の場合分けとして, 閉曲面 C が図 2.4 のように湾曲しているときを考える. このとき, dS_1 と dS_2 が打ち消し合い, dS_3 と dS_4 が打ち消し合うので, やはり同じようにガウスの法則は成り立つ.

また, 点電荷がたくさんある場合は, 電場は**重ね合わせの原理**が成り立つ. すなわち, $e_1, e_2, e_3, \ldots$ の電荷が作り出す電場を, $\boldsymbol{E}_1, \boldsymbol{E}_2, \boldsymbol{E}_3, \ldots$ とすると, 全電荷が作り出す電場 $\boldsymbol{E}$ は $\boldsymbol{E} = \boldsymbol{E}_1 + \boldsymbol{E}_2 + \boldsymbol{E}_3 + \cdots$ となる. よって,

$$\begin{aligned}
\int_{\mathrm{C}\perp} \boldsymbol{E}\cdot d\boldsymbol{S} &= \int_{\mathrm{C}\perp} \boldsymbol{E}_1\cdot d\boldsymbol{S} + \int_{\mathrm{C}\perp} \boldsymbol{E}_2\cdot d\boldsymbol{S} + \int_{\mathrm{C}\perp} \boldsymbol{E}_3\cdot d\boldsymbol{S} + \cdots \\
&= \sum_i \int_{\mathrm{C}\perp} \boldsymbol{E}_i\cdot d\boldsymbol{S}\ (e_i\ \text{が C の内側}) \\
&\quad + \sum_j \int_{\mathrm{C}\perp} \boldsymbol{E}_j\cdot d\boldsymbol{S}\ (e_j\ \text{が C の外側}) \\
&= \sum_i \frac{e_i}{\varepsilon_0} + \sum_j 0 \\
&= \frac{(\text{C 内の全電荷量})}{\varepsilon_0} \tag{2.4}
\end{aligned}$$

となり, やはりガウスの法則が成り立つ.

また, 連続的な電荷分布の場合は $\rho(\boldsymbol{r})\,dv$ による分布を考えれば明らかであり, すべての場合において, ガウスの法則が成り立つ.

── 例題 2.1 ──

一様に帯電した無限に長い直線（線密度 $\sigma\ [\mathrm{C\cdot m^{-1}}]$）が作る電場を求めよ.

【解答】 図 2.5 のような半径 r, 長さ l の円柱領域を考える. 対称性より, 電場は直線に対して垂直かつ, 直線を軸とする軸対称である. 円柱は C, $\mathrm{C_1}$, $\mathrm{C_2}$ の 3 つの面からなるため, ガウスの法則は,

$$\int_{\mathrm{C+C_1+C_2}} \boldsymbol{E}\cdot d\boldsymbol{S} = \frac{\sigma l}{\varepsilon_0}$$

となる．C_1，C_2 面上では，$\boldsymbol{E} \cdot d\boldsymbol{S} = |\boldsymbol{E}||d\boldsymbol{S}|\cos\theta = 0$（$\theta$ は電場ベクトルと法線ベクトルのなす角）である．なぜならば，電場は直線に対して垂直であり，C_1，C_2 面は直線に対して垂直であるため，その法線ベクトル（面に対して垂直なベクトル）は，直線と同じ方向である．よって，電場と C_1，C_2 の法線ベクトルのなす角は 90 度となり，電場ベクトルと法線ベクトルの内積は 0 となる．

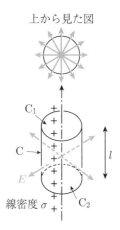

図 2.5　一様に帯電した無限に長い直線が作る電場

電場が軸対称であるため，円柱側面の C 面上では電場の大きさはどこでも同じである．よって，電場を C 面で面積積分すると，(電場の大きさ) × (側面の面積) となる．これよりガウスの法則は以下のように書き直せる．

$$\int_{C+C_1+C_2} \boldsymbol{E} \cdot d\boldsymbol{S} = \int_{C} \boldsymbol{E} \cdot d\boldsymbol{S}$$
$$= |\boldsymbol{E}(\boldsymbol{r})| \times 2\pi r l$$

上の式二つを比較して，

$$\frac{\sigma l}{\varepsilon_0} = |\boldsymbol{E}(\boldsymbol{r})| \times 2\pi r l$$

$$E(r) = |\boldsymbol{E}(\boldsymbol{r})| = \frac{\sigma}{2\pi r \varepsilon_0} \left(= \frac{2\sigma}{4\pi\varepsilon_0}\frac{1}{r} = k\frac{2\sigma}{r} \right) \qquad \square$$

式 (2.1) の積分が式の中に入った積分形のガウスの法則を，数学の定理の一つであるガウスの定理を使って，近接作用の考え方に基づいて変形する．

ガウスの定理

$$\int_{C上} \boldsymbol{E} \cdot d\boldsymbol{S} = \int_{C内} (\mathrm{div}\,\boldsymbol{E})\,dv \qquad (2.5)$$

ガウスの法則　⟶　∥

$$\frac{(C\text{ 内の全電荷量})}{\varepsilon_0} = \frac{1}{\varepsilon_0}\int_{C内} \rho(\boldsymbol{r})\,dv$$

ここで $\rho(\boldsymbol{r})$ は位置 $\boldsymbol{r} = (x, y, z)$ での電荷密度を表す．

　電荷密度を C 内で積分すると，C 内の全電荷量となる．真空中の誘電率 ε_0 は定数であるので，これを積分に入れると

$$\int_{\text{C内}} (\text{div}\,\boldsymbol{E})\,dv = \int_{\text{C内}} \frac{\rho(\boldsymbol{r})}{\varepsilon_0}\,dv \tag{2.6}$$

ここで，C は任意の閉曲面であるから，上の式が成り立つためには，積分の中が等しくなければならない．よって，

$$\text{div}\,\boldsymbol{E} = \frac{\rho(\boldsymbol{r})}{\varepsilon_0} \tag{2.7}$$

となる．このように，ガウスの法則は電荷密度から電場の**湧き出し**（divergence）があるということを示している．これはまさしく近接作用の考え方の，電荷から「何か」が湧き出し，周りの空間に流れ出して周りの空間の性質を変えているいうことを体現している式である．

　ガウスの法則をまとめると以下の形になる．

$$積分形：\int_{\text{C上}} \boldsymbol{E} \cdot d\boldsymbol{S} = \frac{(\text{C 内の全電荷量})}{\varepsilon_0} \tag{2.8}$$

$$微分形：\qquad \text{div}\,\boldsymbol{E} = \frac{\rho(\boldsymbol{r})}{\varepsilon_0} \tag{2.9}$$

数式のワンポイント　　**ガウスの定理**

　ある任意の閉曲面 C と，あるベクトル場 $\boldsymbol{A}$ を考える．$\boldsymbol{A}$ が xyz 座標系にあるとすると，$\boldsymbol{A} = (A_x, A_y, A_z)$ となり，これを閉曲面 C 上で面積分したものは，

$$\int_{\text{C上}} \boldsymbol{A} \cdot d\boldsymbol{S} = \int_{\text{C内}} (\text{div}\,\boldsymbol{A})\,dv \tag{2.10}$$

ここで，$\text{div}\,\boldsymbol{A}$ とは，$\text{div}\,\boldsymbol{A} = \frac{\partial A_x}{\partial x} + \frac{\partial A_y}{\partial y} + \frac{\partial A_z}{\partial z}$ と定義され，これを $\boldsymbol{A}$ の**発散**（divergence）もしくは**湧き出し**という．ある点 (x, y, z) を囲む無限に小さい曲面 C を考えたとき，無限小なので，C 内の $\text{div}\,\boldsymbol{A}$ は一定である．そこで，

$$\int_{\text{C内}} (\text{div}\,\boldsymbol{A})\,dv \approx (\text{div}\,\boldsymbol{A})\,dv = \int_{\text{C上}} \boldsymbol{A} \cdot d\boldsymbol{S} \tag{2.11}$$

よって，

$$\text{div}\,\boldsymbol{A} = \lim_{dv \to 0} \frac{1}{dv} \int_{\text{C上}} \boldsymbol{A} \cdot d\boldsymbol{S} \tag{2.12}$$

となり，単位体積あたりに閉曲面 C を通り抜ける流束を表す．すなわち，発散はある点からの湧き出しという意味を持つのである．

　実はガウスの法則だけでは電場は求められない．電場が常に対称とは限らず，また，積分時の積分定数が不明のまま残るからである．そこで，ガウスの法則とともに使われるのが，クーロン力が保存力であるということと境界条件である．

　力学でも出てきた保存力について，おさらいしておく．保存力がする仕事は出発点と到着点だけの関数であり，経路には無関係である．言い方を変えれば，図 2.6 のように，ある閉曲線 Γ を考え，保存力と釣り合う力を加えて，Γ に沿って運び，元の位置まで戻ってくる仕事 W を考えると，この仕事 W が 0 になることが保存力の定義である．

　出発点と到着点だけで保存力がする仕事が決まるのであれば，図 2.7 のように，経路 I および経路 II の二つの経路を考えると，出発点と到着点がちょうど逆であるため，この経路の差による仕事の差 ΔW は 0 となる．

$$W = \oint \boldsymbol{F} \cdot d\boldsymbol{l} = \underbrace{W(\mathrm{P} \to \mathrm{Q})}_{\mathrm{I}} + \underbrace{W(\mathrm{Q} \to \mathrm{P})}_{\mathrm{II}} = \underbrace{W(\mathrm{P} \to \mathrm{Q})}_{\mathrm{I}} - \underbrace{W(\mathrm{P} \to \mathrm{Q})}_{\mathrm{II}}$$

$$= \Delta W = 0 \quad \text{ただし} \quad d\boldsymbol{l} = \left\{ \begin{array}{l} \text{大きさ：} dl \\ \text{方向　：法線方向} \end{array} \right\} \tag{2.13}$$

　では，「クーロン力が保存力であるかどうか」を見ていきたい．すなわち，「閉曲線に沿って元の位置まで戻ってきたときのクーロン力がする仕事 W が 0 である」ことを確認していく．

　今，電荷量 q [C] の点電荷の周りで，1 C の単位電荷が図 2.8 に示したように，Γ_1（点電荷を中心とした半径 a の円），Γ_2（点電荷周りの円弧と径方向移動の組み合わせ）の二つの周回経路を動く場合を考える．点電荷の周りの電場は，q の点電荷から見た 1 C の単位電荷の位置ベクトルを $\boldsymbol{r}$ とすると，式 (1.6) に示したように

図 2.6　閉曲線 Γ に沿ってする仕事

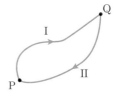

図 2.7　点 P から点 Q までの経路

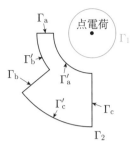

図 2.8　様々な閉曲線に沿ってする仕事

$$\boldsymbol{E}(\boldsymbol{r}) = k\frac{q}{r^2}\frac{\boldsymbol{r}}{r} \tag{2.14}$$

となる．点電荷を中心とする円 Γ_1 の経路を考えると，

$$W = \oint_{\Gamma_1} \boldsymbol{E} \cdot d\boldsymbol{l} = 0 \quad (\because \ \boldsymbol{E} \perp d\boldsymbol{l}) \tag{2.15}$$

と，クーロン力がする仕事は 0 となる．また，Γ_2 の経路も，Γ_{a}', Γ_{b}', Γ_{c}' の点電荷からの距離をそれぞれ $r_{\mathrm{a}}, r_{\mathrm{b}}, r_{\mathrm{c}}$ とすると，

$$
\begin{aligned}
W = \oint_{\Gamma_2} \boldsymbol{E} \cdot d\boldsymbol{l} &= \int_{\Gamma_{\mathrm{a}}'} \underbrace{\boldsymbol{E} \cdot d\boldsymbol{l}}_{=0} + \int_{\Gamma_{\mathrm{b}}'} \underbrace{\boldsymbol{E} \cdot d\boldsymbol{l}}_{=0} + \int_{\Gamma_{\mathrm{c}}'} \underbrace{\boldsymbol{E} \cdot d\boldsymbol{l}}_{=0} \\
&\quad + \int_{\Gamma_{\mathrm{a}}} \boldsymbol{E} \cdot d\boldsymbol{l} + \int_{\Gamma_{\mathrm{b}}} \boldsymbol{E} \cdot d\boldsymbol{l} + \int_{\Gamma_{\mathrm{c}}} \boldsymbol{E} \cdot d\boldsymbol{l} \\
&= \int_{r_{\mathrm{a}}}^{r_{\mathrm{b}}} k\frac{q}{r^2}\frac{\boldsymbol{r}}{r} \cdot d\boldsymbol{r} + \int_{r_{\mathrm{b}}}^{r_{\mathrm{c}}} k\frac{q}{r^2}\frac{\boldsymbol{r}}{r} \cdot d\boldsymbol{r} + \int_{r_{\mathrm{c}}}^{r_{\mathrm{a}}} k\frac{q}{r^2}\frac{\boldsymbol{r}}{r} \cdot d\boldsymbol{r} \\
&= kq\left\{\left(\frac{1}{r_{\mathrm{a}}} - \frac{1}{r_{\mathrm{b}}}\right) + \left(\frac{1}{r_{\mathrm{b}}} - \frac{1}{r_{\mathrm{c}}}\right) + \left(\frac{1}{r_{\mathrm{c}}} - \frac{1}{r_{\mathrm{a}}}\right)\right\} = 0 \tag{2.16}
\end{aligned}
$$

$$\because \ \ \boldsymbol{E} \perp d\boldsymbol{l} \quad (\Gamma' \text{上})$$

と，電場がする仕事が 0 となることがわかる．このように静電場において，どのような経路を取っても，その経路をミクロで見ていくと，上と同様に円弧に沿った移動と径方向の移動になるため，円弧に沿った移動ではクーロン力は仕事をせず，半径方向の移動のみ，クーロン力は仕事をする．その仕事は始点と点電荷および終点と点電荷の距離にのみ依存し，経路によらない．また，複数の電荷があっても，電荷が連続分布していても，電場は重ね合わせの原理が成り立つので，電場がする仕事は同様に出発点と到着点のみにより，経路にはよらない．すなわち，静電場において，クーロン力が保存力であることが示せた．

図 2.9 重力ポテンシャルと静電ポテンシャル

　保存力である重力において重力ポテンシャルが定義できたのと同様に，静的な
クーロン力も保存力であるために，静電場においても**ポテンシャル**が定義できる．
重力場においては，ある質量の物体が基準点からその位置までゆっくりと移動する
ときに重力と釣り合った外力がした仕事，もしくは重力がその位置から基準点まで
にする仕事として位置エネルギーであるポテンシャルは与えられる．これと同様
に，与えられた静電場の中で，ある電荷を基準点からある位置までゆっくりと移動
するときに，電場と釣り合う外力がする仕事，もしくは，その位置から基準点まで
移動するときに電場がする仕事が，電場の位置エネルギーであり，この位置エネル
ギーをポテンシャルと定義する．定義にしたがうと，電荷 q のある点 A でのポテ
ンシャル U_A は，ポテンシャル 0 の基準点 O から点 A まで電荷 q を動かしたとき
に，電場による力と釣り合う外力が基準点 O から位置 A まで動かしたときにする
仕事である．式で定義すると以下のようになる．

$$U_\mathrm{A} = \int_\mathrm{O}^\mathrm{A} -q\boldsymbol{E} \cdot d\boldsymbol{l} = \int_\mathrm{A}^\mathrm{O} q\boldsymbol{E} \cdot d\boldsymbol{l} \tag{2.17}$$

また，重力場における単位質量あたりのポテンシャルを重力ポテンシャルと定義し
たのと同様に，静電場における単位電荷あたりのポテンシャルを**静電ポテンシャ
ル**もしくは**電位**という（図 2.9）．式で定義すると，基準点から見た静電ポテンシャ
ルもしくは電位 ϕ_A は，

$$\phi_\mathrm{A} = \int_\mathrm{O}^\mathrm{A} -\boldsymbol{E} \cdot d\boldsymbol{l} = \int_\mathrm{A}^\mathrm{O} \boldsymbol{E} \cdot d\boldsymbol{l} \tag{2.18}$$

となる．ここで電位の単位は V（ボルト）であ
る．ちなみにボルトははじめてボルタ電池を発
明したボルタ（Alessandro Giuseppe Antonio
Anastasio Volta）に由来する．

　さて，図 2.10 のように，点 P から点 Q ま
で単位電荷を移動させたときに電場がする仕事
を考える．

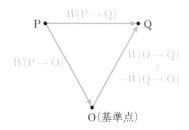

図 2.10 点 P から点 Q まで原
点経由の経路

$$W(\mathrm{P} \to \mathrm{Q}) = W(\mathrm{P} \to \mathrm{O}) + W(\mathrm{O} \to \mathrm{Q}) = W(\mathrm{P} \to \mathrm{O}) - W(\mathrm{Q} \to \mathrm{O})$$

$$= \phi(\mathrm{P}) - \phi(\mathrm{Q}) \tag{2.19}$$

となり，P と Q の電位の差になる．この電位差を**電圧**という．P と Q の電位差は，どこを基準に取っても同じであり，基準点（点 O）の取り方によらないことがわかる．電圧の単位は電位と同じ V（ボルト）を用いる．また仕事との関係から V·C = J = N·m = kg·m^2·s^{-2} となることがわかる．また 1 秒あたりの電荷の移動量である電流の単位 A = C·s^{-1} を用いると，毎秒あたりの仕事である仕事率 W（ワット）は，W = J·s^{-1} = V·C·s^{-1} = V·A とおなじみの単位になることがわかる．

数式のワンポイント　**ストークスの定理**

$$\underbrace{\oint_{\Gamma \text{上}} \boldsymbol{A} \cdot d\boldsymbol{l}}_{\text{閉曲線}\Gamma\text{上で } \boldsymbol{A} \text{ を積分}} = \underbrace{\int_{\mathrm{C}\text{上}} \mathrm{rot}\,\boldsymbol{A} \cdot d\boldsymbol{S}}_{\boldsymbol{A} \text{ の回転を閉曲面 C 上で表面積分}} \qquad \text{ただし}\quad d\boldsymbol{S} : \begin{cases} \text{大きさ}: dS \\ \text{方向}\quad : \text{法線方向} \end{cases}$$

$$\tag{2.20}$$

閉曲面 C
閉曲線 Γ

図 2.11　閉曲線 Γ と閉曲面 C の関係

ここで rot $\boldsymbol{A}$（または curl $\boldsymbol{A}$）は**回転**（ローテーション）といい，xyz 座標系では次の式で定義される．

rot $\boldsymbol{A}$

$$= \left(\frac{\partial A_z}{\partial y} - \frac{\partial A_y}{\partial z}, \frac{\partial A_x}{\partial z} - \frac{\partial A_z}{\partial x}, \frac{\partial A_y}{\partial x} - \frac{\partial A_x}{\partial y} \right) \tag{2.21}$$

ただし，$A = (A_x, A_y, A_z)$.

rot $\boldsymbol{A}$ は下に示す数学演算子のナブラ ∇ とベクトル $\boldsymbol{A}$ の外積である．

$$\nabla \equiv \left(\frac{\partial}{\partial x}, \frac{\partial}{\partial y}, \frac{\partial}{\partial z} \right) \tag{2.22}$$

$$\mathrm{rot}\,\boldsymbol{A} \equiv \nabla \times \boldsymbol{A} = \begin{vmatrix} \boldsymbol{i} & \boldsymbol{j} & \boldsymbol{k} \\ \frac{\partial}{\partial x} & \frac{\partial}{\partial y} & \frac{\partial}{\partial z} \\ A_x & A_y & A_z \end{vmatrix}$$

$$= \left(\frac{\partial A_z}{\partial y} - \frac{\partial A_y}{\partial z}, \frac{\partial A_x}{\partial z} - \frac{\partial A_z}{\partial x}, \frac{\partial A_y}{\partial x} - \frac{\partial A_x}{\partial y} \right) \tag{2.23}$$

rot $\boldsymbol{A} = \nabla \times \boldsymbol{A}$ は外積なので，ベクトルとなる．ついでに，ナブラ ∇ とベクトル $\boldsymbol{A}$ の内積は

$$\nabla \cdot \boldsymbol{A} = \frac{\partial A_x}{\partial x} + \frac{\partial A_y}{\partial y} + \frac{\partial A_z}{\partial z} \equiv \mathrm{div}\, A \tag{2.24}$$

であり，内積なので，スカラーとなる．回転の意味としては，ある点の周りの循環を
単位面積あたりの値に直したものである．すなわち，ストークスの定理で任意の閉曲
線を今考えている点 (x, y, z) を囲む，無限に小さい曲線として考えると，

$$\oint_{\Gamma \perp} \boldsymbol{A} \cdot dl = \int_{C \perp} \operatorname{rot} \boldsymbol{A} \cdot d\boldsymbol{S} \approx \underbrace{\{\operatorname{rot} A\}_n}_{\text{法線積分}} dS \tag{2.25}$$

なので，

$$\{\operatorname{rot} A\}_n = \lim_{ds \to 0} \underbrace{\frac{1}{dS}}_{\text{単位面積あたり}} \underbrace{\oint_{\Gamma \perp} \boldsymbol{A} \cdot dl}_{\text{渦 (循環)}} \tag{2.26}$$

重力の位置ポテンシャルと同様に静電ポテンシャルもエネルギー保存式に含ま
れ，このポテンシャルエネルギーを物体の運動エネルギーに変換することができる．

数学の定理であるストークスの定理を用いて，クーロン力が保存力であることを
表した式 (2.13) を変形すると，

$$0 = \oint_{\Gamma \perp} \boldsymbol{E} \cdot dl = \int_{C \perp} \operatorname{rot} \boldsymbol{E} \cdot d\boldsymbol{S} \tag{2.27}$$

ただし，C は閉曲線 Γ で張られる曲面である．ここで，Γ，C は任意であるため，
上の式より

$$\operatorname{rot} \boldsymbol{E} = \boldsymbol{0} \tag{2.28}$$

となる．すなわち，静電場には回転（渦）がないのである．このため別名渦なしの
法則とも呼ばれている．このように，クーロン力が保存力であるということは，
クーロン電場が渦なしの場であるということと同じである．本節のはじめに述べた
通り，電場を求める際には，ガウスの法則とともに，クーロン電場が渦なしの場で
あること，さらに境界条件を使って解いていく．

電場と電位の関係に関して見ていこう．電場は単位電荷にはたらく力であり，
電位は単位電荷の位置エネルギーにあたる．図 **2.12** のように xyz 座標系にお
いて，ある点 $P(x, y, z)$ とそれから微小変位 $d\boldsymbol{r} = (dx, dy, dz)$ だけ離れた点
$Q(x + dx, y + dy, z + dz)$ を考える．この点 P から点 Q まで単位電荷を動かすと
きの電場がする仕事 $W(P \to Q)$ は，

$$W(P \to Q) = \phi(P) - \phi(Q) = \phi(x, y, z) - \phi(x + dx, y + dy, z + dz) \tag{2.29}$$

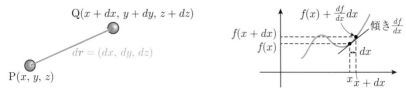

図 2.12　$d\boldsymbol{r}$ だけ離れた点 P と点 Q　　　図 2.13　ある点でのテイラー展開

ここで，x の周りで $f(x)$ のテイラー展開は

$$f(x+dx) = f(x) + \frac{df}{dx}\,dx + \frac{1}{2}\frac{d^2f}{dx^2}(dx)^2 + \cdots \tag{2.30}$$

なので，$f(x+dx)$ をテイラー展開し，2 次以降の高次の微分項を無視すると（微小項 dx の 2 乗以降は小さいので）

$$f(x+dx) \approx f(x) + \frac{df}{dx}\,dx \tag{2.31}$$

とおける（図 2.13）．y, z についても同様に展開し代入すると，

$$W(\mathrm{P} \to \mathrm{Q}) \approx \phi(\mathrm{P}) - \left(\phi(\mathrm{P}) + \frac{\partial \phi}{\partial x}\,dx + \frac{\partial \phi}{\partial y}\,dy + \frac{\partial \phi}{\partial z}\,dz \right)$$

$$= -\left(\frac{\partial \phi}{\partial x}\,dx + \frac{\partial \phi}{\partial y}\,dy + \frac{\partial \phi}{\partial z}\,dz \right) \tag{2.32}$$

また仕事の定義より，

$$W(\mathrm{P} \to \mathrm{Q}) \approx \underbrace{\overbrace{1}^{}}_{\text{単位電荷}} \times \underbrace{\overbrace{\boldsymbol{E}}^{\text{力}}}_{\text{一様電場}} \cdot \overbrace{d\boldsymbol{r}}^{\text{移動量}}$$

$$= E_x\,dx + E_y\,dy + E_z\,dz \tag{2.33}$$

となる．これは $d\boldsymbol{r}$ は微小距離なので，その間の電場 E は一定と考えるからである．上の 2 式（式 (2.32) および式 (2.33)）は等しいため，

$$-\left(\frac{\partial \phi}{\partial x}\,dx + \frac{\partial \phi}{\partial y}\,dy + \frac{\partial \phi}{\partial z}\,dz \right) = E_x\,dx + E_y\,dy + E_z\,dz \tag{2.34}$$

となる．ここで dx, dy, dz は任意であるため，dx, dy, dz に対する恒等式と考えれば，以下の関係が出てくる．

$$E_x = -\frac{\partial \phi}{\partial x}, \quad E_y = -\frac{\partial \phi}{\partial y}, \quad E_z = -\frac{\partial \phi}{\partial z} \tag{2.35}$$

これをベクトルで表すと,

$$\boldsymbol{E} = -\operatorname{grad}\phi \tag{2.36}$$

ここで, $\operatorname{grad}\phi = ((\operatorname{grad}\phi)_x, (\operatorname{grad}\phi)_y, (\operatorname{grad}\phi)_z) \equiv \left(\dfrac{\partial\phi}{\partial x}, \dfrac{\partial\phi}{\partial y}, \dfrac{\partial\phi}{\partial z}\right)$

となる. $\operatorname{grad}\phi$ は, 関数 ϕ の**勾配**と呼ばれ, xyz 成分は関数 ϕ のそれぞれの偏微分となる. つまり電場 $\boldsymbol{E}$ は, 空間電位 ϕ の勾配である. 電場ベクトル $\boldsymbol{E}$, すなわち, $-\operatorname{grad}\phi$ ベクトルの向きは, 電位の傾きが最も急な方向であり, その大きさは, 電位の傾きが最も大きい方向の勾配となる.

等電位面上の微小変位 $d\boldsymbol{l} = (dx, dy, dz)$ を考えると, 定義より

$$d\phi = \frac{\partial\phi}{\partial x}\,dx + \frac{\partial\phi}{\partial y}\,dy + \frac{\partial\phi}{\partial z}\,dz = \operatorname{grad}\phi \cdot d\boldsymbol{l} \tag{2.37}$$

となる. 今, 微小変位 $d\boldsymbol{l}$ は等電位面上にあるので, この電位の変化は $d\phi = 0$ となる. よって,

$$d\phi = 0 = \operatorname{grad}\phi \cdot d\boldsymbol{l} \tag{2.38}$$

内積が 0 であるということは, 二つのベクトル $\operatorname{grad}\phi$ と $d\boldsymbol{l}$ が垂直であることを意味する. すなわち, $\operatorname{grad}\phi$ が指すベクトルの方向は等電位面に垂直な方向となり, 電場ベクトルは等電位面に垂直となる (図 2.14).

このように, クーロン力が保存力であれば, すなわち $\operatorname{rot}\boldsymbol{E} = \boldsymbol{0}$ が成り立つならば, 空間ポテンシャル ϕ が存在し, 電場 $\boldsymbol{E}$ と電位 ϕ の間には, $\boldsymbol{E} = -\operatorname{grad}\phi$ が成り立つ. 定義より電場の単位として $\mathrm{N \cdot C^{-1}}$ を用いていたが, 空間電位の勾配でもあるため, $\mathrm{V \cdot m^{-1}}$ も電場の大きさの単位となる.

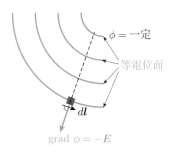

図 2.14 等電位面と勾配の関係

クーロン力が保存力であることと等価な静電場が渦なし場であるとする rot $\boldsymbol{E} = \boldsymbol{0}$ から，$\boldsymbol{E} = -\mathrm{grad}\,\phi$ に変形し，ϕ に関する式となった．同様にガウスの法則も ϕ に関する式に変形しておいたほうが便利である．そこで $\boldsymbol{E} = -\mathrm{grad}\,\phi$ をガウスの法則の微分形である式 (2.9) である div $\boldsymbol{E} = \frac{\rho(r)}{\varepsilon_0}$ に代入する．

$$
\begin{aligned}
\frac{\rho(\boldsymbol{r})}{\varepsilon_0} = \mathrm{div}\,\boldsymbol{E} &= \frac{\partial E_x}{\partial x} + \frac{\partial E_y}{\partial y} + \frac{\partial E_z}{\partial z} \\
&= \frac{\partial}{\partial x}\left(-\frac{\partial \phi}{\partial x}\right) + \frac{\partial}{\partial y}\left(-\frac{\partial \phi}{\partial y}\right) + \frac{\partial}{\partial z}\left(-\frac{\partial \phi}{\partial z}\right) \\
&= -\left(\frac{\partial^2 \phi}{\partial x^2} + \frac{\partial^2 \phi}{\partial y^2} + \frac{\partial^2 \phi}{\partial z^2}\right)
\end{aligned} \tag{2.39}
$$

$$
\because \quad E_x = -\frac{\partial \phi}{\partial x}, \quad E_y = -\frac{\partial \phi}{\partial y}, \quad E_z = -\frac{\partial \phi}{\partial z}
$$

ここで，演算子の**ラプラシアン**（ラプラス演算子，Δ）が以下のように定義されているので，式 (2.39) は式 (2.41) として表される．

$$
\Delta \equiv \underbrace{\nabla \cdot \nabla}_{\text{内積}} = \frac{\partial^2}{\partial x^2} + \frac{\partial^2}{\partial y^2} + \frac{\partial^2}{\partial z^2} \tag{2.40}
$$

$$
\Delta \phi = -\frac{\rho(r)}{\varepsilon_0} \tag{2.41}
$$

上の式 (2.41) は**ポアソン方程式**と呼ばれている．特に電荷密度が 0 のとき（$\rho(\boldsymbol{r}) = 0$）$\Delta \phi = 0$ でこれを**ラプラス方程式**と呼ぶ．

まとめると，真空中の静電場の求め方として，以下の 4 通りがある．

(1) クーロンの法則から直接求める．

$$
\boldsymbol{E}(\boldsymbol{r}) = \int \frac{1}{4\pi\varepsilon_0} \frac{\rho(\boldsymbol{r}')}{R^2} \frac{\boldsymbol{R}}{R}\, dv \qquad \text{ただし，}\ \boldsymbol{R} \equiv \boldsymbol{r} - \boldsymbol{r}' \tag{2.42}
$$

もしくは $\boldsymbol{E} = -\mathrm{grad}\,\phi$ より，式 (2.42) を変形した式 (2.43) を用いる．

$$
\phi(\boldsymbol{r}) = \int \frac{1}{4\pi\varepsilon_0} \frac{\rho(\boldsymbol{r}')}{|\boldsymbol{R}|}\, dv \tag{2.43}
$$

(2) 積分形のガウスの法則を利用する．

$$
\int_{\mathrm{C上}} \boldsymbol{E} \cdot d\boldsymbol{S} = \frac{(\text{C 内の全電荷量})}{\varepsilon_0} \tag{2.44}
$$

(3) 微分形のガウスの法則を利用する．

$$
\mathrm{div}\,\boldsymbol{E} = \frac{\rho(\boldsymbol{r})}{\varepsilon_0} \tag{2.45}
$$

$$\operatorname{rot} \boldsymbol{E} = 0 \tag{2.46}$$

ただし微分方程式であるため境界条件が必要.

(4) ポアソン方程式を利用する.

$$\Delta \phi = -\frac{\rho(\boldsymbol{r})}{\varepsilon_0} \tag{2.47}$$

$$\boldsymbol{E} = -\operatorname{grad} \phi \tag{2.48}$$

ただし微分方程式であるため境界条件が必要である.

── 例題 2.2 ──

電荷密度 ρ で一様に帯電した半径 a の球が作る電場を求めよ.

【解答】 (1) の方法では,球対称であることは明らかなので,電場は径方向のみにできる.極座標を用いて帯電球の中心からの距離 r における電場の大きさ $E(r)$ は,

$$E(r) = \left| \int \frac{1}{4\pi\varepsilon_0} \frac{\rho(\boldsymbol{r}')}{R^2} \frac{\boldsymbol{R}}{R} \, dv \right|$$

$$= \frac{1}{4\pi\varepsilon_0} \int_0^a \int_0^\pi \int_0^{2\pi} \frac{\rho(r - r'\cos\theta)r'^2 \sin\theta \, d\theta d\phi dr'}{(r^2 + r'^2 - 2rr'\cos\theta)^{\frac{3}{2}}}$$

を計算して求めることができる.

また,(2) の方法では,電場は球対称,向きは半径方向,大きさは中心からの距離のみに依存すると考えられるため,$r < a$ では

$$\int_{\mathrm{C}\pm} \boldsymbol{E} \cdot d\boldsymbol{S} = 4\pi r^2 E(r) = \frac{(\text{C 内の全電荷量})}{\varepsilon_0} = \frac{\rho \times \frac{4}{3}\pi r^3}{\varepsilon_0}$$

$$\therefore \quad E(r) = \frac{\rho \times \frac{4}{3}\pi r^3}{\varepsilon_0 4\pi r^2} = \frac{\rho}{3\varepsilon_0} r$$

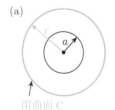 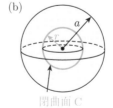

(a) (b)

閉曲面 C   閉曲面 C

図 2.15 一様に帯電した球が作る電場
(a) 閉曲面 C が帯電球よりも大きいとき
(b) 閉曲面 C が帯電球よりも小さいとき

$r > a$ では

$$\int_{\text{C上}} \boldsymbol{E} \cdot d\boldsymbol{S} = 4\pi r^2 E(r) = \frac{(\text{C 内の全電荷量})}{\varepsilon_0}$$

$$= \frac{\rho \times \frac{4}{3}\pi a^3}{\varepsilon_0}$$

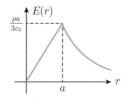

図 2.16 電場分布

$$\therefore \quad E(r) = \frac{\rho \times \frac{4}{3}\pi a^3}{\varepsilon_0 \times 4\pi r^2} = \frac{\rho a^3}{3\varepsilon_0} \frac{1}{r^2}$$

よって電場の大きさは図 2.16 のように球の内部では球の中心からの距離に比例し，球の外では球の中心からの距離の二乗に反比例する．

(3) の方法と (4) の方法は空間電位を解くかそれとも電場を解くかの違いであり，一般的に空間電位で解くことが多いので，(4) の方法で解く．

$$\Delta\phi = -\frac{\rho(\boldsymbol{r})}{\varepsilon_0}$$

のポアソン方程式を極座標で使える形に変形する．

$$\begin{cases} x = r\sin\theta\cos\psi \\ y = r\sin\theta\sin\psi \\ z = r\cos\theta \end{cases} \Leftrightarrow \begin{cases} r = \sqrt{x^2 + y^2 + z^2} \\ \tan\theta = \dfrac{\sqrt{x^2 + y^2}}{z} \\ \tan\psi = \dfrac{y}{x} \end{cases}$$

Δ（ラプラシアン）の極座標表示は以下の通りである．

$$\Delta = \frac{1}{r^2}\frac{\partial}{\partial r}\left(r^2\frac{\partial}{\partial r}\right) + \frac{1}{r^2\sin\theta}\frac{\partial}{\partial\theta}\left(\sin\theta\frac{\partial}{\partial\theta}\right) + \frac{1}{r^2\sin\theta}\frac{\partial^2}{\partial\psi^2}$$

対称性より，$\frac{\partial\phi}{\partial\theta} = 0, \frac{\partial\phi}{\partial\psi} = 0$ なので，$r > a$ では

$$\frac{1}{r^2}\frac{\partial}{\partial r}\left(r^2\frac{\partial\phi}{\partial r}\right) = 0$$

$r \leq a$ では

$$\frac{1}{r^2}\frac{\partial}{\partial r}\left(r^2\frac{\partial\phi}{\partial r}\right) = -\frac{\rho}{\varepsilon_0} = -\frac{1}{\varepsilon_0}\frac{Q}{\frac{4}{3}\pi a^3}$$

これらの微分方程式は線形微分方程式（$\phi^2, \phi^3, \ldots, \left(\frac{d\phi}{dx}\right)^2, \ldots$ を含まない）なので，簡単に解くことができる．$r > a$ では

$$\frac{1}{r^2}\frac{\partial}{\partial r}\left(r^2\frac{\partial\phi}{\partial r}\right) = 0$$

積分すると，$r^2 \dfrac{\partial \phi}{\partial r} = \text{Constant} = C_1 \quad \Rightarrow \quad \dfrac{\partial \phi}{\partial r} = \dfrac{C_1}{r^2}$

$$\therefore \quad \phi = -\frac{C_1}{r} + C_2$$

$r \leq a$ では

$$\frac{\partial}{\partial r}\left(r^2 \frac{\partial \phi}{\partial r}\right) = -\frac{\rho}{\varepsilon_0} r^2$$

$$r^2 \frac{\partial \phi}{\partial r} = -\frac{\rho}{3\varepsilon_0} r^3 + C_3 \quad \Rightarrow \quad \frac{\partial \phi}{\partial r} = -\frac{\rho}{3\varepsilon_0} r + \frac{C_3}{r^2}$$

$$\therefore \quad \phi = -\frac{\rho}{6\varepsilon_0} r^2 - \frac{C_3}{r} + C_4$$

積分定数 C_1, C_2, C_3, C_4 を決めるためには，境界条件が必要である．境界条件としては以下の 4 つがある．

(a) $r \to \infty$ で $\phi \to 0$，無限遠での電位は 0．これより $C_2 = 0$．

(b) $r \to 0$ で ϕ は有限．電荷分布が一様であるために，中心での電位は有限の値を持つ．これより $C_3 = 0$．

(c) $r = a$ で $E_{内} = E_{外} \Leftrightarrow \frac{\partial \phi}{\partial r}_{内} = \frac{\partial \phi}{\partial r}_{外}$，電場は $r = a$ で連続．

$$\frac{C_1}{a^2} = -\frac{\rho}{3\varepsilon_0} a \quad \Rightarrow \quad C_1 = -\frac{\rho}{3\varepsilon_0} a^3$$

(d) $r = a$ で $\phi_{内} = \phi_{外}$，空間電位は $r = a$ で連続．

$$-\frac{C_1}{a} = -\frac{\rho}{6\varepsilon_0} a^2 + C_4 \quad \Rightarrow \quad C_4 = \frac{\rho}{3\varepsilon_0} a^2 + \frac{\rho}{6\varepsilon_0} a^2 = \frac{\rho}{2\varepsilon_0} a^2$$

よって，

$$\begin{cases} \phi = \dfrac{\rho a^3}{3\varepsilon_0} \dfrac{1}{r} & (r > a) \\[2mm] \phi = -\dfrac{\rho}{6\varepsilon_0} r^2 + \dfrac{\rho}{2\varepsilon_0} a^2 & (r \leq a) \end{cases}$$

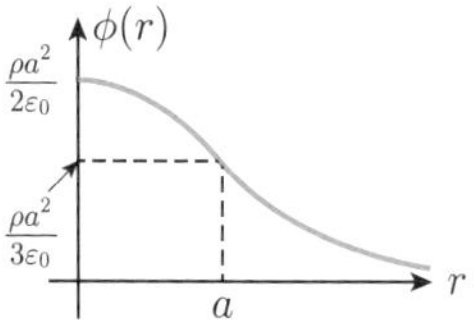

図 2.17 電位分布

$\boldsymbol{E} = -\text{grad}\, \phi = \dfrac{\partial \phi}{\partial r} \dfrac{\boldsymbol{r}}{r}$ より

$$\begin{cases} \boldsymbol{E} = \dfrac{\rho a^3}{3\varepsilon_0} \dfrac{1}{r^2} \dfrac{\boldsymbol{r}}{r} & (r > a) \\[2mm] \boldsymbol{E} = \dfrac{\rho}{3\varepsilon_0} r \dfrac{\boldsymbol{r}}{r} & (r \leq a) \end{cases}$$

電場の方向は半径方向であり，大きさは (2) の解法で解いた答えと同じになる． □

演 習 問 題

演習 2.1　図のように不活性ガス
を封入した筒の中心部に電極を
取り付け，陰陽両極に高電圧をかけておく．放射線が円筒を通過すると，充填された不活性ガスの分子が電離され，正に帯電したイオンと電子が作り出される．このイオンと電子が電場によるクーロン力を受けてそれぞれが陰極と陽極に移動し，電流が流れる．このことを利用して放射線を計測する装置が**ガイガーミュラー計数管**であ

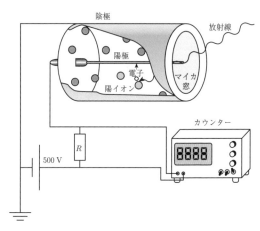

る．ここに，直径 20 mm の円筒の中心軸に直径 0.10 mm の線を張ったガイガーミュラー計数管がある．円筒と中心線の間に 1000 V の電圧を加えるとき，中心線のすぐ外側の電場はどれだけになるかを求めよ．簡単のために無限に長い円筒電極と仮定し，中心の陽極に電荷密度 σ [C·m^{-1}] $(\sigma > 0)$ で正電荷が帯電していると仮定してよい．

演習 2.2　一様な表面電荷密度 σ を持ち，無限に広がった平面板が作る場をガウスの法則を用いて求めよ．平面板は $z = 0$ の xy 平面上にあるとして計算せよ．（演習 1.5 と同じ問題である．）

演習 2.3　点電荷（電荷量：Q）を含む平面上において，もう一つの点電荷 q $(q \ll Q)$ を図 (a) のように一辺 a の正六角形の辺上を B 点から A 点まで動かした．このとき電場がした仕事 W を求めよ．また正六角形の辺に沿って壁を設置して，図 (b) のように B 点において初速度 0 の電荷 q が A 点に到着したときの速さを求めよ．ただし点電荷 q の質量を m とする．

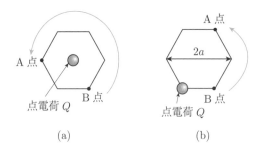

(a)   (b)

第3章

電　　　流

　この章では，電荷の流れである電流がどのようなものかを学んでいく．電荷の保存則でもあるキルヒホフの第一法則やオームの法則を通して電流がどのように記述できるか見ていく．

3.1　キルヒホフの法則

　電流は電荷の流れである．しかしながらこの事実が直接確かめられてからまだ200年もたっていない．電池を発明したボルタも，電流は電荷の流れであると提案していたが，1876年，ローランド（Henry Augustus Rowland）によって直接確かめられた．ローランドは帯電させた円盤を回転させると，磁場が発生する，つまり，円盤の回転によってできる電荷の流れが電流と同じ磁気作用を持つことから，「電流は電荷の流れである」ことを実証した．

　電荷の流れである電流 I は，単位時間あたりにある面を通過する電荷量として定義される．電流の単位は $C \cdot s^{-1}$ であり，また A（アンペア）とも定義した．電流に対して電流密度ベクトル j が定義できる．電流密度ベクトル j は，大きさが単位時間に単位面積を通過する電荷量であり，方向は電流の方向である．電流密度ベクトルの単位は $C \cdot s^{-1} \cdot m^{-2} = A \cdot m^{-2}$ である．電流の方向の定義として，正の電荷が流れる方向を正としたため，負の電荷を持つ電子の流れとは逆方向になっているので，注意してほしい．これは電子が発見されるよりも前に電流の向きが定義されてしまったからである．

　電流を考える上で，重要な保存則がある．それは，ある体系において，電荷の総量が突然減ったり増えたりすることはなく，常に一定であるという**電荷の保存則**である．電荷の保存則はもっとも基本的な自然の法則の一つである．髪の毛と下敷きをこすることで髪の毛の電子が下敷きに移動しただけであり，髪の毛と下敷きの電荷の合計はこする前後で変化していない．

　電荷の保存則は電荷が動いていても止まっていても成り立つため，電荷が動いているときは，電流保存則となる．電流保存則を電荷密度と電流密度を用いて表して

みよう．図 **3.1** のような閉曲面 C を考えて，閉曲面から電流密度 $\boldsymbol{j}$ で電流が流れ出るとする．電流密度は単位面積あたりにある面を通過する電荷量である．そのため，閉曲面 C 上で電流密度を積分すると，閉曲面 C を単位時間あたりに通過して出て行った電荷量となる．閉曲面 C 内の全電荷を Q とすると，電荷の保存則は以下のように書き換えることができる．

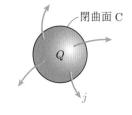

図 **3.1** 電荷保存則における全電荷を Q と電流密度 $\boldsymbol{j}$ と閉曲面 C の関係

$$\int_{\text{C 上}} \boldsymbol{j} \cdot d\boldsymbol{S} = -\frac{d}{dt}Q \qquad (3.1)$$

電荷の保存則より，閉曲面 C を単位時間あたりに通過した電荷は単位時間あたりに減った閉曲面 C の内部の電荷量と等しくなる．

閉曲面 C 内の電荷量 Q を電荷密度 ρ を用いて表すと，電荷密度を C 内で積分したのが全電荷量 Q であるため

$$Q = \int_{\text{C 上}} \rho \, dv \qquad (3.2)$$

数学のガウスの定理を用いると，

$$\int_{\text{C 上}} \boldsymbol{j} \cdot d\boldsymbol{S} = \int_{\text{C 上}} \operatorname{div} \boldsymbol{j} \, dv \qquad (3.3)$$

よって，二つの式より，

$$\int_{\text{C 内}} \operatorname{div} \boldsymbol{j} \, dv = -\frac{d}{dt} \int_{\text{C 内}} \rho \, dv = \int_{\text{C 内}} \left(-\frac{\partial \rho}{\partial t} \right) dv \qquad (3.4)$$

ここで，電荷密度 ρ は時間と空間の関数であるため，偏微分になっている．普通は積分と微分の順番は変更できないが，曲面は時間的に固定しているため，微分と積分は入れ替えが可能である．式 (3.4) は閉曲面 C をどのように取っても成り立たないといけない．そのためには，式 (3.4) の左辺と右辺の積分内が等しくなる必要がある．すなわち以下の式が成り立つ必要がある．

$$\operatorname{div} \boldsymbol{j} + \frac{\partial \rho}{\partial t} = 0 \qquad (3.5)$$

これを，**電流保存則**，もしくは**電流に関する連続の式**という．特に，電荷密度の時間変化がないとき $\left(\frac{\partial \rho}{\partial t} = 0 \right)$ は一様に電流が流れている（定常電流）ときであり，

$$\operatorname{div} \boldsymbol{j} = 0 \qquad (3.6)$$

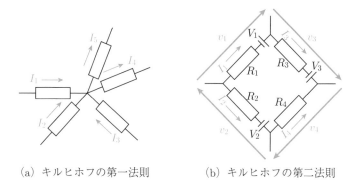

(a) キルヒホフの第一法則　　　　(b) キルヒホフの第二法則

図 3.2　キルヒホフの法則

となる．これはよく知られている**キルヒホフの第一法則**でもある．すなわち
図 3.2(a) のような，「任意の節点において流れ込む電流の総和 $\sum_i I_i$ は 0 とな
る」というキルヒホフの第一法則「$\sum_i I_i = 0$」の近接作用的表現である．ちなみ
に「ある閉じた回路に沿って一周したときの起電力の総和は 0 となる」という**キル
ヒホフの第二法則**「$\sum_i v_i = 0$」はクーロン力が保存力である（静電ポテンシャル
は一周すると元の値に戻る）ことを表しており，前節で述べた rot $\boldsymbol{E} = 0$ が対応す
る（図 3.2(b)）．この章では変動する電流ではなく，定常電流で考えていく．

3.2　オームの法則

電流を考えるときには，**オームの法則**を避けては通れない．すなわち導体の 2 点
に一定の電位差を与えると，その部分には定常的に電流が流れる．ここでマクロな
見方をすると定常に見えているが，後述するようにミクロでは定常ではないので，
通常の静電場とは異なる．この点で，次節の導電体の特性のところで説明する導体
中に電場は存在しないということとは矛盾しないので，心配しないでほしい．とこ
ろで電位差 V を与えたときに，流れる電流の大きさ I は与えられた電位差 V に比
例するというのがオームの法則である．等方性の物質において，このときの比例定
数を $\frac{1}{R}$ とし，R を**電気抵抗**と呼ぶ．式に表すと，以下のようになる．

$$I = \frac{1}{R}V \tag{3.7}$$

さらに，電気抵抗 R は導体の面積 S や長さ l および**抵抗率** ρ を用いると，

$$R = \rho\frac{l}{S} \tag{3.8}$$

となる．抵抗率 ρ は物質によって異なるが，温度によっても変化する．

　このオームの法則を近接作用に基づく式に書き換えよう．図 3.3 のような導線を考える．j を電流密度とすると，

$$
\begin{cases}
V = El \\
I = jS \\
R = \rho\dfrac{l}{S}
\end{cases}
\tag{3.9}
$$

となる．これをオームの法則に代入すると，

$$
j = \frac{1}{\rho}E = \sigma E
\tag{3.10}
$$

ここで，$\sigma \equiv \frac{1}{\rho}$ を**電気伝導度**と定義する．ベクトルで考えると，

$$
\boldsymbol{j} = \sigma \boldsymbol{E}
\tag{3.11}
$$

となる．これがオームの法則の近接作用的表現となる．電気伝導度 σ に関しても，例えばイオンエンジンの電極に使われるカーボンカーボン複合材など，物質によって電気伝導度は等方的（すべての方向で同じ値）ではなく，異方性が見られることがある．このとき，オームの法則における電気伝導度は方向に応じて異なる値を持つため，行列表記となる．

　オームの法則は一体どのような物理を反映しているのだろうか．1900 年にドルーデ（Paul Karl Ludwig Drude）がドルーデモデルとしてオームの法則の物理的意味を提唱した（図 3.4）．ちょうど，J. J. トムソン（Sir Joseph John Thomson）によって，導体中の電荷の担い手である電子が発見された 3 年後である．ドルーデ

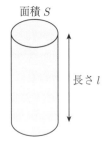

図 3.3　導体モデル

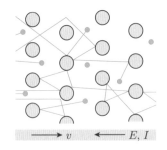

図 3.4　ドルーデモデルでの
金属内部の様子

は，導体中を自由に動く自由電子は衝突によって運動量を失うが，それ以外では失わないとして，以下のような運動方程式を立てた．

$$m_e \frac{dv}{dt} = -eE - \frac{m_e \langle v \rangle}{\tau} \tag{3.12}$$

ここで，v は電子の速度，$\langle v \rangle$ は電子の平均の速さ，τ は一つの電子がイオンにぶつかる時間の間隔を表す．定常電流においては，電流量は増えないので，電子の単位時間あたりの速度増分 $\frac{dv}{dt}$ は，$\frac{dv}{dt} = 0$ であるため，

$$-eE - \frac{m_e \langle v \rangle}{\tau} = 0 \tag{3.13}$$

となる．すなわち電子が衝突から衝突までの時間 τ の間に電場から受けるクーロン力による力積 $F \Delta t = -eE\tau$ が衝突によって失う運動量と釣り合うということである．このとき，電子の平均速さ $\langle v \rangle$ は

$$\langle v \rangle = -\frac{e\tau}{m_e} E \tag{3.14}$$

となる．一方，電流密度 j は単位時間，単位面積あたりの電流であるから，導体中の単位体積あたりの電子数 n（電子の導体中の数密度）を使って表すと，

$$j = -en\langle v \rangle \tag{3.15}$$

となる．先ほど求めた電子の平均速さを代入すると，

$$j = -en\langle v \rangle = \frac{ne^2 \tau}{m_e} E$$
$$= \sigma E \tag{3.16}$$

となり，オームの法則となる．オームの法則は，導体中の電子が電流の担い手であり，電子が電場によって加速され，衝突により運動量を失っていることを表している．

具体例として，室温の銅を考えてみよう．室温の銅の抵抗率は $1.56 \times 10^{-8}\,\Omega\cdot\text{m}$ である．また電子の密度 n は $8.47 \times 10^{28}\,\text{m}^{-3}$ である．そうすると，平均的な衝突までの時間 τ は

$$\tau = \frac{m_e \sigma}{ne^2} = \frac{m_e}{ne^2 \rho}$$
$$= 2.69 \times 10^{-14}\,\text{s} \tag{3.17}$$

となる．このように電子は衝突してから次の衝突までわずか 10^{-14} 秒と短い時間で衝突していることになる．

　衝突で失った運動エネルギーは衝突先のイオンもしくは格子に渡り，結果的に格子が振動する．すなわち，電子が電場からもらったエネルギーは衝突で熱に変換されるのである．これがジュール熱である．これがさらに，熱および光（電磁波）として，外部に放出される．

　マクロな視点から，ジュール熱を見ていこう．今 2 点 P, Q を取り，その点の電位を $\phi(\mathrm{P})$ と $\phi(\mathrm{Q})$ とし，2 点の距離を d とする．このとき，2 点間の電圧 V は，$V = \phi(\mathrm{P}) - \phi(\mathrm{Q})$ となる．電荷 q が点 P から点 Q まで移動したとき，電荷 q が電場からもらうエネルギー（＝電場からされた仕事）は qV となる．今，電流 I が流れていて，単位時間あたりに電場からされる仕事を仕事率と定義すると，仕事率 P は

$$P = \frac{\Delta Q V}{\Delta t} = IV = RI^2$$
$$= \frac{V^2}{R} \tag{3.18}$$

となる．近接作用的な見方をするためには，単位体積あたりの仕事率 p で扱いたい．そこで

$$I = \int \boldsymbol{j} \cdot d\boldsymbol{S} = \boldsymbol{j} \cdot \boldsymbol{S}$$
$$V = \int \boldsymbol{E}\,dx = Ed \tag{3.19}$$

を用いて，式を変形すると，

$$p = \frac{P}{Sd} = \boldsymbol{j} \cdot \boldsymbol{E} \tag{3.20}$$

となり，これをジュールの法則という．

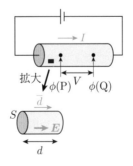

図 3.5　ジュールの法則

演 習 問 題

演習 3.1 図のように半径 a, b $(a < b)$，高さ h の同軸円筒電極の間を電気伝導度 σ の電解質で満たした．このときの両電極間の抵抗を求めよ．ただし，電極の電気抵抗は小さく無視でき，端の影響も無視できるものとする．

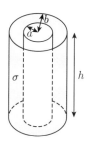

演習 3.2 ニクロム線の抵抗率 ρ は 1.1×10^{-6} Ω·m である．直径 $1.0\,\mathrm{mm}$ のニクロム線を使って $100\,\mathrm{W}$ のヒーターを作るのに必要な長さはいくらか．両端にかける電圧は $100\,\mathrm{V}$ とする．

演習 3.3 図のように無限に続く梯子型の回路がある．AB 間の抵抗を求めよ．

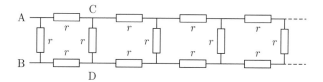

第4章

導体と静電容量

　この章では，電気を通しやすい導体の特徴と，導体の特徴から導体の内部や周辺の電場がどのように記述できるのかを学んでいく．さらに，導体の特徴を上手に使うことで電荷をためることができることを学んでいく．

4.1 導体と静電容量

　世の中には鉄やプラスチックなど様々な物質があり，電気の流れやすさで分類すると，**導体**，**絶縁体**，**半導体**の 3 つに分類することができる．簡単に説明すると，導体はイオンや一部の電子が自由に移動できるため，電気を通しやすい物質である．絶縁体は電子が原子核に捕らわれているため，自由に動けず，電気を通さない物質である．半導体はその中間の性質を持つ物質，すなわち，ある条件では自由電子が現れて電気を通すがそれ以外のときは電気を通さない物質である．

　導体は，静的な状況で導体は以下の性質を持つ．

(A) 導体内では電場はゼロ

(B) 導体内の電位は一定

(C) 導体内部には電荷は存在しない（電荷は導体の表面に存在する）

(D) 導体表面では，電場は表面に垂直

(E) 導体の表面にある電荷密度を σ，導体表面近傍の外部の電場を E とすると，$\sigma = \varepsilon_0 E$

　(A) から (E) に関して，それぞれ見ていこう．(A) に関して，導体の内部に電場が存在すると，伝導電子やイオンは電場から力を受けて，電場を打ち消す位置に移動する．導体内は導電電子やイオンは自由に移動できるため，電場が 0 となるまで移動する．したがって導体中に電場は存在しない．

　(B) に関しては，電場 $\boldsymbol{E}$ と電位 ϕ の間に $\boldsymbol{E} = -\mathrm{grad}\,\phi$ が成り立つ．また，(A) より内部の電場 $\boldsymbol{E} = \boldsymbol{0}$ である．よって $-\mathrm{grad}\,\phi = 0$ となるため，電位は一定である．

(C) に関して，もし電荷が内部に存在するならば，ガウスの法則より電場が生じ，(A) と矛盾する．よって，導体内部に電荷は存在しない．

電場中に導体を置くと，導体内部で電場が 0 となるように，電荷が移動して，外部の電場を打ち消す．このとき電荷は，図 4.1 のように導体表面に移動していく（導体内部に電荷は存在しないため）．この現象を**静電誘導**という．静電誘導によって表面に誘導される電荷を**誘導電荷**といい，この電荷は電線などを使うと取り出すことが可能である．

(D) に関して，$\boldsymbol{E} = -\mathrm{grad}\,\phi$ であり，(B) の通り，導体表面の電位は一定であることから，図 4.2 のように電場は表面に垂直になる．これは以下のように証明できる．等電位面（導体表面）上の 2 点，位置ベクトルが $\boldsymbol{r}$ の点と，その近傍の位置ベクトルが $\boldsymbol{r} = \boldsymbol{r} + d\boldsymbol{r}$ の点を考える（$d\boldsymbol{r}$ は等電位面上のベクトル）（図 4.3）．等電位面上にあるので，2 点の電位は等しい．式で表すと，

$$0 = \phi(\boldsymbol{r} + d\boldsymbol{r}) - \phi(\boldsymbol{r}) = d\boldsymbol{r} \cdot \nabla \phi(\boldsymbol{r}) \tag{4.1}$$

すなわち，$d\boldsymbol{r}$ と $\nabla \phi(\boldsymbol{r})$ の内積がゼロとなる．よって，$d\boldsymbol{r}$ と $\nabla \phi(\boldsymbol{r})$ は垂直となる．また，$d\boldsymbol{r}$ は等電位面上の任意の変位ベクトルである．よって，$\nabla \phi(\boldsymbol{r})$ は等電位面

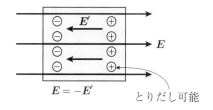

図 4.1　静電誘導の概念図

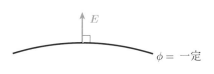

図 4.2　導体表面の電場と電位

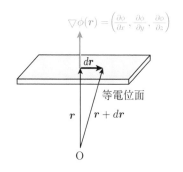

図 4.3　導体表面のベクトル

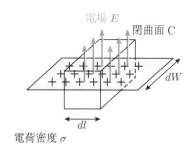

図 4.4　導体表面の電荷密度と電場の関係

に垂直である．すなわち，導体表面では電場は表面に垂直となる．

(E) に関しては，積分形のガウスの法則を図 4.4 のような導体表面を含む直方体の閉曲面 C に適用すると，

$$\int_{\mathrm{C}} \boldsymbol{E} \cdot d\boldsymbol{S} = \frac{(\text{C 内の全電荷量})}{\varepsilon_0} = \frac{\sigma \, dl dw}{\varepsilon_0} \tag{4.2}$$

となる．左辺は，

$$\begin{aligned}
左辺 &= \int_{\mathrm{C}} \boldsymbol{E} \cdot d\boldsymbol{S} = \int_{上面 \,+\, 下面 \,+\, 側面} \boldsymbol{E} \cdot d\boldsymbol{S} \\
&= \int_{上面} \boldsymbol{E} \cdot d\boldsymbol{S} + \int_{下面} \boldsymbol{E} \cdot d\boldsymbol{S} + \int_{側面} \boldsymbol{E} \cdot d\boldsymbol{S} \\
&= \int_{上面} \boldsymbol{E} \cdot d\boldsymbol{S} + 0 + 0 = E \, dl dw
\end{aligned} \tag{4.3}$$

となる．よって，$E \, dl dw = \frac{\sigma \, dl dw}{\varepsilon_0}$ となる．これより，$\sigma = \varepsilon_0 E$ となる．

導体に電荷 Q を与えると電荷 Q は導体内部の電場がゼロになるように導体の表面上に分布する．このときの電位を ϕ とすると，$\phi \propto Q$ となる．導体に与える電荷 Q を λ 倍すると，導体の表面の電荷密度も元の λ 倍になる．ガウスの法則より，導体外の電場は表面の電荷密度に比例するので，導体外の電場も λ 倍になる．導体の電位 ϕ は，基準を無限遠とすると，電場を無限遠から積分したものである．結果として，電位も λ 倍となる．このように，導体に付与した電荷と電位は比例関係となる．この比例定数を C とすると，C を**容量**（capacitance）という．式で表すと，

$$C \equiv \frac{Q}{\phi} \tag{4.4}$$

となる．

接近して置いた二つの導体 A, B にそれぞれ電荷 Q と $-Q$ を帯電させたとき，それぞれの導体の電位を $\phi_{\mathrm{A}}, \phi_{\mathrm{B}}$ とする．電位 $\phi_{\mathrm{A}}, \phi_{\mathrm{B}}$ はそれぞれ電荷量 Q と $-Q$ に比例するので，電位差 $\phi_{\mathrm{A}} - \phi_{\mathrm{B}}$ はやはり Q に比例する．すなわち

$$C = \frac{Q}{\phi_{\mathrm{A}} - \phi_{\mathrm{B}}} \tag{4.5}$$

となる．この比例定数 C も容量と呼ぶ．このように，二つの導体によって電荷をためておくことができる装置を**コンデンサー**，もしくは**キャパシタ**と呼び，その容量 C を**静電容量**と呼ぶ．容量の単位はファラデーにちなんで，F（ファラッド）であり，$\mathrm{F} = \mathrm{C} \cdot \mathrm{V}^{-1}$ である．はじめに述べた単独の導体の容量はその導体と無限遠にある仮想的な導体からなるコンデンサーの容量とみなせる．

— 例題 4.1 —

　図 4.5 のような面積 S の平面上の導体極板 2 枚を，間隔 d で平行においた平行平板コンデンサーの電気容量を求めよ．それぞれの電極には電荷 Q と $-Q$ を帯電させる．極板の寸法（$\sim \sqrt{S}$）が d に比べて十分大きい場合（$\sqrt{S} \gg d$）を考え，極板の端の影響は無視する．

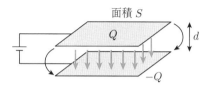

図 4.5　平行平板コンデンサー

【解答】　図 4.6 のように，二つの電場の重ね合わせによって，極板の外の電場はキャンセルされるため，極板の間にのみ電場ができ，また，できる電場は一様であるとする．

　図 4.7 のような閉曲面 C を考えると，ガウスの法則より，

$$ES = \frac{Q}{\varepsilon_0} \qquad \therefore \quad E = \frac{Q}{\varepsilon_0 S}$$

また，両極板の電位差 V は

$$V = \phi(A) - \phi(B) = \int_A^B E \, dx = \frac{Q}{\varepsilon_0 S} \, d$$

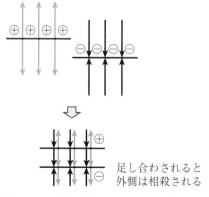

図 4.6　平行平板コンデンサー内部の
　　　　電場

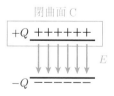

図 4.7　平行平板コンデンサーの電場を
　　　　求めるための閉曲面 C

となる．よって，平行平板コンデンサーの静電容量は

$$C = \frac{Q}{V} = \frac{\varepsilon_0 S}{d}$$

これより，面積が大きいほど，また2枚の極板間隔が狭いほど電荷を多くためられることがわかる．　　　　　　　　　　　　　　　　　　　　　　　　　　□

実際に高周波の整合をとるために使われる真空コンデンサーは，真空容器内に電極を向かい合わせて設置し，片方を移動させることで，対向する面積を変化させて静電容量を変化させている（図4.8）．

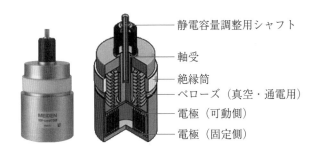

— 静電容量調整用シャフト
— 軸受
— 絶縁筒
— ベローズ（真空・通電用）
— 電極（可動側）
— 電極（固定側）

図4.8　真空コンデンサーの内部構造．シャフトを回すことで電極が上下（シャフト軸方向）に動き，対向する電極の面積が変わる．

［出典：株式会社 明電舎ホームページ：真空コンデンサ ラインアップ］

— 例題4.2 —

　図4.9に示す，長さ l，半径 a および b（$a < b$）の同心の導体円筒でできた同心円筒コンデンサーの静電容量を求めよ．内側の円筒には $+Q$，外側の円筒には $-Q$ の電荷を帯電させる．このとき，電荷は二つの導体の向かい合った表面に一様に分布するとして答えよ．

a
閉曲面C
$+Q$　　　$-Q$
b
l

図4.9　同心円筒コンデンサー

【解答】 同心円筒コンデンサーも平行平板コンデンサーと同様に電場は二つの円筒の間にだけ存在し、半径 r のみに依存する。また対称性より、電場は径方向のみできると考えられる。よって、図 4.10 の点線のように閉曲面 C を取り、積分形のガウスの法則を適用すると、

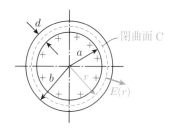

図 4.10 円筒コンデンサーでの閉曲面 C

$$\int_{C \, 上} \boldsymbol{E} \cdot d\boldsymbol{S} = E(r) \times 2\pi r l = \frac{Q}{\varepsilon_0}$$

$$\therefore \quad E(r) = \frac{Q}{2\pi r l \varepsilon_0}$$

となる。さらに、両極板の電位差を V とすると、

$$V = \phi(A) - \phi(B) = \int_a^b E(r)\,dr$$

$$= \int_a^b \frac{Q}{2\pi l \varepsilon_0} \frac{1}{r}\,dr = \frac{Q}{2\pi l \varepsilon_0} \int_a^b \frac{1}{r}\,dr$$

$$= \frac{Q}{2\pi l \varepsilon_0}(\ln b - \ln a)$$

$$= \frac{Q}{2\pi l \varepsilon_0} \ln \frac{b}{a}$$

となる。よって、同心円筒コンデンサーの容量 C は

$$C = \frac{Q}{V} = \frac{2\pi l \varepsilon_0}{\ln \frac{b}{a}}$$

ここで極板間距離 $d \equiv b - a$ を定義し d が a に比べて十分小さい $(d \ll a)$ とすると

$$\ln \frac{b}{a} = \ln \frac{a+d}{a} = \ln\left(1 + \frac{d}{a}\right) = \frac{d}{a}$$

となり、容量 C は

$$C \approx \frac{2\pi l \varepsilon_0 a}{d} = \frac{\varepsilon_0 S}{d} \quad (\because \ 2\pi a l = S)$$

と平行平板の電気容量と同じになる。 □

演 習 問 題

演習 4.1　半径が a, b $(a < b)$ の 2 枚の同心球面で出来たコンデンサーの外球を接地し，内球に電荷 Q を与えた．球面間の電場を求めよ．また，このコンデンサーの容量 C が

$$C = \frac{4\pi\varepsilon_0 ab}{b - a}$$

で与えられることを示せ．

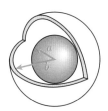

演習 4.2　外半径 a，厚さ t の導体球殻の中心軸から b $(b > a)$ 離れたところに電荷 q を帯電させた金属球を置いた．導体球殻の内側の電場を求めよ．

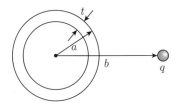

演習 4.3　無限遠に対する電位が V_1, V_2 $(V_1 > V_2)$ であり，静電容量が C_1, C_2 の 2 個の導体が十分離れて設置されている．二つの導体を細い導線でつないだときに，C_1 から C_2 に移る電荷量を q とし，時間が十分にたった後の二つの導体の電位を V とすると，q と V を求めよ．

第5章

物質中の電場

この章では，誘電体中の電場がどのように記述できるのかを学んでいく．また，誘電体を上手に使うことで，同じ電圧でもなぜコンデンサーにためられる電荷の量が変わるのかをマクロとミクロな視点で見ていく．さらに電荷をためることで，エネルギーがためられることを学んでいく．

5.1 物質中の電場

ファラデーは図 5.1 のように，電圧を等しくしてある物質を挟んだコンデンサーと，何も挟まないコンデンサーの 2 種類のコンデンサーに電荷をため，それぞれの静電容量を調べた．その結果，物質を間に挟んだコンデンサーの静電容量は何も挟んでいないコンデンサーの静電容量よりも大きくなった．この物質を挟んだコンデンサーの容量 C と何も挟んでいないコンデンサーの静電容量 C_0 の比を $\frac{C}{C_0} \equiv \varepsilon_\mathrm{r}$ とし，ε_r を相対誘電率または**比誘電率**と定義した．面白いことに，この誘電率は形状によらず，ただ物質の種類と温度だけで決まる．これは，以下のモデルで説明できる．

絶縁体の内部で何が起きているのか，ミクロな目で見ていこう．絶縁体に電場をかけると，物質中の陽子は電場の方向に，電子は電場と逆の方向に移る．この移動はミクロな目で見ると物質の中では，隣り合う分子の陽子と電子で打ち消される．しかしながら，物質の端では打ち消されずに残る．これをマクロな目で見ると，物質の端に偏った電荷が出てくるように見える（図 5.2）．この端に出てきた電荷を**分極電荷**といい，この現象を**分極**という．また，分極電荷が作る電場を**分極電場**とい

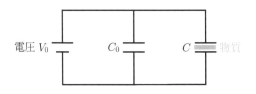

図 5.1 二つのコンデンサーの静電容量

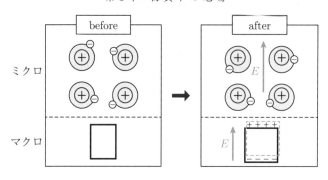

図 5.2　電場を印可前後での誘電体内部の構造の変化

う．分極電場は常に外部からかけられた電場を打ち消す方向となる．ただし，静電誘導と違って外部の電場を完全に打ち消す，すなわち絶縁体の中の電場が 0 になることはない．また電子はわずかに移動するが，自由に動くわけではなく，電子の回る軌道が微妙にずれる程度である．そのため，誘導電荷と違い，分極電荷を取り出すことはできない．

　極板間に一定電圧（電位差）V を加えた場合，極板間の距離 d は変わらないため，物質中の電場 $E = \frac{V}{d}$ は常に一定である．この物質中の電場 $E = \frac{V}{d}$ と，電極の極板上の電荷が作る電場 E_0，分極電荷が作る分極電場 $-E_\mathrm{p}$（E_0 とは逆方向のため負となる）の関係は，$E = E_0 - E_\mathrm{p}$ となる．式を変形すると $E_0 = E + E_\mathrm{p}$ となり，極板上の電荷が作る電場 E_0 は，分極電場 E_p だけ大きくなっていることがわかる．すなわち，電極にたまっている電荷 Q は物質を挟まないときと比べて大きくなる．つまり，物質を挟まないコンデンサーの容量よりも物質を挟んだコンデンサーのほうが静電容量は大きくなる．

　一方，電荷を与えた状態で電源から切り離し，その後で物質を挟むと，電荷が作

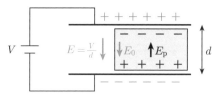

E_0：電極板上の電荷がつくる電場　　　E：物質中の電場
E_p：分極電場　　　　　　　　　　　$E = E_0 - E_\mathrm{p}$

図 5.3　誘電体中の電場

り出す電場 E_0 は変わらず，分極電場 $-E_\mathrm{p}$ が生じるため，物質内部の電場 E は小さくなる．ただし，先ほども述べた通り，その電場が 0 になることはない．このように外部電場によって分極電場が誘起される物質を**誘電体**と呼ぶ．

この分極を数式で表現しよう．そのための準備として，少し寄り道になるが，電気双極子について説明したい．**電気双極子**とは，正負の電荷（$\pm q$）がわずかな距離離れて置かれた電荷の対のことである．例えば，水分子などは，酸素原子側に電子が集まり，酸素原子がマイナスに，水素原子がプラスに分極して電気双極子となっている．電気双極子の影響量を評価するために，**電気双極子モーメント p** という物理量がよく使われる．電気双極子モーメントの定義は，負電荷から正電荷への変位ベクトル d と電荷 q の積で表される．すなわち，

$$p = qd \tag{5.1}$$

となる（図 5.4）．

例えば，図 5.5 のような座標を考えると，電気双極子モーメント p を持つ電気双極子が外部に作り出すポテンシャルは，

$$\begin{aligned}
\phi(r) &= k\left(\frac{q}{r_+} + \frac{-q}{r_-}\right) \\
&= kq\left(\frac{1}{\sqrt{x^2+y^2+\left(z-\frac{d}{2}\right)^2}} - \frac{1}{\sqrt{x^2+y^2+\left(z+\frac{d}{2}\right)^2}}\right)
\end{aligned} \tag{5.2}$$

となる．$r \gg d$ とすると，

$$\begin{aligned}
\phi(r) &\approx \frac{kq}{r}\left\{\left(1+\frac{zd}{2r^2}\right)-\left(1-\frac{zd}{2r^2}\right)\right\} = \frac{kq}{r}\frac{zd}{r^2} = kp\frac{\cos\theta}{r^2} \\
&= \frac{1}{4\pi\varepsilon_0}\frac{p\cdot r}{r^3}
\end{aligned} \tag{5.3}$$

と表される．

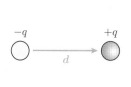

図 5.4 電気双極子モーメント概念図

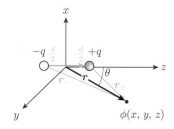

図 5.5 電気双極子モーメントが作るポテンシャル

また，電場 $\boldsymbol{E}$ は，$\boldsymbol{E} = -\mathrm{grad}\,\phi$ より

$$
\begin{aligned}
\boldsymbol{E} &= -\left(\frac{\partial\phi}{\partial x}, \frac{\partial\phi}{\partial y}, \frac{\partial\phi}{\partial z}\right) \\
&= -\left(\frac{\partial}{\partial x}\left(\frac{kpz}{(x^2+y^2+z^2)^{\frac{3}{2}}}\right), \frac{\partial}{\partial y}\left(\frac{kpz}{(x^2+y^2+z^2)^{\frac{3}{2}}}\right), \frac{\partial}{\partial z}\left(\frac{kpz}{(x^2+y^2+z^2)^{\frac{3}{2}}}\right)\right) \\
&= \left(kp\frac{3zx}{r^5}, kp\frac{3zy}{r^5}, kp\left(\frac{3z^2}{r^5}-\frac{1}{r^3}\right)\right) = \frac{1}{4\pi\varepsilon_0}\left(\frac{3\boldsymbol{p}\cdot\boldsymbol{r}}{r^5}\boldsymbol{r}-\frac{\boldsymbol{p}}{r^3}\right)
\end{aligned} \tag{5.4}
$$

となる.

　一様な電場中に電気双極子を置くと，どうなるか見てみよう. 図 5.6 のように，電場と電気双極子のなす角度を θ とおく. 正の電荷が受けるクーロン力と負の電荷が受けるクーロン力は大きさが同じで力の方向は反対であるため，電気双極子モーメントは電場方向に並進運動しないことがわかる. しかしながらそれぞれの電荷にかかる力によって，電気双極子の中心の周りに回転させるトルクが発生する. 発生するトルクの大きさは，

$$
N = -2 \times qE\frac{d}{2}\sin\theta = pE\sin\theta \tag{5.5}
$$

となる. 一般化すると

$$
\boldsymbol{N} = \boldsymbol{p} \times \boldsymbol{E} \tag{5.6}
$$

となる (図 5.7). トルクは，電気双極子モーメント $\boldsymbol{p}$ と電場が同じ方向に向くようにはたらく. このため電気双極子モーメントと電場の向きがそろったときに最も安定，すなわち，電場中の電気双極子モーメントのポテンシャルエネルギーが最小となり，反対のときにポテンシャルエネルギーは最大となる. このポテンシャル U は基準点からトルクがする仕事と等しい. そこで，ポテンシャルエネルギーが最大となる，電気双極子モーメント $\boldsymbol{p}$ と電場 $\boldsymbol{E}$ が反対方向を向いたときのポテンシャルを基準 0 とし，電場 $\boldsymbol{E}$ と電気双極子モーメント $\boldsymbol{p}$ のなす角を θ，接線方向の単

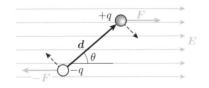

図 5.6 電場中に置かれた電気双極子モーメント

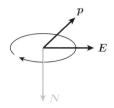

図 5.7　電場中の電気双極子モーメントが感じるトルク

位ベクトルを $\boldsymbol{\theta}$ とすると，$\theta = \theta_{\mathrm{f}}$ でのポテンシャル U は，

$$
\begin{aligned}
U &= \int_{-\pi}^{\theta_{\mathrm{f}}} \boldsymbol{N} \cdot d\boldsymbol{\theta} = \int_{-\pi}^{\theta_{\mathrm{f}}} \boldsymbol{p} \times \boldsymbol{E} \cdot d\boldsymbol{\theta} = \int_{-\pi}^{\theta_{\mathrm{f}}} |\boldsymbol{p}|\,|\boldsymbol{E}| \sin\theta \, d\theta \\
&= \Big[|\boldsymbol{p}|\,|\boldsymbol{E}|(-\cos\theta) \Big]_{-\pi}^{\theta_{\mathrm{f}}} = -|\boldsymbol{p}|\,|\boldsymbol{E}| \cos\theta_{\mathrm{f}} \\
&= -\boldsymbol{p} \cdot \boldsymbol{E}
\end{aligned}
\tag{5.7}
$$

となり，電場が存在すると，坂道を球が転がり落ちるように電気双極子モーメント
は同じ向きにそろおうとする（図 5.8）.

　さて，分極に話を戻してみよう．ミクロの目で見ると，電場をかけることにより，
個々の分子や原子が，電気双極子となって分極し，電気双極子モーメントは電場の
方向にそろおうとする．しかしながら隣接する電荷によって打ち消し合うため，マ
クロな目で見るとこの分極は見えず，見えるのは端の分極電荷だけである．この分
極の度合いを表す物理量として，分極ベクトル $\boldsymbol{P}$ を考えると，分極ベクトルは単
位体積あたりの個々の電気双極子モーメント $\boldsymbol{p}$ の重ね合わせの平均となる．分極に
おいて分極電荷は，正の電荷が電場と同じ方向に動き，負の電荷が電場と逆に動く
ことから生じる．そのため，誘電体の電荷密度と分極電荷密度 ρ^* は同じ値になる．
またその変位量は，分極電荷が動いた変位ベクトル $\boldsymbol{r}^*$ となる．よって分極の度合

図 5.8　電場中の電気双極子モーメントのポテンシャル

いを表す**分極ベクトル $\boldsymbol{P}$** は以下のように定義できる（図 5.9）.

$$\boldsymbol{P} = \rho^* \boldsymbol{r}^* \tag{5.8}$$

単位としては，単位面積あたりの電荷という次元を持っている．すなわち分極によって表面に現れる単位面積あたりの電荷を表す．分極ベクトル $\boldsymbol{P}$ と個々の電気双極子モーメント $\boldsymbol{p}$ の関係は，誘電体の原子の数密度を n とすると，

$$\boldsymbol{P} = \rho^* \boldsymbol{r}^* = q n \boldsymbol{r}^* = n q \boldsymbol{r}^* = n \langle \boldsymbol{p} \rangle \tag{5.9}$$

となる．（$\langle\ \rangle$ は平均を表す.）

もう少し分極ベクトルを見ていこう．図 5.10 のように，誘電体内に空間的に固定された閉曲面 C を考える．電場をかけて，分極を起こさせると，閉曲面 C の微小部分 dS から外に出て行く分極電荷は，$\rho^* \boldsymbol{r}^* \cdot d\boldsymbol{S}$ なので，C を通って出て行く全分極電荷 Q_1 は，ガウスの定理より

$$Q_1 = \int_{\text{C 上}} \rho^* \boldsymbol{r}^* \cdot d\boldsymbol{S} = \int_{\text{C 上}} \boldsymbol{P} \cdot d\boldsymbol{S} = \int_{\text{C 内}} \text{div}\, \boldsymbol{P}\, dv \tag{5.10}$$

となる．一方，C 内に現れる分極電荷を Q_2 とすると，

$$Q_2 = \int_{\text{C 内}} \overline{\rho}\, dv \tag{5.11}$$

となる．ここで $\overline{\rho}$ は C 内に現れる分極電荷密度であり，$\overline{\rho} = \rho^*$ となる．分極前の全電荷量は 0 であったため，電荷の保存則より，

$$Q_1 + Q_2 = 0 \tag{5.12}$$

が成り立つ．よって，

$$Q_1 + Q_2 = \int_{\text{C 内}} \text{div}\, \boldsymbol{P}\, dv + \int_{\text{C 内}} \overline{\rho}\, dv = 0 \tag{5.13}$$

図 5.9　誘電体に電場を印加した際の
　　　　マクロな変化

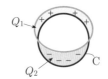

図 5.10　閉曲面 C から出て行く電荷 Q_1 と
　　　　　C 内に現れる電荷 Q_2

$$\int_{\text{C 内}} \overline{\rho}\, dv = \int_{\text{C 内}} -\mathrm{div}\, \boldsymbol{P}\, dv \tag{5.14}$$

となる．閉曲面 C は任意であるため，積分内は一致する．よって

$$\overline{\rho} = -\mathrm{div}\, \boldsymbol{P} \tag{5.15}$$

となる．

　ここで微分形のガウスの法則を誘電体内部に適用させる．誘電体内部で，分極によって生じる分極電荷の密度である**分極電荷密度** $\overline{\rho}$ と，外部電極などにある電荷を真電荷とし，その密度を**真電荷密度** ρ とすると，

$$\mathrm{div}\ \boldsymbol{E} = \frac{\rho + \overline{\rho}}{\varepsilon_0} \tag{5.16}$$

分極ベクトル $\boldsymbol{P}$ を用いて変形すると，

$$\mathrm{div}\, \boldsymbol{E} = \frac{\rho - \mathrm{div}\, \boldsymbol{P}}{\varepsilon_0} \tag{5.17}$$

$$\mathrm{div}\left(\boldsymbol{E} + \frac{1}{\varepsilon_0}\boldsymbol{P} \right) = \frac{\rho}{\varepsilon_0} \tag{5.18}$$

$$\therefore \quad \mathrm{div}(\varepsilon_0 \boldsymbol{E} + \boldsymbol{P}) = \rho \tag{5.19}$$

ここで $\boldsymbol{D} \equiv \varepsilon_0 \boldsymbol{E} + \boldsymbol{P}$ を定義すると，

$$\mathrm{div}\, \boldsymbol{D} = \rho \tag{5.20}$$

と非常にきれいな形でまとめることができる．分極電場の効果も $\boldsymbol{D}$ の中に含めることにより，外部の真電荷 ρ と $\boldsymbol{D}$ の関係は，単純な式で記述できるようになる．ここで $\boldsymbol{D}$ を**電気変位**（electrical displacement）もしくは，**電束密度**と呼ぶ．一般に，等方的な誘電体に対しては，電気双極子モーメントにはたらくトルクは電場に比例するので，分極 $\boldsymbol{P}$ と電場 $\boldsymbol{E}$ は比例する．そこで，この比例定数を真空の誘電率 ε_0 を用いて，$\varepsilon_0 \chi$ とする．

$$\boldsymbol{P} \equiv \varepsilon_0 \chi \boldsymbol{E} \tag{5.21}$$

ここで比例定数の一部である χ は分極の度合いを表す指標であるため**分極率**，もしくは電場を感じてそれを打ち消すということで**感受率**という．

分極率を用いると，電束密度（電気変位）$\boldsymbol{D}$ は

$$\boldsymbol{D} = \varepsilon_0 \boldsymbol{E} + \boldsymbol{P} = \varepsilon_0 \boldsymbol{E} + \varepsilon_0 \chi \boldsymbol{E} = \varepsilon_0 (1 + \chi) \boldsymbol{E} = \varepsilon \boldsymbol{E} \tag{5.22}$$

となり，このときの $\varepsilon = (1 + \chi)\varepsilon_0$ を**物質の誘電率**という．図 5.11 のように電束密度は真空中でも誘電体の中でも変わらないが，電場 $\boldsymbol{E}$ の大きさは分極 $\boldsymbol{P}$ によって小さくなる．

　積分形のガウスの法則は電束密度 $\boldsymbol{D}$ を使うと，どのような形になるかを見てみよう．図 5.12 のように式 (5.20) をある閉曲面 C 内で積分すると，

$$\int_{\text{C 内}} \text{div}\,\boldsymbol{D}\,dv = \int_{\text{C 内}} \rho\,dv \tag{5.23}$$

ガウスの定理より左辺は

$$\int_{\text{C 内}} \text{div}\,\boldsymbol{D}\,dv = \int_{\text{C 上}} \boldsymbol{D} \cdot d\boldsymbol{S} \tag{5.24}$$

一方右辺は，C 内の電荷密度の体積積分であるため，C 内の電荷の総量 Q となる．よって，

$$\int_{\text{C 上}} \boldsymbol{D} \cdot d\boldsymbol{S} = Q \tag{5.25}$$

となる．このように，誘電体まで含めても，積分形のガウスの積分は電束密度を用いると簡潔な形にまとまる．これは，ある閉曲面 C 上で電束密度を積分したものは，閉曲面 C 内の電荷と等しいということを表している．電気力線のところで説明した電荷から「流れ出すもの」が「電束」であり，電束密度を閉曲面 C 上で積分した「電束」が閉曲面 C 内部の電荷 Q と等しくなるのである．

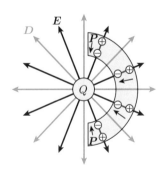

図 5.11　電束密度と電場

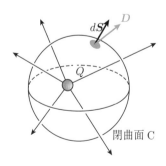

図 5.12　電束密度と電荷

── 例題 5.1 ──

　　誘電率 ε の誘電体を挟んだ平行平板コンデンサーの静電容量を求めよ．極板間に V の電圧をかけ，それぞれの極板に $\pm Q$ の電荷を与えるとし，極板の面積を S，間隔を d とする．

【解答】　電場や分極は極板に垂直であると考えられるので，積分形のガウスの法則を図 5.13 の点線の領域に適用する．すると，

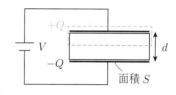

図 5.13　誘電体を挟んだ平行平板コンデンサー

$$\int_{\text{C 上}} \boldsymbol{D} \cdot d\boldsymbol{S} = DS = Q$$

$$\therefore \quad D = \frac{Q}{S}$$

また，電束密度と電場は

$$\boldsymbol{D} = \varepsilon \boldsymbol{E}$$

なので，

$$E = \frac{D}{\varepsilon} = \frac{Q}{\varepsilon S}$$

次に，極板間の電圧 V を求める．ガウスの法則よりコンデンサー内部の電場 E は一定であるため極板間方向に積分すると

$$V = Ed = \frac{Qd}{\varepsilon S}$$

よって，コンデンサーの静電容量 C は

$$C = \frac{Q}{V} = \frac{\varepsilon S}{d} = \left(\frac{\varepsilon}{\varepsilon_0}\right) \varepsilon_0 \frac{S}{d}$$

となる．ここで極板間に何も挟まないときの静電容量を $C_0 = \varepsilon_0 \frac{S}{d}$ とすると，

$$\frac{C}{C_0} = \frac{\varepsilon}{\varepsilon_0} \equiv \varepsilon_{\mathrm{r}}$$

となり，この ε_{r} を**比誘電率**とする．すなわち誘電体を挟むことによって静電容量は比誘電率だけ増加することがわかる．比誘電率は物質によって異なるため，小型で静電容量の大きいコンデンサーを作るためには比誘電率の大きな物質を電極間に挟めばよいことがわかる．　　　　　□

── 例題 5.2 ──

　物質中ではクーロン力はどのようになるのかを見よう．誘電率 ε の物質で満たされる空間の原点 O に電荷 q_1 を置いたとき，そこから r 離れた点にある電荷 q_2 が受ける力を求めよ．

【解答】　図 5.14 のような閉曲面 C_1 において，積分形のクーロンの法則を考えると，

$$\int_{C_1\text{上}} \boldsymbol{D} \cdot d\boldsymbol{S} = q_1$$

q_1 の作る電場は原点を中心とした球対称であるため，

$$\int_{C_1\text{上}} \boldsymbol{D} \cdot d\boldsymbol{S} = D \times 4\pi r^2 = q_1$$

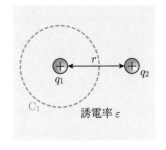

図 5.14　誘電体中のクーロン力

よって

$$D = \frac{q_1}{4\pi r^2}$$

$D = \varepsilon E$ より

$$E = \frac{1}{\varepsilon}\frac{q_1}{4\pi r^2}$$

E_0 を真空中での電場とすると，比誘電率 ε_r を使うと，誘電体中の電場 E は

$$E = \frac{1}{\varepsilon_\mathrm{r}}\frac{q_1}{4\pi\varepsilon_0 r^2} = \frac{1}{\varepsilon_\mathrm{r}}E_0$$

よって，電荷 q_2 が受ける力の大きさ f は，

$$f = q_2 E = q_2\frac{1}{\varepsilon_\mathrm{r}}E_0$$

となる．真空中のクーロン力 f_0 と比較すると，

$$f = q_2\frac{1}{\varepsilon_\mathrm{r}}E_0 = \frac{1}{\varepsilon_\mathrm{r}}f_0$$

と，誘電体中でのクーロン力は比誘電率の分だけ小さくなる．現実では，q_2 の存在により周囲の分極状態が変わるため，単純に $\frac{1}{\varepsilon_\mathrm{r}}$ となるわけではない．　□

比誘電率は物質の種類，正確には物質の構造と温度（乱雑さ）に依存する．例えば，表 5.1 のように，20°C の水の比誘電率は 80 と大きいが，これは，図 5.15 に示すように，電気陰性度の関係で酸素原子側に電子が集まり，酸素原子がマイナ

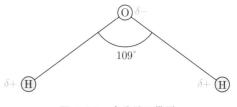

図 5.15　水分子の帯電

スに，水素原子がプラスに分子レベルで帯電し，電場をかけていない状態でも電気双極子になっているからである．

表 5.1　様々な物質の比誘電率

物質	比誘電率
チタン酸バリウム（$BaTiO_3$）	5000（室温，正方晶）
水	80（20°C）
アルミナ（Al_2O_3）	8.5
ダイヤモンド	5.68
テフロン	2.1
空気	1.0005（25°C）
ヘリウム	1.00007

　熱運動の乱雑な運動の中では電気双極子の向きはバラバラである．しかしながら，外部から電場が加えられると分子に回転モーメントがはたらき回転して，外部電場を弱める方向に電気双極子の向きがそろう．温度が高いと，乱雑さが増えるため，そろいにくく，比誘電率は温度とともに下がる．例えば 10°C の水の比誘電率は 84 程度と 20°C よりも大きいが，30°C の比誘電率は 77 と 20°C の比誘電率よりも小さくなる．

　またチタン酸バリウムは斜方晶系，六方晶系など様々な結晶構造を取り，結晶構造によって誘電率が異なる．その中でも，酸素欠損した六方晶チタン酸バリウムは，室温で 10 万と非常に大きい比誘電率を持つ．このような比誘電率が大きい物質を**強誘電体**という．チタン酸バリウムはイオンが対称性の良い結晶格子位置にあるときは微視的な電気分極を持たないが，結晶格子が変形して，非対称な位置にイオンが配置されると，電気分極が生じ，誘電率が非常に大きくなる．これらの材料はコンデンサーの材料やピエゾ素子などに使われている．

5.2 電場のエネルギー

電場が加えられ性質が変わった空間では，電
場のエネルギーとして空間にエネルギーがため
られている．空間に蓄えられるエネルギーの量
は，力学と同様に，その状態にするのに必要な
仕事と等しい．つまり，ある電荷分布が持つ空
間のエネルギー（静電エネルギー）はその電荷
分布を作り上げるのに要する仕事に等しい．

平行平板コンデンサーに蓄えられる静電エ
ネルギーを例に取って考えてみよう．コンデン
サーに蓄えられたエネルギー U は，コンデン
サーに $\pm Q$ を帯電させるのに必要な仕事と等
しい．この仕事を W とする．極板間の電位差
を V とし，コンデンサーの静電容量を C とす
る．Q に帯電させる途中の上下の極板にそれぞ

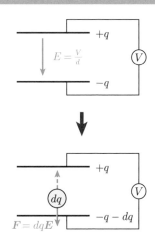

図 5.16 コンデンサーにおける
電荷の移動に伴う仕事

れ $+q$, $-q$ に帯電している状態を考える（図 5.16）．この状態において，$-q$ に帯
電している下側の極板から微小電荷 dq を取り出し，$+q$ に帯電している上側の極板
まで運ぶ微小仕事 dW を考える．この電荷 dq は微小であるため，電位差，つまり
電場は変化しないとする．dq は電場から電場と同じ向きに力を受けるため，それ
と逆向きに等しい力を加えて運ぶことになる．この微小仕事 dW は，

$$dW = dqV \tag{5.26}$$

となる．このように，下側の極板から上側の極板まで，0 から Q まで電荷を少しず
つ運んでいけば，上側に電荷 Q, 下側に $-Q$ の電荷がたまることになるので，

$$
\begin{aligned}
U = W = \int dW &= \int_0^Q V \, dq = \int_0^Q \frac{q}{C} \, dq \\
&= \frac{1}{2}\frac{Q^2}{C} = \frac{1}{2}CV^2 \\
&= \frac{1}{2}QV \quad (\because \ Q = CV)
\end{aligned}
\tag{5.27}
$$

となり，これがコンデンサーに蓄えられたエネルギーとなる．

　最近のコンデンサーは高密度化してきている．特にスーパーキャパシタと呼ばれる電気2重層コンデンサーの体積あたりの静電容量は非常に大きい．大容量のコンデンサーとしてよく使われるアルミ電解コンデンサーは直径 $5\,\mathrm{mm}$，長さ $7\,\mathrm{mm}$ で $56\,\mu\mathrm{F}$ 程度であるが，例えば薄さわずか $0.40\,\mathrm{mm}$，縦横 $2.0\,\mathrm{cm}$ 角の電気2重層コンデンサーの静電容量は $35\,\mathrm{mF}$ もある．

例題 5.3

　上で挙げた静電容量 $35\,\mathrm{mF}$ のスーパーキャパシタコンデンサーに $4.5\,\mathrm{V}$ の電圧で充電したときにコンデンサーに蓄えられるエネルギーを求めよ．またこのときに蓄えられる電荷は何 C か．

【解答】

$$U = \frac{1}{2}CV^2 = \frac{1}{2} \times 35 \times 10^{-3} \times (4.5)^2 = 0.35\,\mathrm{J}$$

$$Q = CV = 35 \times 10^{-3} \times 4.5 = 0.16\,\mathrm{C} \qquad\qquad \square$$

　このエネルギーは，電場が存在する領域に連続的に分布している．先ほどの例題のコンデンサーに蓄えられたエネルギー U をコンデンサーの電極間の電場という形で場に蓄えられていると考えて求めていこう．式 (5.27) に，$V = Ed$, $C = \frac{\varepsilon S}{d}$ を代入すると，

$$\begin{aligned}
U &= \frac{1}{2}CV^2 = \frac{1}{2}\frac{\varepsilon S}{d}(Ed)^2 \\
&= \frac{1}{2}\varepsilon E^2 (Sd)
\end{aligned} \qquad (5.28)$$

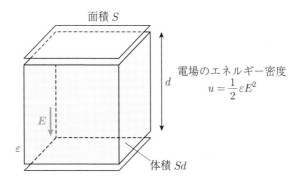

図 5.17　コンデンサー内部のエネルギー

となる．ここで Sd は（面積）×（極板間の距離）　=　（極板間の体積）　=（電場 E が存在する体積）になる．よって，$\frac{1}{2}\varepsilon E^2$ は単位体積あたりの電場のエネルギーを表すことになる．これを**電場のエネルギー密度** u という．

$$u \equiv \frac{1}{2}\varepsilon E^2 \tag{5.29}$$

このように「コンデンサーに蓄えられたエネルギー」は，「単位体積あたり u のエネルギーが極板間の空間に蓄えられている」といえる．

コンデンサーではなく，一般化した例で見ていこう．誘電率 ε の一様等方的媒質中に電荷密度 ρ で電荷が分布している場合を考える．微小体積 dv の持つエネルギーを dU とすると，$U = \frac{1}{2}QV$ から

$$dU = \frac{1}{2}(\rho\,dv)\phi \tag{5.30}$$

となる．ここで $\rho\,dv$ は微小体積 dv 中の電荷であり，ϕ は電位である．全エネルギーは dU を全空間にわたって足し合わせ（積分）すればよいので，

$$U = \int dU = \frac{1}{2}\int \rho\phi\,dv \tag{5.31}$$

誘電体中の微分形のガウスの法則 $\mathrm{div}\,\boldsymbol{D} = \rho$ を用いると，

$$U = \frac{1}{2}\int (\mathrm{div}\,\boldsymbol{D})\phi\,dv \tag{5.32}$$

ここで数学の公式を使うと $\mathrm{div}(\phi\boldsymbol{D}) = \phi\,\mathrm{div}\,\boldsymbol{D} + \boldsymbol{D}\cdot\mathrm{grad}\,\phi$ なので，

$$\phi\,\mathrm{div}\,\boldsymbol{D} = \mathrm{div}(\phi\boldsymbol{D}) - \boldsymbol{D}\cdot\mathrm{grad}\,\phi \tag{5.33}$$

これを用いると，

$$\begin{aligned}
U &= \frac{1}{2}\int (\mathrm{div}\,\boldsymbol{D})\phi\,dv \\
&= \frac{1}{2}\int \{\mathrm{div}(\phi\boldsymbol{D}) - \boldsymbol{D}\cdot\mathrm{grad}\,\phi\}\,dv \\
&= \frac{1}{2}\int \mathrm{div}(\phi\boldsymbol{D})\,dv - \frac{1}{2}\int \boldsymbol{D}\cdot\mathrm{grad}\,\phi\,dv
\end{aligned} \tag{5.34}$$

ここで式 (5.34) の右辺の第一項にガウスの定理を用いて体積積分から任意の閉曲面の面積積分に変換し，第二項に電位と電場の関係式 $\boldsymbol{E} = -\mathrm{grad}\,\phi$ を用いて変形すると，

$$U = \frac{1}{2}\int_{\mathrm{C}\perp} \phi\boldsymbol{D}\cdot d\boldsymbol{S} + \frac{1}{2}\int \boldsymbol{D}\cdot\boldsymbol{E}\,dv \tag{5.35}$$

となる.

　第一項について考えると，クーロンの法則より電束密度 D は距離の 2 乗に反比例して減衰する. また，ポテンシャル ϕ は距離に反比例して減衰する. 一方，積分面積は距離の 2 乗に比例して大きくなる. よって，第一項の大きさは距離に反比例する形となる. そのため，任意の閉曲面 C を無限遠方に持って行くと，第一項は 0 に近づく. 結局第一項は消去され，第二項だけが残る. 結果として，一般化した電場のエネルギー密度と，エネルギーは

$$u = \frac{1}{2}\boldsymbol{D} \cdot \boldsymbol{E} \tag{5.36}$$

$$U = \int u \, dv \tag{5.37}$$

となる.

演 習 問 題

演習 5.1　面積 S の平行平板コンデンサーの極板間を誘電率 ε の誘電体で満たし，両極板にそれぞれ $\pm Q$ の電荷を与えた. 誘電体中での (a) 電束密度，(b) 電場，(c) 分極電荷密度を求めよ. また平行平板の間隔を d とするとき，(d) このコンデンサーに蓄えられた静電エネルギー，(e) このコンデンサーの両極板間にはたらく力を求めよ. ただし $S \gg d^2$ とする.

演習 5.2　図のように一辺の長さ a の正方形極板二枚を距離 d だけ離した平行平板コンデンサーがある. この極板間に一辺の長さ a の正方形で高さ d の比誘電率 ε_{r}（> 1）の板を x だけ挿入し，極板間に電位差 V を与える.

(1) このときのコンデンサーの容量を求めよ.

(2) 極板間に蓄えられるエネルギーを求めよ.

(3) 誘電体にはたらく力の方向および大きさを求めよ.

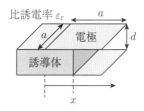

演習 5.3　半径 a の導体球が真空中にある. この導体球に無限遠方（電位 $= 0$ とする）から電荷を少しずつ運び，導体球に蓄えられた電荷を Q（$Q > 0$）にするのに必要な仕事 W_1 を求めよ. また，導体球外の全空間の電場エネルギー W_2 が W_1 と等しいことを示せ.

第6章

定常電流による磁場

　この章では，はじめに磁場とは何かを学び，次に一定の電流を流すことによって，電流の周りにできる磁場がどのように記述できるかを見ていく．さらにアンペールがどのように磁場を記述したのかを学ぶ．また，コンピュータで計算する際によく使うベクトルポテンシャルという概念を学び，これらを通して磁場がどのように記述できるか見ていく．

6.1　静　磁　場

　磁気作用は古くから知られており，大航海時代を可能にした羅針盤などに利用されていた．エリザベス女王の侍医であったギルバート（William Gilbert）が 1600 年に書いた著書「磁石」の中で，「磁石のはたらきは N 極と S 極にそれぞれ正と負の**磁荷**があって，正と正，負と負の同極間には反発力（斥力）がはたらき，正と負の異極間の磁荷には引力がはたらくと考えれば，説明できる」との記述がある．ギルバートはさらに，磁石を二つに割ると正と負の磁極を持つ二つの磁石ができることや，磁石の両端の磁荷を単独に分離することはできないこと，さらに地球は巨大な磁石であるとも記述している．

　この磁荷に作用する力である磁気力を定式化したのも，電荷に関する静電気力を定式化したクーロンである．クーロンは電荷と同様に，磁石の両端の磁荷間に作用する力を計測した．そして，「電荷と同様に距離の 2 乗に反比例すること」，「磁荷の積に比例すること」を確かめた．国際単位系（SI）においてはその比例定数 k は $\frac{1}{4\pi\mu_0}$ であり，これを**磁荷に関するクーロンの法則**と呼ぶ．

$$\boldsymbol{F}_{21} = k\frac{q_{\mathrm{m1}}q_{\mathrm{m2}}}{r^2}\frac{\boldsymbol{r}}{r} = \frac{1}{4\pi\mu_0}\frac{q_{\mathrm{m1}}q_{\mathrm{m2}}}{r^2}\frac{\boldsymbol{r}}{r} \quad \text{（国際単位系）} \tag{6.1}$$

　ここで，図 6.1 に示す通り，磁荷 q_{m2} が別の磁荷 q_{m1} から受ける力を $\boldsymbol{F}_{21}$ とし，位置ベクトル $\boldsymbol{r} = \boldsymbol{r}_2 - \boldsymbol{r}_1$ すなわち，q_{m1} から見た q_{m2} の位置ベクトルとする．μ_0 は**真空の透磁率**と呼ばれる定数であり，$\mu_0 = 1.25663706212(19) \times 10^{-6}\,\mathrm{N \cdot A^{-2}}$ である．

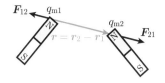

図 6.1 磁荷に関するクーロン力

　磁荷に関するクーロンの法則からもわかるように，電気と磁気は非常に似た性質を持つ．そのため，磁気の場合も磁荷が周囲の空間に**磁場**を作り，その磁場が第二の磁荷に力を及ぼすという近接作用の考えをしたほうが便利である．電場と同様に，式 (6.1) の磁荷に関するクーロンの法則を変形すると，原点 O にある磁荷 q_{m1} が任意の点 $\boldsymbol{r}$ に作る磁場 $\boldsymbol{H}(\boldsymbol{r})$ は以下の式のように定義できる．

$$\boldsymbol{H}(\boldsymbol{r}) \equiv \frac{\boldsymbol{F}_{21}}{q_{m2}} = \frac{1}{4\pi\mu_0}\frac{q_{m1}}{r^2}\frac{\boldsymbol{r}}{r} \tag{6.2}$$

$$\therefore \quad \boldsymbol{F}_{12} = q_{m2}\left(\frac{1}{4\pi\mu_0}\frac{q_{m1}}{r^2}\frac{\boldsymbol{r}}{r}\right)$$

また，点 $\boldsymbol{r}$ におかれた磁荷 q_{m2} が受ける力 $\boldsymbol{F}$ は

$$\boldsymbol{F} = q_{m2}\boldsymbol{H}(\boldsymbol{r}) \tag{6.3}$$

となる．

　磁荷の単位は Wb（ウェーバ）で，ドイツ人のウェーバー（Wilhelm Eduard Weber）にちなんでつけられている．Wb = kg·m^2·s^{-2}·A^{-1} である．

　電場に対して，電束密度があるように，磁場 $\boldsymbol{H}$ に対して**磁束密度 $\boldsymbol{B}$** がある．磁場 $\boldsymbol{H}$ と磁束密度 $\boldsymbol{B}$ には以下のような関係式が成り立つ．

$$\boldsymbol{B} = \mu\boldsymbol{H} \tag{6.4}$$

ここで μ は物質の**透磁率**と呼ばれ，物質固有の値を持つ．詳細は 8.2 節で説明する．磁束密度の単位には，Wb·m^{-2} = T（テスラ）が使われる．テスラはセルビア出身のニコラ テスラ（Nikola Tesla）にちなんでつけられている．昔は G（ガウス，1 T = 10^4 G）が使われていたが，今ではほどんど使われていない．しかしながら 1 G はだいたい地磁気の磁束密度と同じであるため今でもたまに使われることもある．

　磁気と電気はよく似ているが違う点もある．そ
れは，ギルバートの発見にもあるように，磁荷は
電荷と違い，N 極だけ，S 極だけの**真磁荷（単極
荷，magnetic monopole）**は存在しないというこ
とである（図 **6.2**）．もちろん今後の物理学の発展
によって真磁荷が発見されるかもしれないが今の

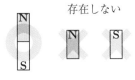

存在しない

図 **6.2**　真磁荷は存在しない

ところ確認されていない．すなわち，磁場の湧き出しはゼロであり，これを式で表
すと，

$$\mathrm{div}\,\boldsymbol{B} = 0 \tag{6.5}$$

となる．積分形では，ある閉曲面 C を考えると，以下のようになる．

$$\int_{C\pm} \boldsymbol{B} \cdot d\boldsymbol{S} = 0 \tag{6.6}$$

　電気力線のように磁束線を考えると，もう少しわかりやすい．磁場のクーロンの
法則にしたがって磁場ベクトル **H** を結んだ線が**磁力線**であり，磁束密度ベクトル
B を結んだ線が**磁束線**である．真空中では，磁力線と磁束線は一致する．正電荷
からでた電気力線は四方八方に出るだけで終わることもある．しかしながら，地球
の磁束線もコイルの磁束線も図 6.3 のように，必ず閉じたループとなる．現在の地
球の磁力線は南極付近から出て，北極付近に戻ってくるループとなっており，磁石
でいうところの N 極が南極付近にあり，S 極が北極付近にある状況である．閉じた
ループなので，少し不思議かもしれないが，コイルの中心軸上にできた磁束線も必
ず戻ってくるはずである．

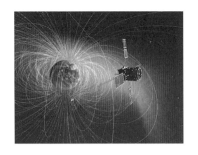
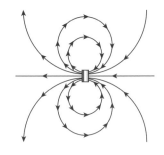

図 6.3　地球やコイルから発生する磁束線

［左図出典：JAXA デジタルアーカイブス，ERG science team］

　モノポール（真磁荷）が存在しないため，正負の磁荷 q_m が距離 d 離れたところにある．よってこの正負のペアの磁荷が作り出す磁場を考える必要がある．そのために，電気双極子モーメントと同様に**磁気双極子モーメント p_m** という物理量がよく使われる．磁気双極子モーメントの向きは，負磁荷から正磁荷への変位ベクトル d と電荷 q_m の積で表される．すなわち，

$$p_m = q_m d \tag{6.7}$$

となる．例えば，磁気双極子モーメント p_m を持つ磁気双極子が外部に作り出す静磁ポテンシャルは，電気双極子モーメントと同様に

$$\phi_m(r) = \frac{1}{4\pi\mu_0}\frac{p_m \cdot r}{r^3} \tag{6.8}$$

と表される．よって，磁場 H は，静磁ポテンシャルの grad を取り，

$$H(r) = -\nabla\left(\frac{1}{4\pi\mu_0}\frac{p_m \cdot r}{r^3}\right) \tag{6.9}$$

となる．磁気双極子モーメントの単位は Wb·m であり，7.2 節で述べる電流ループの持つ磁気モーメント m とは

$$p_m = \mu_0 m \tag{6.10}$$

の関係になる．

物理の目　　**磁気と電気**

　磁気は電気とよく似ているが，例えば電流が金属中を流れるときに作られる磁場というものは，特殊相対性理論のローレンツ変換で説明できる．電場が違った形で見せる姿であるため，似ているのである．

　電流と同じ速度で動いている観察者がいる．この観察者から見れば，負の電荷と正の電荷の速度は異なり，相対速度の大きい負の電荷の自由電子が収縮するように見える．このため，負電荷の密度が正電荷の密度より高くなり，結果として導線には負電荷が存在しているのと同じになる．そのため観察者が電荷を持っていた場合，この負電荷に起因するクーロン力を感じるのである．もちろん，観察者が観測する正電荷と負電荷の速度の差は光の速度に比べて非常に小さく mm·s^{-1} 程度である．しかしながらゼロではないので，導線の正電荷と負電荷の電荷密度には相対論にしたがって非常に小さい（10^{-24}）差が生じる．そして，金属の中には自由電子は 10^{29} 個 ·m^{-3} 程度と非常にたくさんある．結果として，観察者から見た電荷は「正電荷と負電荷の差（10^{-24}）」と「自由電子の密度（10^{29} 個·m^{-3}）」の積として現れるため，こんなに遅い速度でも相対論的効果が表れる．ということで，ほぼ光速で飛んでいるロケットに乗らなくても，実は磁場を観察していることで，特殊相対性理論の効果が見られる．

　ちなみにアインシュタイン（Albert Einstein）は電磁気学の相対性に気づくことによって，相対性理論を作った．

6.2　定常電流による磁場

「電気と磁気は似ている」ということは昔から知られていたが，電気と磁気の直接的な関係は，エルステッド[1]（Hans Christian Ørsted）によって 1820 年に発見された．エルステッドは講義中の実験で，南北方向に電流を流すと，そばに置いていた方位磁石が動いたことから，「電流には磁気作用があり」，「その電流の周りに渦状の磁場を作る」ことを発見したのである（図 6.4）．

エルステッドの発見からわずか 5 ヶ月後に，電流の流れる導線によって生じる磁場の定量的な計測をビオ（J. B. Biot）とサバール（F.Savart）が行い，まとめたものが**ビオ–サバールの法則**である．ビオ–サバールの法則は，流れる電流を I としたとき，その電流素片 $I\,dl$ がある点 P に作る微小磁場 dB を表している．式で記述すると，国際単位系では以下のようになる．

$$dB = \frac{\mu_0}{4\pi} \frac{I\,dl \times \frac{r}{r}}{r^2} \tag{6.11}$$

ここで，μ_0 は真空の透磁率であり，$4\pi \times 10^{-7}\,\mathrm{H\cdot m^{-1}}$（$= \mathrm{N\cdot A^{-2}}$）である．また dl は大きさが dl の微小な電流経路の一部分（断片）であり，向きは電流の流れる方向である．また，r は dl から点 P へのベクトルであり，$\frac{r}{r} \equiv \hat{r}$ は r 方向の単位ベクトル（大きさが 1 のベクトル）である．

$dl \times r$ は外積であるので，dB は dl にも r にも垂直であり，dl から r の方向に右ねじを回したときに進む向きである（図 6.5）．外積では交換法則が成り立たず，$dl \times r = -r \times dl$ なので，順番を間違えると，逆向きの磁場になってしまう．注意してほしい．

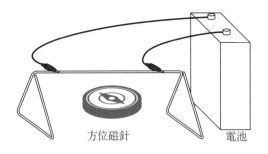

図 6.4　エルステッドが用いた実験装置

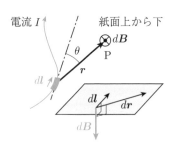

図 6.5　電流素片 $I\,dl$ が作る微小磁場 dB

---

[1]彼の功績をたたえ，磁場の単位には cgs 単位系においてはエルステッド Oe が使われている．$1\,\mathrm{Oe} = 79.572\,\mathrm{A\cdot m^{-1}}$ である．

ビオ–サバールの法則は微分の形で書かれている．そのため，電流全体がある点 P に作る磁場はすべての電流素片が点 P に作る磁場 $d\boldsymbol{B}$ の重ね合わせ，すなわち電流経路に沿って積分することによって求められる．次の例題で詳述する．

— 例題 6.1 —

無限に長いまっすぐな導線に電流 I が流れている．このとき，導線の周囲に生じる磁場を求めよ．

【解答】 z 軸上を $+z$ 方向に電流 I が流れているとし，z 軸から距離 R 離れた点 P の磁場を求める．無限に長い導線のため，求めたい点 P の磁束密度は点 P の z 座標によらず同じになるが，簡単のために $z = 0$ とする．図 6.6 のように z 軸と電流素片から点 P へのベクトル $\boldsymbol{r}$ の挟む角を θ とし，電流素片の z 座標を z とおく．電流は z 軸上を流れているため，ビオ–サバールの法則の $d\boldsymbol{l}$ は dz と置き換える．

z 軸上の位置 z にある電流素片 $I\,dz$ が点 P に作る微小磁場 $d\boldsymbol{B}$ はビオ–サバールの法則より，

$$d\boldsymbol{B} = \frac{\mu_0}{4\pi}\frac{I\,d\boldsymbol{z} \times \frac{\boldsymbol{r}}{r}}{r^2} = \frac{\mu_0}{4\pi}\frac{I\,d\boldsymbol{z} \times \boldsymbol{r}}{r^3}$$

となる．$d\boldsymbol{B}$ の向きは，$d\boldsymbol{z} \times \boldsymbol{r}$ の向きであるため，z 軸から $\boldsymbol{r}$ ベクトルに右ねじを回した方向，図 6.6 でいうところの z 軸と $\boldsymbol{r}$ を含む面に対して垂直な，紙面を貫く方向となる．z の座標にかかわらず，すべて同じ方向となる．$d\boldsymbol{B}$ の大きさ dB は，

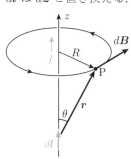

図 6.6 無限直線導線が作る磁場

$$dB = |d\boldsymbol{B}| = \left|\frac{\mu_0}{4\pi}\frac{I\,d\boldsymbol{z} \times \boldsymbol{r}}{r^3}\right| = \frac{\mu_0}{4\pi}\frac{I\,|d\boldsymbol{z}|\,|\boldsymbol{r}|\sin\theta}{r^3}$$

$$= \frac{\mu_0}{4\pi}\frac{I\,dz\,R}{r^3} = \frac{\mu_0}{4\pi}\frac{IR\,dz}{r^3}$$

$$\because \quad \sin\theta = \sin(\pi - \theta) = \frac{R}{r}$$

よって磁場 B は z を $-\infty$ から ∞ まで変えて得られる dB を重ね合わせればいいので，次のようになる．

$$B = \int dB = \int_{-\infty}^{\infty} \frac{\mu_0}{4\pi}\frac{IR}{r^3}\,dz = \frac{\mu_0 I}{4\pi}\int_{-\infty}^{\infty}\frac{R}{r^3}\,dz$$

$$= \frac{\mu_0 I}{4\pi}\int_{-\infty}^{\infty}\frac{R}{(\sqrt{z^2 + R^2})^3}\,dz$$

$$\because \quad r = \sqrt{z^2 + R^2}$$

表 6.1 置換積分対応表

z	ϕ
$-\infty$	$-\frac{\pi}{2}$
∞	$\frac{\pi}{2}$

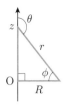

図 6.7 z, R, ϕ, θ の関係

　ここで積分のテクニックとして，$z = R\tan\phi$ とおくと，$-\infty$ から ∞ までの積分区間は表6.1のようにに $-\frac{\pi}{2}$ から $\frac{\pi}{2}$ までになるので，

$$dz = R(\tan\phi)'\,d\phi = R\frac{1}{(\cos\phi)^2}\,d\phi$$

$$B = \frac{\mu_0 I}{4\pi}\int_{-\frac{\pi}{2}}^{\frac{\pi}{2}}\frac{R}{(R\sqrt{1+\tan^2\phi})^3}R\frac{1}{(\cos\phi)^2}\,d\phi$$

$$= \frac{\mu_0 I}{4\pi}\int_{-\frac{\pi}{2}}^{\frac{\pi}{2}}\frac{R}{\left(R\sqrt{\frac{1}{(\cos\phi)^2}}\right)^3}R\frac{1}{(\cos\phi)^2}d\phi$$

$$= \frac{\mu_0 I}{4\pi}\int_{-\frac{\pi}{2}}^{\frac{\pi}{2}}\frac{\cos\phi}{R}d\phi = \frac{\mu_0 I}{4\pi}\frac{1}{R}2 = \frac{\mu_0 I}{2\pi R}$$

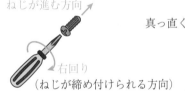

図 6.8 右ねじの法則と右手の法則

となる．磁場は z 軸に対して軸対称であり，磁場の向きは右ねじの法則にしたがった z 軸に垂直な平面上における半径 R の円の接線方向である．すなわち，図6.8に示すように，ねじの進む向きに電流が流れるとき，ねじを回す向きに磁場が生じ

る．これは右手の法則としても知られており，電流の流れる向きに右手の親指を向けたときにほかの指が向く方向と同じである．式からもわかる通り，磁束密度の大きさは電流に比例し，図6.9のように距離に反比例して減衰する． □

図 6.9 磁束密度と距離の関係

── 例題 6.2 ──

図 6.10 のように z 方向に伸びる有限の導線（$-R_0 \leq z \leq R_0$）に電流 I を流す．点 $\mathrm{P}(x, y, z) = (R_0, 0, 0)$ における磁束密度 $\boldsymbol{B}$ の向きと大きさを求めよ．

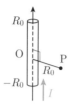

図 6.10　有限直線導線が作る磁場

【解答】　例題 6.1 の積分範囲が $-\infty$ から ∞ までから $-R_0$ から R_0 までに変わる．そのため，磁束密度の大きさ B は

$$
\begin{aligned}
B = \int dB &= \int_{-R_0}^{R_0} \frac{\mu_0}{4\pi} \frac{I R_0}{r^3} \, dz \\
&= \frac{\mu_0 I}{4\pi} \int_{-\frac{\pi}{4}}^{\frac{\pi}{4}} \frac{\cos\phi}{R_0} \, d\phi = \frac{\mu_0 I}{4\pi} \frac{1}{R_0} 2 \frac{\sqrt{2}}{2} \\
&= \frac{\sqrt{2}\,\mu_0 I}{4\pi R_0}
\end{aligned}
$$

表 6.2　置換した値

z	ϕ
$-R_0$	$-\frac{\pi}{4}$
R_0	$\frac{\pi}{4}$

となる．無限に長い場合と比べて，$\frac{1}{\sqrt{2}}$ 倍に小さくなることがわかる．また，磁場の向きは図 6.11 のように右ねじの法則によって与えられる．（$+z$ 方向から見たときに xy 平面の反時計回り方向である．）　□

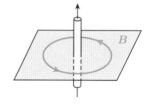

図 6.11　有限直線導線が作る磁場の向き

── 例題 6.3 ──

中心角が ϕ_0 で半径 R の円弧状の導線に反時計回り方向に電流 I が流れている．このとき円弧の中心に作られる磁場を求めよ．

【解答】　ビオ–サバールの法則を適用すると，円弧上の微小電流素片 $I\,d\boldsymbol{l}$ からの寄与は

$$dB = \left| \frac{\mu_0}{4\pi} \frac{I\,d\boldsymbol{l} \times \boldsymbol{r}}{r^3} \right| = \frac{\mu_0}{4\pi} \frac{I\,|d\boldsymbol{l}|\,|\boldsymbol{r}| \sin\frac{\pi}{2}}{r^3} = \frac{\mu_0}{4\pi} \frac{I\,dl}{r^2} \quad (\because\ d\boldsymbol{l} \perp \boldsymbol{r})$$

となる（図 6.12）．よって求める磁場の大きさ B は，0 から ϕ_0 まで dB を積分すればよい．また $dl = R\,d\phi$ なので，

$$B = \int dB = \int_0^{\phi_0} \frac{\mu_0}{4\pi} \frac{IR\,d\phi}{R^2} = \frac{\mu_0 I}{4\pi R} \int_0^{\phi_0} d\phi = \frac{\mu_0 I}{4\pi R} \phi_0$$

となる．磁場の向きは $d\boldsymbol{l}$ と $\boldsymbol{r}$ に垂直な向きであるので，反時計回り方向から径方向に右ねじが進む向きは紙面上側となる（右手の法則の方向）．$\phi_0 = 2\pi$ のとき（円弧が円であった場合）には

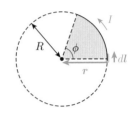

図 6.12　円弧上導線が作る磁場

$$B = \frac{\mu_0 I}{4\pi R} 2\pi = \frac{\mu_0 I}{2R}$$

となる．

例えば，半径 $5\,\mathrm{cm}$ の円の導線に $1\,\mathrm{kA}$ の電流を流したとき，中心の磁束密度は

$$B = \frac{\mu_0 I}{2R} = \frac{4\pi \times 10^{-7} \times 10^3}{2 \times 0.05} = 4\pi \times 10^{-3} = 1.3 \times 10^{-2}\,\mathrm{T}$$

である．$1\,\mathrm{kA}$ という大きな電流を流しても，せいぜい地磁気の 100 倍程度の磁束密度しか発生しないのである．　□

図 6.13 のような半径方向と周方向が組み合わさった電流経路の場合は，半径方向に向かう経路において，電流素片ベクトル $d\boldsymbol{l}$ と $\boldsymbol{r}$ ベクトルの方向が一致していて，外積は $\boldsymbol{0}$ となる．このため，この直線部分からの寄与はなく，この経路においては $\int d\boldsymbol{B} = \boldsymbol{0}$ となる．このため円周部が作る磁場だけを考えればよい．

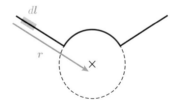

図 6.13　直線と円弧が作る磁場 $d\boldsymbol{l} \times \boldsymbol{r} = \boldsymbol{0}$ $(\because\ d\boldsymbol{l}\ /\!/\ \boldsymbol{r})$

例題 6.4

半径 R の円上の導線に電流 I を反時計回り方向に流す．このとき，円の中心軸上にこの電流が作る磁束密度の大きさと方向を求めよ．

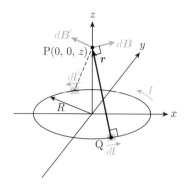

図 **6.14** 円周電流が軸上に作る磁場

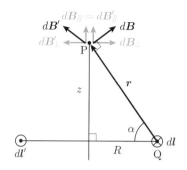

図 **6.15** 電流に垂直な平面から見た断面図

【解答】 図 **6.14** のように座標を定めて，円電流 I が流れているときの z 軸上の点 $P(0, 0, z)$ における磁場を求める．点 Q にある電流素片 dl から点 P へのベクトルを $\boldsymbol{r}$ とする．電流素片 dl が点 P に作る微小磁場 $d\boldsymbol{B}$ は，ビオ–サバールの法則より

$$d\boldsymbol{B} = \frac{\mu_0}{4\pi} \frac{I\, dl \times \frac{\boldsymbol{r}}{r}}{r^2}$$

となり，図 **6.14** のような方向を向く．ところで，微小磁場 $d\boldsymbol{B}$ を z 軸と平行な成分 $dB_{/\!/}$ と垂直な成分 $d\boldsymbol{B}_\perp$ に分けて考える．$d\boldsymbol{B}_\perp$ は微小電流片 dl の原点に対する対称点 dl' が作り出す微小磁場の垂直成分 $d\boldsymbol{B}'_\perp$ によって，相殺され，$\boldsymbol{0}$ となる．よって z 軸に平行な成分 $dB_{/\!/}$ だけ考えればよい．

α を図 **6.15** のように定義すると，

$$dB_{/\!/} = dB\cos\alpha = dB\frac{R}{r}$$

と平行成分 $dB_{/\!/}$ が記述できる．よって，

$$B = \int dB = \int dB_{/\!/} = \int dB\frac{R}{r} = \oint \frac{\mu_0}{4\pi} \frac{I\, dl}{r^2} \frac{R}{r} \quad (\because\ dl \perp \boldsymbol{r})$$

$$= \oint \frac{\mu_0 I R}{4\pi r^3} dl = \frac{\mu_0 I R}{4\pi r^3} \oint dl = \frac{\mu_0 I R}{4\pi r^3} \int_0^{2\pi} R\, d\phi = \frac{\mu_0 I R}{4\pi r^3} 2\pi R$$

$$= \frac{\mu_0 I R^2}{2r^3} = \frac{\mu_0 I}{2} \frac{R^2}{(\sqrt{R^2 + z^2})^3}$$

となる．$z = 0$ のときには，

$$B = \frac{\mu_0 I}{2} \frac{R^2}{(\sqrt{R^2})^3} = \frac{\mu_0 I}{2R}$$

となり，例題 **6.3** の答えと同じになることがわかる． □

6.3　アンペールの法則

　エルステッドの発見からわずか 2 週間後に，アンペールが**アンペールの法則**を発表した．アンペールの法則はビオ–サバールの法則を一般化したものである．クーロンの法則からガウスの法則が導かれたように，ビオ–サバールの法則からアンペールの法則が導かれる．そして，ガウスの法則がクーロンの法則よりも使いやすいように，ビオ–サバールの法則よりもアンペールの法則のほうが使いやすい形である．しかしながら，使いやすいのは対称性などを考慮した場合だけであり，アンペールの法則が使いにくい場面がたくさんあるので注意が必要である．例えば円弧上の電流が作る磁場などには使えないので気を付けよう．

　真空中のアンペールの法則は以下のように表される．

$$\oint_{\Gamma 上} \boldsymbol{B} \cdot d\boldsymbol{l} = \mu_0 I \quad \left(= \mu_0 \sum I_i \right) \tag{6.12}$$

ここで I は閉曲線 Γ をよぎる（閉曲線 Γ の中を通る）電流であり，μ_0 は真空中の透磁率である．

　アンペールの法則は，図 **6.16** のように「閉曲線 Γ 上で，磁束密度をぐるり一周線積分したものは，閉曲線 Γ の中を通る電流の和に透磁率 μ_0 を掛けたものと等しくなる」というものである．ガウスの法則と同じように真空中を考えているので真空での透磁率 μ_0 となっている．物質中のアンペールの法則は 8.2 節で説明するので，もう少し待っていただきたい．ビオ–サバールの法則からアンペールの法則の導出はいろいろな文献に記載されているので，興味がある人は読んでみてほしい．

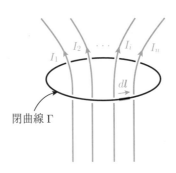

図 **6.16**　閉曲線 Γ をよぎる電流

── 例題 6.5 ──

無限に長い直線状導線に電流 I が流れている．この電流によって導線周りに生じる磁束密度 B の大きさを求めよ．

【解答】 右ねじの法則より，できる磁場は導線を対称軸とする渦状の磁場となる．アンペールの法則より，

$$\oint_{\Gamma 上} \boldsymbol{B} \cdot d\boldsymbol{l} = \mu_0 I$$

となる．対称性より，軸からの距離が r の点における磁束密度の大きさは方向によらず，これを $B(r)$ とすると，

$$\oint_{\Gamma 上} \boldsymbol{B} \cdot d\boldsymbol{l} = B(r) \times \underbrace{2\pi r}_{円周の長さ}$$

$$= \mu_0 I$$

$$\therefore \quad B(r) = \frac{\mu_0 I}{2\pi r}$$

これは例題 6.1 と同じである．対称性を持つ場合は，アンペールの法則を使うとビオ–サバールの法則を使うよりも計算量が少ないことがわかる．残念ながらアンペールの法則は例題 6.2 では使えない． □

── 例題 6.6 ──

図 **6.17** のような円形に導線を密に巻いたものを**ソレノイド**と呼ぶ．磁場を生成するためによく使われる．ソレノイドコイルは無限に長いと近似して，ソレノイドコイル内の磁場を求めよ．ただしソレノイドコイルは単位長さあたり（国際単位系では $1\,\mathrm{m}$ あたり）n 巻であり，流れる電流を I として求めよ．

図 **6.17** ソレノイドコイル

[出典：Wikimedia Commons より]

【解答】　現実にある有限の長さのソレノイドでは，図 6.18 のような磁場ができる．しかしながら，無限に長いソレノイドコイルの場合は，ソレノイドコイルの外側には磁場がない．また対称性より，ソレノイドコイル内にはソレノイドコイル軸方向の一様な磁場が存在する．そのため，解析可能である．

　アンペールの法則を適用するにあたり，閉曲線 Γ を図 6.19 のようにとる．すると，アンペールの法則の右辺の積分は，

$$\oint_{\Gamma 上} \boldsymbol{B} \cdot d\boldsymbol{l} = \oint_1 \boldsymbol{B} \cdot d\boldsymbol{l} + \oint_2 \boldsymbol{B} \cdot d\boldsymbol{l} + \oint_3 \boldsymbol{B} \cdot d\boldsymbol{l} + \oint_4 \boldsymbol{B} \cdot d\boldsymbol{l}$$

$$= Bl + \underbrace{0}_{\boldsymbol{B} \perp d\boldsymbol{l}} + 0 + \underbrace{0}_{\boldsymbol{B} \perp d\boldsymbol{l}}$$

となる．区間 2 および区間 4 においては，磁場の方向と経路は垂直であるため 0 となる．区間 3 において，外部の磁場が 0 になるのは奇異に感じられるかもしれないが，無限に長いソレノイドにおいては，無限遠方を通って磁束がコイルに戻ってくるため，磁束密度は内側と比較して十分小さく 0 とみなせるのである．これを示すためにソレノイドコイル外側に図 6.20 に示すような閉曲線 Γ′ を考える．このと

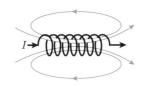

図 6.18　ソレノイドコイルが作る磁場

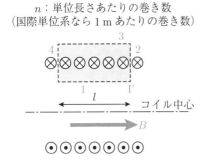

図 6.19　コイル断面における閉曲線 Γ とそれをよぎる電流

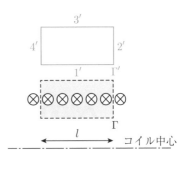

図 6.20　コイル外周の閉曲線 Γ′

き，Γ' を通過する電流（Γ' 内部の電流の合計）は 0 なので，無限遠方が 0 であるなら，ソレノイド近傍の磁束密度も 0 となる．

$$\oint_{\Gamma'\text{上}} \boldsymbol{B} \cdot d\boldsymbol{l} = \oint_{1'} \boldsymbol{B} \cdot d\boldsymbol{l} + \oint_{2'} \boldsymbol{B} \cdot d\boldsymbol{l} + \oint_{3'} \boldsymbol{B} \cdot d\boldsymbol{l} + \oint_{4'} \boldsymbol{B} \cdot d\boldsymbol{l}$$

$$= B_{1'}l + \underbrace{0}_{\boldsymbol{B}\perp d\boldsymbol{l}} + \underbrace{0 \times l}_{\text{無限遠}} + \underbrace{0}_{\boldsymbol{B}\perp d\boldsymbol{l}} = 0$$

閉曲線 Γ を通過する電流はコイルの導線が巻き数密度 n で長さが l であるため，nl 本ある．1 本あたり I の電流が流れているため，閉曲線 Γ をよぎる電流の合計は nlI となる．よって上の式は

$$\oint_{\Gamma\text{上}} \boldsymbol{B} \cdot d\boldsymbol{l} = Bl = \mu_0(nlI)$$

$$\therefore \quad B = \mu_0 nI$$

となる．実際のソレノイド内部の磁場も，半径に比べて十分に長いソレノイドではここで算出した磁束密度とあまり変わらない．　　　　　　　　　　　　□

これまで出てきたビオ–サバールの法則もアンペールの法則も周りの場を変化させるという近接作用的な表現ではない．そこで，空間の状態が変化するという近接作用的な表現で表してみよう．アンペールの法則は

$$\oint_{\Gamma\text{上}} \boldsymbol{B} \cdot d\boldsymbol{l} = \mu_0 I \tag{6.13}$$

である．この式の左辺に関して，数学の定理の一つであるストークスの定理を用いて変形する．ストークスの定理は第 2 章のエネルギー保存則のところでも使ったが

$$\underbrace{\oint_{\Gamma\text{上}} \boldsymbol{A} \cdot d\boldsymbol{l}}_{\text{閉曲線}\Gamma\text{上で}\boldsymbol{A}\text{を積分}} = \underbrace{\int_{C\text{上}} \text{rot}\, \boldsymbol{A} \cdot d\boldsymbol{S}}_{\boldsymbol{A}\text{の回転を曲面C上で表面積分}} \tag{6.14}$$

である．ここで曲面 C は閉曲線 Γ で張られる曲線である．これを用いると，式 (6.12) のアンペールの法則の左辺は

$$\oint_{\Gamma\text{上}} \boldsymbol{B} \cdot d\boldsymbol{l} = \int_{C\text{上}} \text{rot}\, \boldsymbol{B} \cdot d\boldsymbol{S} \tag{6.15}$$

一方，式 (6.12) の右辺は，閉曲線 Γ をよぎる電流の合計である．よって，左辺と同様に，図 6.21 に示している曲面 C 上で電流密度を面積積分すればよい．よって右辺は，

$$\mu_0 I = \mu_0 \int_{C\text{上}} \boldsymbol{j} \cdot d\boldsymbol{S} = \int_{C\text{上}} \mu_0 \boldsymbol{j} \cdot d\boldsymbol{S} \tag{6.16}$$

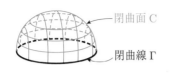
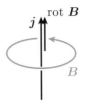

図 6.21　閉曲線 Γ をはる閉曲面 C　　図 6.22　電流密度により磁場の渦が作られる

式 (6.12)，式 (6.15) および式 (6.16) より，

$$\int_{\mathrm{C\pm}} \mathrm{rot}\, \boldsymbol{B} \cdot d\boldsymbol{S} = \int_{\mathrm{C\pm}} \mu_0 \boldsymbol{j} \cdot d\boldsymbol{S} \tag{6.17}$$

となる．閉曲面 C は任意の曲面であるため，被積分関数（積分される関数）が等しくなければ，式 (6.17) は成り立たない．よって，

$$\mathrm{rot}\, \boldsymbol{B} = \mu_0 \boldsymbol{j} \tag{6.18}$$

となる．これは，電流密度 $\boldsymbol{j}$ によって空間の性質が変わり，磁場の渦が作られていることを表す．（渦状の磁場が作られていると解釈することができる．）これはエルステッドが見出した「電流が磁場の渦を作る」ということが，ミクロな視点で成り立っていることを示している（図 6.22）．

　まとめると，定常電流の作る磁場の方程式は以下の二つからなり，これらに境界条件を組み合わせることで磁場が計算できる．

$$\mathrm{div}\, \boldsymbol{B} = 0 \quad (\text{真磁荷不在}) \tag{6.19}$$

$$\mathrm{rot}\, \boldsymbol{B} = \mu_0 \boldsymbol{j} \quad (\text{アンペールの法則}) \tag{6.20}$$

6.4　ベクトルポテンシャル

　磁場にも電場と同様にポテンシャルが定義できる．しかしながら，違いもある．電場を作るもととなる電荷密度はスカラーだったが，磁場を作るもととなる電流密度はベクトル，すなわち大きさと方向を持っている．そのため，電場に対するポテンシャルがスカラーであったのと違い，磁場に対するポテンシャルは，大きさと方向を持つベクトルとなる．すなわち，磁場のポテンシャルはスカラーポテンシャル

ではなく，**ベクトルポテンシャル**となる．磁場を記述する式である真磁荷不在と
アンペールの法則を出発点として，このベクトルポテンシャルを求めよう．その
ために，div $B \equiv 0$ ならば，$B = \text{rot}\,A$ なるベクトル A が存在するという数学の
公式を利用する．真磁荷不在の div $B = 0$ は常に成り立っている（恒等式）ため，
$B = \text{rot}\,A$ なる A が存在する．この A をベクトルポテンシャルと呼び，これが
磁場におけるポテンシャルとなる．これをアンペールの法則 rot $B = \mu_0 j$ に代入
する．

$$\text{rot}(\text{rot}\,A) = \mu_0 j \tag{6.21}$$

ここで，数学の公式，

$$\text{rot}(\text{rot}\,A) = \text{grad}(\text{rot}\,A) - \Delta A$$

を用いて変形すると，（成分を計算してみると，証明できるので，興味のある人は
是非確認してほしい．）

$$\text{grad}(\text{div}\,A) - \Delta A = \mu_0 j \tag{6.22}$$

となる．ところで，$A_0 = \text{grad}\,f$ になるような任意のベクトル関数 A_0 を A に加え
ても，ベクトルの公式 $\text{rot}(\text{grad}\,f) = \mathbf{0}$ より，$B = \text{rot}(A+A_0) = \text{rot}(A+\text{grad}\,f) =$
$\text{rot}\,A$ となり，B が与えられても A は一意に決まらない．そこで，A が一意に決
まるように，もう一つ以下のような条件を加える．

$$\text{div}\,A = 0 \tag{6.23}$$

この条件を**クーロンゲージ**という．同じように，一意にならないポテンシャルを変
化させる操作は**ゲージ変換**と呼ばれ，他に有名なゲージとして，ローレンツゲージ
がある．ローレンツゲージは div $A + \varepsilon\mu\frac{\partial\phi}{\partial t} = 0$ であり，これを用いることで，特
殊相対性理論にて二つの慣性系の間の座標を結びつける線形変換とされるローレン
ツ変換に対して，マクスウェル方程式（第 12 章で解説）が式の形を変えないで表
すことが出来る．式の見通しが非常に良くなるため使われているのである．

　クーロンゲージにより，アンペールの法則の左辺第一項は **0** となるため，

$$\Delta A = -\mu_0 j \tag{6.24}$$

と電場のポアソン方程式（$\Delta\phi = -\frac{1}{\varepsilon_0}\rho(r)$）と同じ形になる．

　ベクトルポテンシャルを用いると，アンペールの法則は以下の形でまとめられる．

$$\Delta \boldsymbol{A} = -\mu_0 \boldsymbol{j} \quad (\text{ただし,} \ \operatorname{div} \boldsymbol{A} = 0) \tag{6.25}$$

$$\boldsymbol{B} = \operatorname{rot} \boldsymbol{A} \tag{6.26}$$

　実験装置の設計などで磁場を計算するときには,ビオ–サバールの法則を直接適用するよりも,ベクトルポテンシャルを用いて計算するほうが多い.これは,図 6.23 にあるように $\boldsymbol{j}$ と $\boldsymbol{A}$ の方向が一致しているので簡単になることが多いからである.実際にほとんどの磁場解析ソフトでは,ビオ–サバールの法則ではなく,ベクトルポテンシャルを用いて磁場を計算している.

　式 (6.24) はポアソン方程式と似た微分方程式で表現されている.ポアソン方程式から導出される電位は,$\phi(\boldsymbol{r}) = \int \frac{1}{4\pi\varepsilon_0} \frac{\rho(\boldsymbol{r}')}{|\boldsymbol{r}-\boldsymbol{r}'|} \, dv$ であるので,ベクトルポテンシャル $\boldsymbol{A}$ の形も以下のように類推することができる.

$$\boldsymbol{A}(\boldsymbol{r}) = \frac{\mu_0}{4\pi} \int \frac{\boldsymbol{j}(\boldsymbol{r}')}{|\boldsymbol{r}-\boldsymbol{r}'|} \, dv' \tag{6.27}$$

ただし,$\boldsymbol{A}(\boldsymbol{r})$ は位置 $\boldsymbol{r}$ でのベクトルポテンシャル,$\boldsymbol{j}(\boldsymbol{r}')$ は位置 $\boldsymbol{r}'$ での電流密度である.

　類推したベクトルポテンシャル $\boldsymbol{A}$ を検証していこう.$\boldsymbol{B} = \operatorname{rot} \boldsymbol{A} = \nabla \times \boldsymbol{A}$ であるため,式 (6.27) に代入すると

$$B(\boldsymbol{r}) = \nabla \times \boldsymbol{A}(\boldsymbol{r}) = \nabla_r \times \frac{\mu_0}{4\pi} \int \frac{\boldsymbol{j}(\boldsymbol{r}')}{|\boldsymbol{r}-\boldsymbol{r}'|} \, dv' \tag{6.28}$$

$\nabla_r \equiv \left(\frac{\partial}{\partial x}, \frac{\partial}{\partial y}, \frac{\partial}{\partial z} \right) \neq \left(\frac{\partial}{\partial x'}, \frac{\partial}{\partial y'}, \frac{\partial}{\partial z'} \right)$ を積分の中に入れると,

$$B(\boldsymbol{r}) = \frac{\mu_0}{4\pi} \int \nabla_r \times \frac{\boldsymbol{j}(\boldsymbol{r}')}{|\boldsymbol{r}-\boldsymbol{r}'|} \, dv' \tag{6.29}$$

$\boldsymbol{j}(\boldsymbol{r}')$ は $\boldsymbol{r}$ に無関係であるため $\nabla_r \times \frac{j(\boldsymbol{r}')}{|\boldsymbol{r}-\boldsymbol{r}'|} = -\boldsymbol{j}(\boldsymbol{r}') \times \nabla_r \frac{1}{|\boldsymbol{r}-\boldsymbol{r}'|}$ として,被積分

図 6.23　電流密度 $\boldsymbol{j}$ が作り出す磁場のベクトルポテンシャル $\boldsymbol{A}$

関数内の ∇_r と $\boldsymbol{j}(\boldsymbol{r}')$ の順番を入れ替えることができる.

$$B(\boldsymbol{r}) = \frac{\mu_0}{4\pi} \int -\boldsymbol{j}(\boldsymbol{r}') \times \nabla_r \frac{1}{|\boldsymbol{r} - \boldsymbol{r}'|} \, dv' \tag{6.30}$$

また, $\boldsymbol{r} - \boldsymbol{r}'$ を $\boldsymbol{r}'$ を固定して微分すると $d(\boldsymbol{r} - \boldsymbol{r}') = d\boldsymbol{r}$ であるので,

$$\nabla_r \left(\frac{1}{|\boldsymbol{r} - \boldsymbol{r}'|} \right) = \nabla_{r-r'} \left(\frac{1}{|\boldsymbol{r} - \boldsymbol{r}'|} \right) = -\frac{\frac{\boldsymbol{r} - \boldsymbol{r}'}{|\boldsymbol{r} - \boldsymbol{r}'|}}{|\boldsymbol{r} - \boldsymbol{r}'|^2} \tag{6.31}$$

となり, これを式 (6.30) に代入すると,

$$B(\boldsymbol{r}) = \frac{\mu_0}{4\pi} \int \boldsymbol{j}(\boldsymbol{r}') \times \frac{\boldsymbol{r} - \boldsymbol{r}'}{|\boldsymbol{r} - \boldsymbol{r}'|^3} \, dv' \tag{6.32}$$

となる. これは定常電流分布のビオ–サバールの法則であるので, ベクトルポテンシャルの類推は正しかったことが示された. 式 (6.32) は定常電流分布で示されているので, 線 Γ に沿った方向のみに電荷が動く線電流に置き換える. 電流が流れる Γ の微小線要素を $d\boldsymbol{l}$ とおくと, 微小電流要素 $\boldsymbol{j}(\boldsymbol{r}')\,dv'$ も $\boldsymbol{j}(\boldsymbol{r}')\,dv' = I\,d\boldsymbol{r}' = I\,d\boldsymbol{l}$ に置き換えられるので,

$$B(\boldsymbol{r}) = \frac{\mu_0}{4\pi} \int I\,d\boldsymbol{l} \times \frac{\boldsymbol{r} - \boldsymbol{r}'}{|\boldsymbol{r} - \boldsymbol{r}'|^3} \tag{6.33}$$

となる. さらにこれを微分し, $\boldsymbol{R} = \boldsymbol{r} - \boldsymbol{r}'$ と $\boldsymbol{R}$ を $\boldsymbol{r}'$ (電流素片の位置ベクトル) から $\boldsymbol{r}$ へのベクトルで定義し直すと,

$$d\boldsymbol{B} = \frac{\mu_0}{4\pi} I\,d\boldsymbol{l} \times \frac{\boldsymbol{r} - \boldsymbol{r}'}{|\boldsymbol{r} - \boldsymbol{r}'|^3} = \frac{\mu_0}{4\pi} I\,d\boldsymbol{l} \times \frac{\boldsymbol{R}}{|\boldsymbol{R}|^3} = \frac{\mu_0}{4\pi} \frac{I\,d\boldsymbol{l} \times \frac{\boldsymbol{R}}{R}}{R^2} \tag{6.34}$$

となり, 式 (6.11) と同じ微分形のビオ–サバール法則の形に変形できた.

式 (6.27) のベクトルポテンシャルも線電流 I に関しては, 同様に変形でき,

$$\boldsymbol{A}(\boldsymbol{r}) = \frac{\mu_0}{4\pi} \int \frac{I}{|\boldsymbol{r} - \boldsymbol{r}'|} \, d\boldsymbol{l} \tag{6.35}$$

となる. 式 (6.35) からもわかる通りベクトルポテンシャル $\boldsymbol{A}$ の向きは $d\boldsymbol{l}$ と同じとなる.

ベクトルポテンシャルは計算が便利であるため, 持ち込まれた概念的なものであると誤解されがちであるが, ちゃんと実体があることが実験により実証されている. このように, 理論的に導入された概念が実証されることによって, その概念は実体・真理として継承されていく.

例題 6.7

z 軸上の点 A$(0,0,-L)$ から点 B$(0,0,L)$ $(L > 0)$ まで，$+z$ 軸方向に流れる電流 I が xy 平面上の原点 O から距離 r 離れたところに作る磁束密度をベクトルポテンシャルを用いて計算せよ．

【解答】 原点 O から距離 r 離れた点 P$(x,y,0)$ でのベクトルポテンシャルを求める．電流は z 方向のみなので，$\boldsymbol{A}$ は z 成分のみで，$\boldsymbol{A} = (0,0,A_z)$ となる．点 P と z 軸上の点 Q$(0,0,z)$ の距離を R とすると，$R = \sqrt{z^2 + r^2}$ なので，

$$A_z = \frac{\mu_0 I}{4\pi} \int_{z_1}^{z_2} \frac{dz}{R} = \frac{\mu_0 I}{4\pi} \int_{-L}^{L} \frac{dz}{\sqrt{z^2 + r^2}}$$

ここで，$t = z + \sqrt{z^2 + r^2} \geq 0$（もしくは，$z^2 + r^2 = (t - z)^2$）となる t で置換する．その準備として，$t = z + \sqrt{z^2 + r^2}$ において，z を左辺に持ってきて両辺を 2 乗して整理すると，

$$r^2 = t^2 - 2tz$$

となる．これを両辺微分すると，

$$0 = 2t\,dt - 2z\,dt - 2t\,dz$$

となる．これを整理すると，

$$dt = \frac{2t\,dz}{2(t - z)} = \frac{t\,dz}{t - z} = \frac{t}{\sqrt{z^2 + r^2}}\,dz$$

表 6.3　置換積分対応表

z	t
$-L$	$L + \sqrt{L^2 + r^2}$
L	$-L + \sqrt{L^2 + r^2}$

となる．よって，A_z は，

$$A_z = \frac{\mu_0 I}{4\pi} \int_{-L}^{L} \frac{dz}{\sqrt{z^2 + r^2}} = \frac{\mu_0 I}{4\pi} \int_{-L+\sqrt{L^2+r^2}}^{L+\sqrt{L^2+r^2}} \frac{1}{\sqrt{(t - z)^2}} \frac{t - z}{t}\,dt$$

$$= \frac{\mu_0 I}{4\pi} \int_{-L+\sqrt{L^2+r^2}}^{L+\sqrt{L^2+r^2}} \frac{1}{t}\,dt = \frac{\mu_0 I}{4\pi} \Big[\ln t\Big]_{-L+\sqrt{L^2+r^2}}^{L+\sqrt{L^2+r^2}}$$

$$= \frac{\mu_0 I}{4\pi} \ln \frac{L + \sqrt{L^2 + r^2}}{-L + \sqrt{L^2 + r^2}}$$

$B = \operatorname{rot} A$ に代入する. 磁場は z 軸対称であるため, 円筒座標系を用いる. 円筒座標系では, 回転は以下のような形になる.

$$\operatorname{rot} A = \left(\frac{1}{r}\frac{\partial A_z}{\partial \varphi} - \frac{\partial A_\varphi}{\partial z}, \frac{\partial A_r}{\partial z} - \frac{\partial A_z}{\partial r}, \frac{1}{r}\left(\frac{\partial (rA_\varphi)}{\partial r} - \frac{\partial A_r}{\partial \varphi} \right) \right)$$

また, A_r, A_φ は 0 なので,

$$B = \operatorname{rot} A = \left(0, -\frac{\partial A_z}{\partial r}, 0 \right) = \left(0, -\frac{\partial}{\partial r}\left(\frac{\mu_0 I}{4\pi} \ln \frac{L + \sqrt{L^2 + r^2}}{-L + \sqrt{L^2 + r^2}} \right), 0 \right)$$

$$= -\left(0, \frac{\mu_0 I}{4\pi}\left(\frac{1}{L + \sqrt{L^2 + r^2}}\frac{r}{\sqrt{L^2 + r^2}} - \frac{1}{-L + \sqrt{L^2 + r^2}}\frac{r}{\sqrt{L^2 + r^2}} \right), 0 \right)$$

$$= \left(0, \frac{\mu_0 I}{4\pi}\frac{r}{\sqrt{L^2 + r^2}}\left(\frac{1}{-L + \sqrt{L^2 + r^2}} - \frac{1}{L + \sqrt{L^2 + r^2}} \right), 0 \right)$$

$$= \left(0, \frac{\mu_0 I}{4\pi}\frac{r}{\sqrt{L^2 + r^2}}\left\{ \frac{L + \sqrt{L^2 + r^2} - (-L + \sqrt{L^2 + r^2})}{L^2 + r^2 - L^2} \right\}, 0 \right)$$

$$= \left(0, \frac{\mu_0 I}{4\pi}\frac{r}{\sqrt{L^2 + r^2}}\frac{2L}{r^2}, 0 \right)$$

$L \gg r$ として, 級数展開すると,

$$\frac{1}{\sqrt{1 + \left(\frac{r}{L} \right)^2}} = 1 - \frac{1}{2}\left(\frac{r}{L} \right)^2 + \cdots$$

よって,

$$B_\varphi = \frac{\mu_0 I}{4\pi}\frac{r}{\sqrt{L^2 + r^2}}\frac{2L}{r^2} = \frac{\mu_0 I}{2\pi r}\frac{1}{\sqrt{1 + \left(\frac{r}{L} \right)^2}} = \frac{\mu_0 I}{2\pi r}\left\{ 1 - \frac{1}{2}\left(\frac{r}{L} \right)^2 \right\}$$

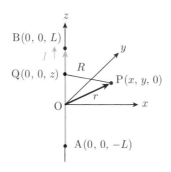

図 6.24 有限直線電流が作り出すベクトルポテンシャル

$L \gg r$ の極限では，

$$B_\varphi = \frac{\mu_0 I}{2\pi r}$$

と，例題 6.5 と同じになる.　　　　　　　　　　　　　　　　　　　　　　□

●●●●●●●●●●●●●●●●●●●● **演 習 問 題** ●●●●●●●●●●●●●●●●●●●●

演習 6.1　直径 2 m の円に内接する正六角形に，図のように，紙面に対して上から見たときに時計回りに 100 A の電流を流した．正六角形の中心における磁場 B の向きと大きさを求めよ.

演習 6.2　図のように $z = 0$ の xy 平面上に原点を中心とした一辺 a の正方形 ABCD の辺に電流 I が，z 軸の正の方向に対して反時計方向に流れている．この電流により生じる，z 軸上の点 $\mathrm{P}(0, 0, z_0)$ での磁束密度の大きさと向きを求めたい．①–⑬に入れるべきものを答えよ.

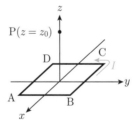

　　線分 AB の電流が点 P に作り出す磁場を求める．ビオ–サバールの法則において，電流素片 $I\,dl$ が点 P に作る磁場 dB は，電流素片から見た点 P の位置ベクトルを r とすると，以下のようになる.

$$d\boldsymbol{B} = \frac{\mu_0}{4\pi} \frac{I\,d\boldsymbol{l} \times \frac{\boldsymbol{r}}{r}}{r^2}$$

　　今 AB 上の電流素片 $I\,dl$ の座標を $\left(\frac{a}{2}, y, 0\right)$ とすると，ベクトル r は x 方向単位ベクトル $\boldsymbol{i}$，y 方向単位ベクトル $\boldsymbol{j}$，z 方向単位ベクトル $\boldsymbol{k}$ を用いると，

$$\boldsymbol{r} = \boxed{①}\,\boldsymbol{i} + \boxed{②}\,\boldsymbol{j} + \boxed{③}\,\boldsymbol{k}$$

となる. ところで, x 方向単位ベクトル $\boldsymbol{i}$ と y 方向単位ベクトル $\boldsymbol{j}$ の外積は

$$i \times j = \boxed{④}$$

となる. 電流素片 $I\,dl$ は $I\,dy\boldsymbol{j}$ とおけるので, $\boldsymbol{i}, \boldsymbol{j}, \boldsymbol{k}$ を用いると, ビオ–サバールの法則より電流素片 $I\,dl$ が点 P に作り出す磁束密度は

$$dB = \boxed{⑤}\,i + \boxed{⑥}\,j + \boxed{⑦}\,k$$

となる. よって線分 AB が点 P に作り出す磁場 $\boldsymbol{B}_{\mathrm{AB}}$ は

$$B_{\mathrm{AB}} = \boxed{⑧}\,i + \boxed{⑨}\,j + \boxed{⑩}\,k$$

となる. 線分 AB と線分 CD および線分 BC と線分 DA において対称性を考慮すると, 正方形 ABCD に流れる電流が作り出す磁場 $\boldsymbol{B}$ は

$$B = \boxed{⑪}\,i + \boxed{⑫}\,j + \boxed{⑬}\,k$$

となる.

演習 6.3　半径 R の導体円盤 (厚さ $d \ll R$) を電荷密度 ρ ($\rho > 0$) で帯電させた. この円盤を角速度 ω ($\omega \geq 0$) で反時計回り方向に回転させたとき, 円盤の中心軸 (z 軸とする) 上の円盤から距離 z の地点での磁束密度 $\boldsymbol{B}$ を求めよ.

演習 6.4　半径 a, b ($a < b$) の薄い同軸円筒導体に電流 I を流す. 円筒の中心軸を z 軸とし, 内側導体には $+z$ 方向, 外側導体には $-z$ 方向に電流を流したとき, 中心軸から距離 r 離れた点における磁束密度を求めよ. ただし, 電流は導体中を均一に流れているとする.

第7章

電　磁　力

　この章では，電磁力がどのように記述できるかを見ていく．はじめに電流と磁場の相互作用であるアンペールの力を学び，モーターなどがどのようにアンペールの力を使っているのかを見ていく．さらに集団ではなく，個々の電荷が受ける力（ローレンツ力）がどのように記述でき，それによって電荷の動きがどのように記述できるのかを学ぶ．

7.1　アンペールの力

　2本の平行に置いた直線導線に電流を同じ方向に流すと，2本の導線間には引力がはたらく．遠隔作用の立場では，電流を流すことによって，直接導線が力を受けていると考える．一方，近接作用の立場で考えると，一方の導線に電流が流れることにより，導線の周りの空間の状態が変化，すなわち，渦状の磁場ができる．この状態が変化した空間（磁場がある空間）に電流を流すと，電流は磁場から力を受ける（図7.1）．アンペールは実験

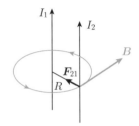

図 7.1　平行な直線電流間にはたらく力

を行い，電流間にはたらく力は流す電流および電線の長さの積に比例し，電線間の距離に反比例することを明らかにした．この電流が磁場から受ける力を**アンペールの力**という．この力を式で表すと以下の通りになる（図7.2）．

$$dF = I\,dl \times B \qquad (7.1)$$

ここで，dF は静磁場 B の中に大きさ I の定常電流を流したときに，その電流素片 $I\,dl$ が受ける力を表す．方向は dl から B に右ねじを回したときに右ねじが進む方向である．フレミングの左手の法則で覚えている人も多いと思うが，右ねじの法則と混同しやすいので，注意が必要である．

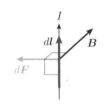

図 7.2　電流素片 $I\,dl$ が受ける力

─ 例題 **7.1** ─

　無限に長い 2 本の導線を 1 m の間隔で平行に置いた．2 本の導線にそれぞれ 1 A ずつ電流を流したとき，この導線 1 m あたりにはたらく力を求めよ．

【解答】 円筒座標系 $\boldsymbol{e}_r, \boldsymbol{e}_\theta, \boldsymbol{e}_z$ を用いる．導線 1（電流：I_1 [A]）が，導線から距離 r 離れたところに作り出す磁束密度は，例題 6.5 より $\boldsymbol{B}(r) = \frac{\mu_0 I_1}{2\pi r} \boldsymbol{e}_\theta$ で与えられる．ここで導線の方向を z 軸に取った．導線 2（電流：I_2 [A]）が 1 m あたり受ける力 $\boldsymbol{F}$ は

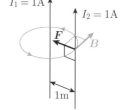

$$\boldsymbol{F} = \int d\boldsymbol{F} = \int_0^1 I_2 \, dz \, \boldsymbol{e}_z \times \boldsymbol{B} = I_2 \frac{\mu_0 I_1}{2\pi r} \int_0^1 dz (-\boldsymbol{e}_r)$$

$$= -\frac{\mu_0 I_1 I_2}{2\pi r} \boldsymbol{e}_r \quad (\because \quad \boldsymbol{e}_z \times \boldsymbol{e}_\theta = -\boldsymbol{e}_r)$$

$F = \frac{\mu_0 I_1 I_2}{2\pi r} = \frac{\mu_0}{2\pi} = \frac{4\pi \times 10^{-7}}{2\pi} = 2 \times 10^{-7}$ N，方向は 2 本の導線が近づく方向となる． □

図 **7.3** 平行な直線電流間にはたらく引力

　実はこれが 1948 年に制定されたアンペアの定義である．すなわち距離 1 m 離した平行導線に電流を流し，1 m あたり 2×10^{-7} N の力が発生する電流を 1 A と定義したのである．しかし，この定義では十分な精度で測定するのが非常に困難であったため，2019 年 5 月 20 日から，「1 A は 1 秒間に素電荷（素電荷 $e = 1.602176634 \times 10^{-19}$ C）の $1/(1.602176634 \times 10^{-19})$ 倍の電荷が流れることに相当する電流」と定義の見直しが行われた．

物理の目 **宇宙でも使われるアンペールの力**

　アンペールの力は様々なところで使われている．例えば，宇宙空間には，打ち上げロケットの燃料タンクや宇宙飛行士が落とした工具など，様々なごみ（スペースデブリと呼ぶ）があり，その数量は大きいもので 2 万個以上，直径 1 mm 以下のごみも入れると数百万個ともいわれている（図 **7.4**）．

　これらのごみは数 km·s^{-1} と高速で上空を回っているため，大きなごみが当たると人工衛星は木端微塵に壊れてしまう．しかもこのごみはどんどん増えていっている．これらのごみを掃除するためには，ごみを大気圏に突入させて燃やすのが現実

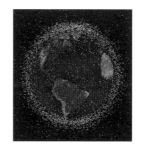

図 **7.4** 地球の周りに存在するデブリ [出典：Wikimedia Commons より]

的である．しかしながらごみを大気圏に
突入させるためには何らかの力を発生さ
せる装置が必要であり，その一つとして，
導電性テザー（テザーとはつなぎ縄の意
味）がある（図 7.5）．まさしく電気を通
す紐をごみにつけ，適切な方向に電流を
流すと，アンペールの力によって，ごみも
ろとも減速し，大気圏に突入してくれる．
もちろん反対方向に電流を流すと速度が
増えることになるので，ごみの衝突回避と
しても使うことが可能である．これは机
上の空論ではなく，2016 年 12 月に打ち
上げられた「こうのとり 6 号機」において
実証実験が行われた．

図 7.5　HTV 搭載導電性テザーの実
　　　証実験（KITE）イメージ図
[出典：JAXA デジタルアーカイブス]

　アンペールの力は我々の身近なところにもたくさん使われている．その代表が
モーターである．モーターは掃除機から扇風機，ロボットまで様々なところで使わ
れている．

　DC モーターを例に取って，モーターがどのように回転力を生み出していくのか
を見ていこう．図 7.6 のような磁場中に
回転できる長方形の導線の輪を考える．
磁束密度 B は一定で，流れる電流を i，
長方形の辺の長さをそれぞれ a, b とす
る．長方形の 3 の辺では，アンペールの
力は，dl から B に右ねじを回したとき
の進む方向である下向きにはたらく．（フ
レミングの左手の法則で考えても同じで
ある．）また，1 の辺にはアンペールの力
は上向きにはたらく．

　2 と 4 の辺では，長方形の面が磁場の
向きと垂直のとき，電流と磁場の方向が
同じもしくは反対方向であるため，力は
はたらかない．長方形の面と磁場の向き
が垂直でないときは，電流に鉛直成分が
出てくるため，これと磁場の相互作用に
より 2 と 4 の辺には図 7.6 の二つ目の図

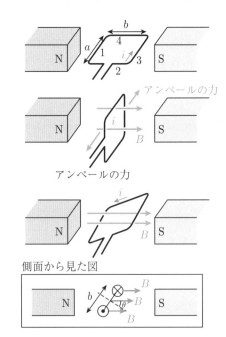

図 7.6　モーターの原理

のように，外向きに広げようとする力がそれぞれはたらく．しかしながら，2 と 4 は向きが反対で大きさが同じである．このため回転軸に対して対称であるため打ち消される．結果として，2 と 4 の辺にかかる力は長方形の輪の運動には何も関与しない．一方，1 と 3 の辺にはたらく力はこの輪を軸に対して時計回り方向に回転させるトルクとなる．このトルクの大きさ τ は

$$\tau = \sum |\boldsymbol{F} \times \boldsymbol{r}|$$
$$= iaB\sin\theta\,\frac{b}{2} + iaB\sin\theta\,\frac{b}{2}$$
$$= i\,ab\,B\sin\theta \tag{7.2}$$

となる．モーターではトルクを大きくするために，コイルを何回も巻いている．この巻き数を N とすると，N 巻きのコイルに発生するトルクの大きさは，

$$\tau = N\,i\,ab\,B\sin\theta \tag{7.3}$$

となる．

物理の目　　ブラシ付きモーターとブラシレスモーター

　式 (7.3) からもわかる通り，角 θ が π から 2π の間は反対の反時計回り方向にトルクがはたらくことになる．このため，回転し続けることができない．そこで，回転し続けるために，モーターでは，角度 θ が π から 2π の間は電流が反転する仕組みを取り入れている．これまでは，反転する仕組みとして，図 **7.7** のように，回転する側の電極を二つに分けていた．そうすることで，内側の電極が半周回転すると，反対の極の電極に接することになり，反対方向に電流が流れる仕組みとなっている．このようにして，途中で電流を機械的に反転させていた．非常に簡単な構造なので安くできるのであるが，電極が消耗してしまうという欠点を持つ．実際に昔の扇風機で動かなくなる不具合の大部分が，この電極摩耗による接触不良であった．また，回転する電極（**整流子**と呼ばれている）と固定している電極間（ブラシという）でときどきスパークが起き，これがノイズとなって周りの機械に悪影響を与える．そこで，最近は図 **7.8** に記されているような電流の向きの切替えを半導体スイッチで行うブラシレスモーターが使われている．半導体スイッチで次々と電流の向きを変えることで，回転し続ける仕組みとなっている．ブラシレスモーターを使った製品としては，非常に弱い風も効率良く出せる扇風機などがある．ブラシレスモーターでは，磁石を外側に置く必要はないので，回転軸に永久磁石を入れるものが多い．回転子の回転に合わせて，電流の向きを変えて回転力を生むのである．また，電気自動車やパソコンの中のコンピュータの記憶装置であるハードディスクドライブにも使われている．さらに，安く作るように回転子に，磁石ではなく強磁性の鉄心を用いたスイッチトリラクタンスモーターもある．

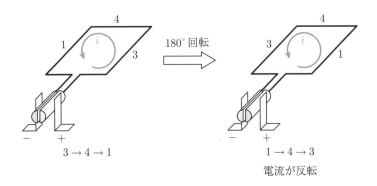

$3 \to 4 \to 1$　　　　　　　　　　　　　$1 \to 4 \to 3$

電流が反転

図 7.7　ブラシによる電流反転の原理

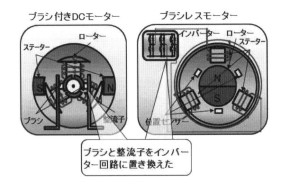

図 7.8　ブラシ付きモーターとブラシレスモーターの違い
[出典：東芝デバイス＆ストレージ株式会社ホームページ：
ブラシ付き DC モーターとブラシレスモーター]

7.2　磁気モーメント

　さて，1 巻きの電流ループに発生するトルクは，式 (7.3) の長方形の辺の長さ a，b でなく，ループの面積 S を用いると以下のように書き換えることができる．

$$\tau = iSB\sin\theta \tag{7.4}$$

式 (7.4) から，「ループに流す電流」と「ループが囲む面積」の積「iS」で一般化できそうである．そこで，物理量 $\boldsymbol{m} \equiv iS\boldsymbol{n}$ を定義する．$\boldsymbol{m}$ の大きさは，電流が流れ

る閉曲線が囲む面積と電流の大
きさの積とする．また，m の向
きは電流が流れる面に垂直（n：
法線ベクトル方向）で右手の法
則の向き（右手の親指以外の指
の方向に電流が流れるときに親
指が向く方向）とする（図7.9）．

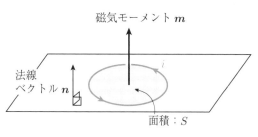

図 7.9 磁気モーメント

m を用いると，ループに発生するトルク τ は，

$$\tau = m \times B \tag{7.5}$$

と，新しく定義した物理量 m と磁束密度 B の外積で表すことができる．この m のことを**磁気モーメント**と呼ぶ．式 (7.5) に示す通り，トルクは，磁気モーメント m と磁場が同じ方向に向くようにはたらく．このため磁気モーメントと磁束密度の向きがそろったときに最も安定，すなわち，磁場中においた磁気モーメントのポテンシャルエネルギーが最小となり，反対のときにポテンシャルエネルギーは最大となる（図7.10）．このポテンシャル U はトルクがする仕事と等しい．そこで，ポテンシャルエネルギーが最大となる，磁気モーメント m と磁束密度 B が反対方向を向いたときのポテンシャルを基準0とし，磁束密度 B と磁気モーメント m のなす角を θ，接線方向の単位ベクトルを $\boldsymbol{\theta}$ とすると，$\theta = \theta_\mathrm{f}$ でのポテンシャル U は，

$$U = \int_{-\pi}^{\theta_\mathrm{f}} \tau \cdot d\boldsymbol{\theta} = \int_{-\pi}^{\theta_\mathrm{f}} m \times B \cdot d\boldsymbol{\theta} = \int_{-\pi}^{\theta_\mathrm{f}} |m| |B| \sin\theta \, d\theta$$
$$= \Big[|m| |B| (-\cos\theta) \Big]_{-\pi}^{\theta_\mathrm{f}} = -|m| |B| \cos\theta_\mathrm{f}$$
$$= -m \cdot B \tag{7.6}$$

となる．これは第8章の物質中の磁場でもう一度出てくるので覚えておいてほしい．

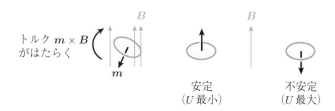

図 7.10 磁気モーメントにはたらくトルクとポテンシャル

── 例題 7.2 ──

　一様な磁場中に置かれた縦 10 cm，横 5.0 cm の 20 回巻きのコイルに反時計回り方向に 0.10 A の電流が流れている．コイルは xy 平面上に置かれ，y 軸に固定された縦の辺を回転軸として回転することができる．磁場の大きさは 0.50 T で，xy 平面から 30° の向きにかけられている．今コイルが図 7.11 のように，$z = 0$ の xy 平面にいるとき（ただし $x > 0$），コイルの回転軸の周りにはたらくトルクの大きさと向きを求めなさい．

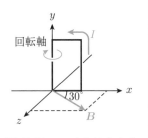

図 7.11　コイルにかかるトルク

【解答】トルクは磁気モーメントと磁場の外積であり，磁気モーメント $\boldsymbol{m}$ は，巻き数を N，電流を I，コイルの縦幅を h，コイルの横幅を w，面積を A ($= hw$)，磁場と xy 平面の角を θ と，x, y, z 方向の単位ベクトルをそれぞれ $\boldsymbol{i}, \boldsymbol{j}, \boldsymbol{k}$ とすると，

$$\boldsymbol{m} = NIA\boldsymbol{k}$$

磁束密度 $\boldsymbol{B}$ は，

$$\boldsymbol{B} = B\cos\theta\,\boldsymbol{i} + B\sin\theta\,\boldsymbol{k}$$
$$\boldsymbol{\tau} = \boldsymbol{m} \times \boldsymbol{B} = NIA\boldsymbol{k} \times (B\cos\theta\,\boldsymbol{i} + B\sin\theta\,\boldsymbol{k})$$
$$= NIA\boldsymbol{k} \times B\cos\theta\,\boldsymbol{i} = NIAB\cos\theta\,\boldsymbol{j}$$
$$\tau = 20 \times 0.1 \times 0.1 \times 0.05 \times 0.5 \times \cos 30° = 4.3 \times 10^{-3}\,\text{N·m}$$

方向は y 方向．

【別解 1】　磁気モーメントは右手の法則より $+z$ 軸方向であるため，磁場との間になす角は $90 - 30 = 60°$ となる．よって，トルクの大きさ τ は

$$\tau = NIAB\sin\phi = 20 \times 0.1 \times 0.1 \times 0.05 \times 0.5 \times \sin 60° = 4.3 \times 10^{-3}\,\text{N·m}$$

【別解 2】　コイルの x 軸に平行な辺の力は互いにキャンセルする．よってコイルにはたらくトルクは y 軸に平行な線のみにはたらく．y 軸が回転軸であるため，トルクは $x > 0$ の領域にある線のみにはたらく．この線にかかるアンペールの力 $\boldsymbol{F}$ は

$$\boldsymbol{F} = \int d\boldsymbol{F} = NIl\boldsymbol{j} \times \boldsymbol{B} = NIh(B\cos\theta\,\boldsymbol{j} \times \boldsymbol{i} + B\sin\theta\,\boldsymbol{j} \times \boldsymbol{k})$$

$$= NIBh(-\cos\theta \boldsymbol{k} + \sin\theta \boldsymbol{i})$$

$$\boldsymbol{\tau} = \boldsymbol{F} \times \boldsymbol{r} = NIBh(-\cos\theta \boldsymbol{k} + \sin\theta \boldsymbol{i}) \times w\boldsymbol{i} = -NIBhw\cos\theta(-\boldsymbol{j})$$

$$= NIAB\cos\theta \boldsymbol{j}$$

よって

$$\tau = 20 \times 0.1 \times 0.1 \times 0.05 \times 0.5 \times \cos 30° \text{ N·m} = 4.3 \times 10^{-3} \text{ N·m} \qquad \square$$

7.3 ローレンツ力

アンペールの力をマクロでとらえるのではなく，ミクロで見てみよう．結局のところ，導線が受ける力というのは，電流の担い手である電荷，ここではマイナスの電荷である電子が受ける力の和と考えられる．単位体積あたりの導線中の荷電粒子（電荷量 q）の密度を n とし，導線中の単位面積あたりに流れる電流密度を j，導線の断面積を S，電子の平均速度を $\boldsymbol{v}$ とすると（図 7.12），

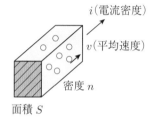

図 **7.12** ミクロな視点からのアンペールの力

$$d\boldsymbol{F} = I\,d\boldsymbol{l} \times \boldsymbol{B} = jS\,d\boldsymbol{l} \times \boldsymbol{B} = nq\boldsymbol{v} \times \boldsymbol{B}\,dV \tag{7.7}$$

となる．よって，電荷一つ一つにはたらく力は

$$\boldsymbol{F} = q\boldsymbol{v} \times \boldsymbol{B} \tag{7.8}$$

となる．もし電場 $\boldsymbol{E}$ が存在すれば，

$$\boldsymbol{F} = q(\boldsymbol{E} + \boldsymbol{v} \times \boldsymbol{B}) \tag{7.9}$$

となる．この力を**ローレンツ力**という．ただし，右辺第一項の $q\boldsymbol{E}$ はクーロン力とも呼ばれているため，第二項 $q\boldsymbol{v} \times \boldsymbol{B}$ がローレンツ力と呼ばれることもある．

ローレンツ力は速度と磁場に垂直で速度ベクトルから磁場ベクトルに右ねじを回したときに右ねじが進む方向である．電場 $\boldsymbol{E}$ が $\boldsymbol{0}$ のときの，ローレンツ力の大きさは，外積の式からもわかる通り，速度ベクトルと磁場ベクトルの間の角を θ とすると，

$$|\boldsymbol{F}| = |q(\boldsymbol{v} \times \boldsymbol{B})| = q|\boldsymbol{v}|\,|\boldsymbol{B}|\sin\theta \tag{7.10}$$

となる．

— 例題 7.3 —

以下のときのローレンツ力を求めよ.

(1) $q = +1\,\mathrm{C}$, $\boldsymbol{v} = (1, -1, 1)\,\mathrm{m\cdot s^{-1}}$, $\boldsymbol{B} = (1, 1, 1)\,\mathrm{T}$

(2) $q = +1\,\mathrm{C}$, $\boldsymbol{v} = (1, 2, -9)\,\mathrm{m\cdot s^{-1}}$, $\boldsymbol{B} = (-2, -4, 18)\,\mathrm{T}$

【解答】 (1) $\boldsymbol{F} = q(\boldsymbol{v} \times \boldsymbol{B}) = 1(-1-1, 1-1, 1-(-1))\,\mathrm{N} = (-2, 0, 2)\,\mathrm{N}$, よって大きさ $2\sqrt{2}$, 向き $(-\frac{\sqrt{2}}{2}, 0, \frac{\sqrt{2}}{2})$

(2) $\boldsymbol{F} = q(\boldsymbol{v} \times \boldsymbol{B}) = 1(36-36, 18-18, -4-(-4))\,\mathrm{N} = (0, 0, 0)\,\mathrm{N}$, よってローレンツ力ははたらかない. ☐

電子の発見とガスの電気伝導でノーベル賞を受賞した J. J. トムソンが電子を発見できたのはローレンツ力をうまく使ったからである. トムソンは図 7.13 のように磁場 $\boldsymbol{B}$ と電場 $\boldsymbol{E}$ を互いに垂直にかけて, そこにフィラメントを熱して放出される電子（当時は謎の荷電粒子）を電場と磁場の両方に対して垂直な方向から未知数の速度 v で入射し, 通過させた.

電場による力と磁場による力の合計であるローレンツ力が 0 のときは謎の荷電粒子（電子）はまっすぐ進む. これを利用して, まず未知数の速度 v を求めた. すなわち磁束密度を大きくしていき, ある磁束密度の大きさで, 謎の荷電粒子はまっすぐ進む. このときの電場の大きさを E, 磁束密度の大きさを B_0 とすると, このとき, ローレンツ力はゼロであるため,

$$F = q(E + vB_0) = 0 \tag{7.11}$$

よって,

$$v = \frac{E}{B_0} \tag{7.12}$$

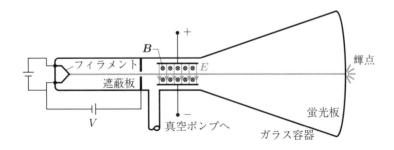

図 7.13 トムソンの実験装置概念図

と，未知数であった謎の荷電粒子の速度 v が求まる．次に，磁場をかけないで通過させると，電場によって荷電粒子は進み，出口においては以下の式の Δ だけ軸からずれた位置を通過する．

$$\Delta = \frac{1}{2}\frac{q}{m}E\left(\frac{L}{v}\right)^2 \tag{7.13}$$

v を Δ の式に入れると，

$$\Delta = \frac{1}{2}\frac{q}{m}E\left(\frac{L}{\frac{E}{B_0}}\right)^2$$
$$= \frac{1}{2}\frac{q}{m}\frac{B_0^2}{E}L^2 \tag{7.14}$$

よって，変位 Δ を測ることでトムソンは電荷量と質量の比 $\frac{m}{q}$ を

$$\frac{m}{q} = \frac{B^2L^2}{2E\Delta} \tag{7.15}$$

として求め，この値がそれまで知られていた水素イオンの 1000 分の 1 以下であることを示し，これにより電子を発見した．

トムソンは，電場と磁場を同じ向きにしてネオンのイオンを入射すると，ネオンイオンが当たると光る蛍光物質を塗った板には二つの線が引かれることを発見した．この実験を通して，ネオンには質量の違う 2 種類がある，すなわち同位体（^{22}Ne, ^{20}Ne）があることを発見したのである（図 7.14）.

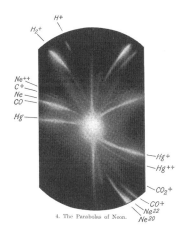

4. The Parabolas of Neon.

図 7.14 同位体の発見

[出典：Wikimedia Commons より]

演 習 問 題

演習 7.1 下図のような，磁場と電場が同じ向きにかけられている装置を用いてイオンの価数と質量の比および速度を求めたい．（この装置は**トムソンパラボラ**と呼ばれ，高エネルギー粒子のエネルギーや電荷を計測するために使われる．）速さ v に加速したイオンは，二つの穴を通り抜けることにより，測定部に対して垂直に入るものだけ選別される．その後，電場および磁場により偏向してモニタに衝突する．2種類のイオン Hg^+，Hg^{2+} ではモニタ上の軌跡はどのようになるか，概略図を示せ．

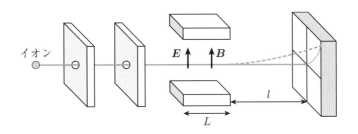

演習 7.2 図のように，磁場 B の中に電流 i が流れている導体（金属）または半導体を置いたとき，ローレンツ力によって伝導電子（またはホール）が曲げられ，電荷の偏りが出来る．この電場によるクーロン力と磁場によるローレンツ力はやがて釣り合いが取れて定常状態に達する．これを**ホール効果**と呼び，これによって生じる電圧を**ホール電圧**と呼ぶ．ホール効果を利用して磁場の大きさ（磁束密度 B）を測定することを考えよう．

(1) 銅製の小さい直方体を磁場中に置き，電流 i を流した．このときホール電圧 V を磁場の大きさ B，電流 i，板の厚さ t，伝導電子密度 n，素電荷 e を用いて表せ．

(2) $B = 1.00\,\mathrm{T}$，電流 $i = 1.00\,\mathrm{A}$，板の厚さ $t = 0.500\,\mathrm{mm}$，伝導電子密度 $n = 8.50 \times 10^{28}\,\mathrm{m^{-3}}$ のとき，ホール電圧はいくらか．ただし素電荷 $e = 1.602 \times 10^{-19}\,\mathrm{C}$ とする．

(3) 上の結果より，磁場を精度良く測定するためには導体と半導体どちらが良いか．理由を 100 字程度で述べよ．

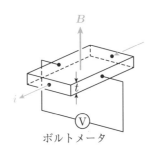

ボルトメータ

演習 7.3 図のように xyz 直交座標系において，$+y$ 方向に一様な静電場（電場の大きさ E）と $+z$ 方向に一様な静磁場（磁束密度 B）がかかっている．$t = 0$ において原点で静止していた質量 m，電荷 q $(q > 0)$ の荷電粒子はどのような運動をするか，運動方程式を示したのち，その軌道を図示せよ．

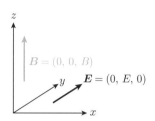

第8章

物質中の磁場

この章では，物質中での磁場はどのようになるのかを学び，なぜコイルに鉄心を入れると磁場が変化するのかをミクロな視点を織り交ぜて見ていく．さらに，物質中ではアンペールの法則はどのように記述できるのかを見ていく．

8.1 物質中の磁場の微視的記述

図 8.1 に示すようにコイルの中に鉄などの物質を詰めると，磁場が変化することが知られている．アンペールは，図 8.2 のように，「原子や分子には微小な電流が環状に流れており，外から磁場がかかると，その電流の向きがそろい，その環状電流が作る磁場が外部磁場を変化させる」と解釈した．ここで，この微小な環状電流を**分子電流**と呼ぶ．物質中の磁場を考えるときには，コイルなどを流れる外部電流のほかに，この分子電流の作る磁場も考慮する必要がある．

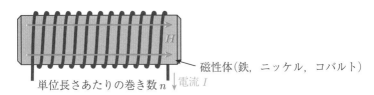

磁性体（鉄，ニッケル，コバルト）

単位長さあたりの巻き数 n 　電流 I

図 8.1 磁性体を挿入したコイル

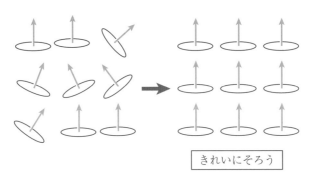

きれいにそろう

図 8.2 磁性体中のミクロな分子電流の様子

この分子電流が作り出す磁場は物質中にどのような磁場を作り出すのかを見ていこう．物質中の個々のミクロな（微視的な）分子電流を一つ一つ見ても，それぞれがバラバラであるが，その重ね合わせであるマクロな（巨視的な）分子電流はゼロではなく，この分子電流が作る磁場を考える必要がある．対象とする領域によって，電流そのものは変わってしまうため，電流ではなく，電流密度で考えよう．マクロの分子電流密度はミクロの分子電流密度の平均であるので，式で表すと，

$$\overline{\boldsymbol{J}} = \langle \boldsymbol{j}_0 \rangle = \frac{1}{V} \int \boldsymbol{j}_0 \, dV$$
$$= \frac{1}{V} \int \sum_s \boldsymbol{j}_s \, dV \tag{8.1}$$

ここで $\overline{\boldsymbol{J}}$ をマクロな分子電流密度，$\langle\ \rangle$ は平均操作を表す．$\boldsymbol{j}_0$ をミクロな分子電流密度とし，V は分子電流が流れている領域よりも十分大きな領域でマクロな電流を考えたときの体積であるとする．よって，$\langle \boldsymbol{j}_0 \rangle$ はミクロな分子電流密度の体積 V 内の平均となる．これは結局個々の原子分子の分子電流 $\boldsymbol{j}_s$ を空間 V 内で足し合わせて（$\boldsymbol{j}_0 = \sum_s \boldsymbol{j}_s$），空間の体積 V で割ったものになる．

この環状電流 $\boldsymbol{j}_s$ の起源としては，電子の運動，すなわち古典力学でいうところの公転にあたる電子の軌道運動と自転にあたる電子のスピン，ならびに原子核のスピンが考えられる．原子核のスピンは電子の軌道運動やスピンと比較すると非常に小さいのでとりあえず考えないでおく．なお，この原子核のスピンを利用したのが体の断面検査で使われる核磁気共鳴画像法（MRI）である．

軌道運動の磁気モーメントは全軌道角運動量 $\boldsymbol{P}$ を用いると，本ライブラリ（ライブラリ新物理学基礎テキスト–Q）第 6 巻「レクチャー量子力学」（青木一著）に書かれている通り，e を素電荷，m_e を電子の質量として

$$\mu = -\frac{e}{2m_\mathrm{e}} P = -\frac{e}{2m_\mathrm{e}} \frac{h}{2\pi} \sqrt{J(J+1)}$$
$$= -\frac{eh}{4\pi m_\mathrm{e}} \sqrt{J(J+1)} \tag{8.2}$$

$$J = |l - m|, \ldots, l + m - 1, l + m \quad (l：方位量子数,\ m：磁気量子数)$$

となる．電子のスピンは

$$\boldsymbol{\mu}_s = -\frac{e}{m_\mathrm{e}} \boldsymbol{S} \quad (\boldsymbol{S}：スピン角運動量) \tag{8.3}$$

と表され，$\boldsymbol{S}$ の成分 S_z は，

$$S_z = m_s \frac{h}{2\pi} \quad \left(m_s = \pm\frac{1}{2} : \text{スピン磁気量子数} \right) \tag{8.4}$$

となる．よって，

$$\mu_{s,z} = \pm\frac{eh}{4\pi m_\mathrm{e}} \tag{8.5}$$

となる．これからもわかる通り，原子の中でのスピンによる磁気モーメントの最小単位は，$\frac{eh}{4\pi m_e}$ であり，これを**ボーア磁子** $\mu_0 \equiv \frac{eh}{4\pi m_e} = 9.27 \times 10^{-24}\,\mathrm{J\cdot T^{-1}}$ と呼んでいる．また，磁気モーメントが離散値を取り，磁場中の磁気モーメントが持つポテンシャルエネルギー $U = -\boldsymbol{\mu}\cdot\boldsymbol{B}$ からもわかる通り，外部磁場をかけると電子のポテンシャルは離散値を取ることになる．実際に磁場をかけるとエネルギーが飛び飛びの値になっていること（ゼーマン効果）が原子から出る光を解析することでわかる．

　分子電流が環状であるという特性は，湧き出しが0であることと等価である．すなわち，環状電流であるため，任意の閉曲面 C から出て行く電流と入ってくる電流が等しく，その収支が0となる．これを数式で表すと $\int_{C\perp} \overline{\boldsymbol{J}}\cdot d\boldsymbol{S} = 0$ であり，ガウスの発散定理を用いると，

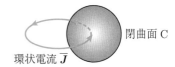

図 8.3　閉曲面 C を出入りする環状電流

$$\int_{C\perp} \overline{\boldsymbol{J}}\cdot d\boldsymbol{S} = \int_{C内} \mathrm{div}\,\overline{\boldsymbol{J}}\,dV = 0 \tag{8.6}$$

となる．C は任意の閉曲面であるため，$\mathrm{div}\,\overline{\boldsymbol{J}} = 0$ となる．

　マクロな分子電流密度，ミクロな分子電流密度，個々の原子分子の分子電流をそれぞれ以下のように定義する．

$$\text{マクロな分子電流密度} \qquad \mathrm{div}\,\overline{\boldsymbol{J}} = 0 \tag{8.7}$$

$$\text{ミクロな分子電流密度} \qquad \mathrm{div}\,\boldsymbol{j}_0 = 0 \tag{8.8}$$

$$\text{個々の原子分子の分子電流} \quad \mathrm{div}\,\boldsymbol{j}_s = 0 \tag{8.9}$$

　6.4 節のベクトルポテンシャルのところで学んだように，$\overline{\boldsymbol{J}} = \mathrm{rot}\,\boldsymbol{M}$ を満たすベクトル $\boldsymbol{M}$ を用いてこの環状電流の渦を記述するのがよい．$\boldsymbol{j}_0, \boldsymbol{j}_s$ に対しても同様に定義する．

$$\overline{\boldsymbol{J}} = \mathrm{rot}\,\boldsymbol{M} \tag{8.10}$$

$$j_0 = \text{rot}\, \boldsymbol{A_0} \tag{8.11}$$

$$j_s = \text{rot}\, \boldsymbol{A_s} \tag{8.12}$$

これらの渦, すなわち, マクロな視点で見た分子電流密度の渦の度合いを示す $\boldsymbol{M}$ を磁化 (Magnetization), ミクロな分子電流の渦の度合い $\boldsymbol{A_0}$, $\boldsymbol{A_s}$ を磁気モーメント密度と呼ぶ. 定義式に戻すと磁化 $\boldsymbol{M}$ は,

$$\boldsymbol{M} = \frac{1}{V} \int_{V\text{内}} \boldsymbol{A_0}\, dV = \frac{1}{V} \int_{V\text{内}} \sum_s \boldsymbol{A_s}\, dV \tag{8.13}$$

分子・原子 s が V 内にある場合は,

$$\int_{V\text{内}} \boldsymbol{A_s}\, dV \simeq \int_{\text{全空間}} \boldsymbol{A_s}\, dV \tag{8.14}$$

分子・原子 s が V 内にない場合は

$$\int_{V\text{内}} \boldsymbol{A_s}\, dV = 0 \tag{8.15}$$

なので, 結局

$$\boldsymbol{M} = \frac{1}{V} \sum_s \int_{\text{全空間}} \boldsymbol{A_s}\, dV \tag{8.16}$$

となる. 磁化 $\boldsymbol{M}$ の単位は A·m^{-1} である.

ここで磁気モーメント $\boldsymbol{m_s}$ を以下のように定義する.

$$\boldsymbol{m_s} \equiv \int_{\text{全空間}} \boldsymbol{A_s}\, dV = \frac{1}{2} \int (\boldsymbol{r} \times \boldsymbol{j_s})\, dv \tag{8.17}$$

$\boldsymbol{r}$: s 番目の原子の位置を原点に取ったときの電流密度 $\boldsymbol{j_s}$ の位置

新しい定義のように見えるが, 式 (8.17) は 7.2 節で出てきた磁気モーメントと同じく電流と電流が囲む面積の積である. 例えば, 半径 a の円周上を流れる電流 I の磁気モーメント $\boldsymbol{m}$ は, 円周面に垂直かつ右手の法則の方向を z 軸とすると,

$$\boldsymbol{m} = \frac{1}{2} \int_V (\boldsymbol{r} \times \boldsymbol{j})\, dv \tag{8.18}$$

電流は円周上しか存在しないため, 以下のようにおける.

$$\boldsymbol{j}(\boldsymbol{r}) = I \int \frac{d\boldsymbol{R}(\tau)}{d\tau} \delta^3(\boldsymbol{r} - \boldsymbol{R}(\tau))\, d\tau \tag{8.19}$$

積分区間は円周一周 (長さ $2\pi a$) であり, 円周上の点では, 半径ベクトルと円周の接線ベクトルは垂直なので

$$\frac{1}{2} \int_V (\boldsymbol{r} \times \boldsymbol{j}) \, dv = \frac{1}{2} \int_V \left(\boldsymbol{r} \times I \int \frac{d\boldsymbol{R}(\tau)}{d\tau} \delta^3(\boldsymbol{r} - \boldsymbol{R}(\tau)) \, d\tau \right) dv$$

$$= \frac{1}{2} \int_{\text{円周上}} \boldsymbol{r} \times I \, d\boldsymbol{l} = \frac{1}{2} a I (2\pi a) \boldsymbol{e}_z$$

$$= I\pi a^2 \, \boldsymbol{e}_z = (\text{電流}) \times (\text{面積}) \boldsymbol{e}_z \tag{8.20}$$

方向は z 軸方向で，大きさは (電流) × (面積) となり，これまでの定義と同じであることがわかる．

話を磁化 $\boldsymbol{M}$ に戻すと，磁化 $\boldsymbol{M}$ は，

$$\boldsymbol{M} = \frac{1}{V} \sum_s \boldsymbol{m}_s \tag{8.21}$$

となり，結局個々の原子・電子が作り出す環状電流の磁気モーメントを足し合わせて，体積 V で割った磁気モーメント密度が磁化である．個々の磁気モーメント $\boldsymbol{m}_s$ が一様であれば，それぞれの分子原子の環状電流は互いにキャンセルされ，表面に流れるマクロな環状電流（電流密度は $\overline{\boldsymbol{J}}$）ができ，これが磁化 $\boldsymbol{M}$ を作り出す．

磁化 $\boldsymbol{M}$ が単位体積あたりの微視的な磁気モーメントベクトルの和であることから，$\boldsymbol{M} \neq \boldsymbol{0}$ であれば，磁気モーメントがそろっている，つまり磁場が発生するといえる．また，ある物質中の全磁気モーメントは磁化 $\boldsymbol{M}$ を体積分したものとなるので，磁化 $\boldsymbol{M}$ が一様であれば，体積 V と磁化 $\boldsymbol{M}$ の積である MV が全磁気モーメントとなる．

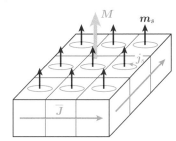

図 8.4　磁化 $\boldsymbol{M}$ と磁気モーメント $\boldsymbol{m}_s, \boldsymbol{j}_s$ と $\overline{\boldsymbol{J}}$ の関係

── 例題 8.1 ──

　長さ 5 cm，直径 1.0 cm の円筒形棒磁石があり，長手方向に一様な磁化 5.3×10^3 A·m^{-1} を持っている．この磁石の磁気モーメントの大きさはいくらか．

【解答】 全磁気モーメントは磁化 $\boldsymbol{M}$ を全体積で積分したものである．この棒磁石は一様であるため，磁気モーメント $\boldsymbol{m}_s$ の大きさ $|\boldsymbol{m}_s|$ は，

$$|\boldsymbol{m}_s| = |\boldsymbol{M}V| = 5.3 \times 10^3 \times \pi \left(\frac{0.01}{2} \right)^2 \times 0.05 \, \text{A·m}^2 = 2.1 \times 10^{-2} \, \text{A·m}^2$$

となる．　　　　　　　　　　　　　　　　　　　　　　　　　　　　　　　　□

8.2 物質中のアンペールの法則

物質中の磁場は外部電流の磁場と内部の巨視的な分子電流（磁化電流）が作り出す磁場の足し合わせになる. そのため, アンペールの法則は, 外部電流 j, 磁化電流 $\overline{J}$ とすると, 以下のようになる.

$$\mathrm{rot}\,\boldsymbol{B} = \mu_0(\boldsymbol{j} + \overline{\boldsymbol{J}}) \tag{8.22}$$

$\overline{J}$ は静電場でいうところの分極にあたると考えるとイメージがつきやすい. $\overline{J} = \mathrm{rot}\,M$ をアンペールの法則に代入すると,

$$\mathrm{rot}\,\boldsymbol{B} = \mu_0(\boldsymbol{j} + \mathrm{rot}\,\boldsymbol{M}) \tag{8.23}$$

となる. 右辺第二項を左辺に移して両辺 μ_0 で割ると,

$$\mathrm{rot}\left\{\frac{1}{\mu_0}(\boldsymbol{B} - \mu_0\boldsymbol{M})\right\} = \boldsymbol{j} \tag{8.24}$$

となる. ここで, 左辺の rot 内部を磁場の強さ H として定義する. すなわち,

$$\boldsymbol{H} \equiv \frac{1}{\mu_0}(\boldsymbol{B} - \mu_0\boldsymbol{M}) \tag{8.25}$$

とすると, 以下のように外部から加えた電流密度（真電流密度）だけから物質中の磁場を求められるアンペールの法則となる.

$$\mathrm{rot}\,\boldsymbol{H} = \boldsymbol{j} \tag{8.26}$$

磁化 M の根本は, それぞれの原子・分子の環状電流すなわちそれぞれの磁気モーメントであり, 外部の磁場に対して, 環状の電流には磁気モーメントが外部の磁場とそろう向きにトルクがはたらく. トルクの大きさが外部の磁場に比例することは前章で述べた通りである. そのため磁化 M は磁場 H と比例関係にあると仮定し, この比例定数 χ を**磁化率**と呼ぶ.

$$\boldsymbol{M} = \chi\boldsymbol{H} \tag{8.27}$$

であり, 磁場の強さの定義式 (8.25) に代入すると,

$$\boldsymbol{B} = \mu_0(\boldsymbol{H} + \boldsymbol{M}) = \mu_0(\boldsymbol{H} + \chi\boldsymbol{H}) = \mu_0(1 + \chi)\boldsymbol{H} \equiv \mu\boldsymbol{H} \tag{8.28}$$

となる. ここで, μ を**透磁率**と呼ぶ. また, μ_0 を真空中（物質がない状態）の透磁

率とし，$\frac{\mu}{\mu_0} \equiv \mu_{\mathrm{r}}$ とおいて，これを**比透磁率**と呼ぶ．実際にこの比例関係は磁場が
ある程度の範囲内であれば成り立つ．磁化率 χ は物質によって大きく異なる．磁化
率が物質により異なっているため，比透磁率も物質によって異なる．詳細は次章で
述べるが，比透磁率が 1 万を超えるものもあれば，1 を下回るものもある（表 8.1）．

表 8.1　様々な物質の比透磁率

物質	比透磁率
ナノ結晶軟磁性材料	27000
電磁軟鉄 1 種	4000
炭素鋼	100
アルミニウム	1.000022
銅	0.999994
水	0.999992
ビスマス	0.99834

　磁場の強さを使って物質中のアンペールの法則を含む磁場の方程式をまとめ直
すと，

$$\mathrm{div}\,\boldsymbol{B} = 0 \tag{8.29}$$

$$\mathrm{rot}\,\boldsymbol{H} = \boldsymbol{j} \tag{8.30}$$

$$\boldsymbol{B} = \mu_0(\boldsymbol{H} + \boldsymbol{M}) \tag{8.31}$$

$$\boldsymbol{M} = \chi\boldsymbol{H} \quad (\text{または} \quad \boldsymbol{B} = \mu\boldsymbol{H}) \tag{8.32}$$

となる．積分形で書き直すと，

$$\int_{\mathrm{C}上} \boldsymbol{B} \cdot d\boldsymbol{S} = 0 \tag{8.33}$$

$$\oint_{\Gamma上} \boldsymbol{H} \cdot d\boldsymbol{l} = I \tag{8.34}$$

$$\boldsymbol{B} = \mu_0(\boldsymbol{H} + \boldsymbol{M}) \tag{8.35}$$

$$\boldsymbol{M} = \chi\boldsymbol{H} \quad (\text{または} \quad \boldsymbol{B} = \mu\boldsymbol{H}) \tag{8.36}$$

となる．同様にビオ–サバールの法則は，

$$d\boldsymbol{B} = \frac{\mu}{4\pi}\frac{I\,d\boldsymbol{l} \times \frac{\boldsymbol{r}}{r}}{r^2} = \frac{\mu}{4\pi}\frac{I\,d\boldsymbol{l} \times \boldsymbol{r}}{r^3} \tag{8.37}$$

$$dH = \frac{1}{4\pi} \frac{I\,dl \times \frac{r}{r}}{r^2} = \frac{1}{4\pi} \frac{I\,dl \times r}{r^3} \tag{8.38}$$

となる.

── 例題 8.2 ──

透磁率 μ の物質をつめたソレノイドコイル（電流 I，単位長さあたりの巻き数 n）中の磁場を求めよ.

【解答】図 8.5 のように閉曲線 Γ を考えると物質中のアンペールの法則より，

$$\oint_{\Gamma上} H \cdot dl = nl\,I$$

$$H\,l = nl\,I$$

$$\therefore \quad H = n\,I$$

$$B = \mu H = \mu n\,I$$

となる. 例えば $\mu_{\mathrm{r}} = 4000$ の電磁軟鉄に 1000 巻·m^{-1} で 0.1 A の電流を流すと磁束密度 B は $B = 4\pi \times 10^{-7} \times 4000 \times 1000 \times 0.1 = 0.5\,\mathrm{T}$ となる.

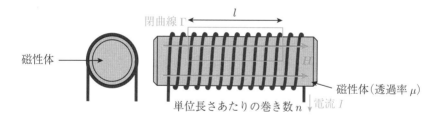

図 8.5 物質を詰めたソレノイドコイル

── 例題 8.3 ──

図 8.6 のように，トロイダルコアにコイルを巻いて作るローランドリングは，昇圧用のコイルとしてよく使われる. このコアの中心から半径 R での磁束密度を求めよ. ただしコアの透磁率 μ，コイルの総巻き数を N とする.

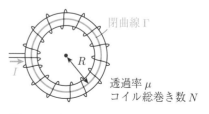

図 8.6 トロイダルコアにコイルを巻きつけたローランドリング

【解答】　物質中のアンペールの法則より

$$\oint_{\Gamma 上} \boldsymbol{H} \cdot d\boldsymbol{l} = NI$$

閉曲線 Γ を図 **8.6** に示したような半径 R の円とすると，H は Γ 上で一定であるので，

$$H \times 2\pi R = NI$$

$$\therefore \quad H = \frac{NI}{2\pi R}$$

磁束密度 B と磁場の強さ H の関係より

$$B = \mu H = \mu \frac{NI}{2\pi R}$$

となる.　　　　　　　　　　　　　　　　　　　　　　　　　　　　　　□

── 例題 8.4 ──

　長さ l，断面積 S，透磁率 μ の環状鉄心に図 **8.7** のように間隔 δ の空隙を作り，導線に電流 I を流す．コイルの総巻き数を N とすると，磁束が漏れないとして，空隙内に生ずる磁場の強さ H_0，磁束密度 B_0 を求めよ．

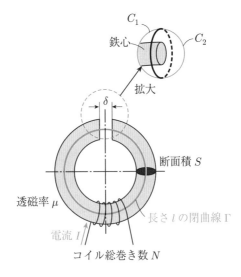

図 **8.7**　一部が開いた環状鉄心

【解答】 アンペールの法則より，

$$\oint_{\Gamma \pm} \boldsymbol{H} \cdot d\boldsymbol{l} = NI$$

閉曲線 Γ を図 8.7 に示したような環状鉄心の中心線上を通る円とすると，上記の積分は

$$H(l - \delta) + H_0 \delta = NI$$

真磁荷不在より

$$\int_{\mathrm{C}\pm} \boldsymbol{B} \cdot d\boldsymbol{S} = 0$$

図 8.7 の拡大図のように閉曲面 C を C_1 と C_2 に分割すると，

$$\int_{\mathrm{C}_1} \boldsymbol{B} \cdot d\boldsymbol{S} + \int_{\mathrm{C}_2} \boldsymbol{B} \cdot d\boldsymbol{S} = 0$$

C_1 と C_2 の境界面を鉄心と空隙の境目とし C_1 を空隙側，C_2 を鉄心側とすると，

$$B_0 S = B S \qquad \therefore \quad B_0 = B$$

これは磁束が保存されて，他に漏れないということと同じ意味である．$B = \mu H$，$B_0 = \mu_0 H_0$ を用いると，$\mu H = \mu_0 H_0$，これより $H = \frac{\mu_0}{\mu} H_0$．これを $H(l - \delta) + H_0 \delta = NI$ に代入すると，

$$\frac{\mu_0}{\mu} H_0(l - \delta) + H_0 \delta = NI \qquad \therefore \quad H_0 = \frac{NI}{\frac{\mu_0}{\mu} l + \delta \left(1 - \frac{\mu_0}{\mu}\right)}$$

となる．比透磁率 μ_{r} を用いると，

$$H_0 = \frac{\mu_{\mathrm{r}} NI}{l + \mu_{\mathrm{r}} \delta - \delta} = \frac{\mu_{\mathrm{r}} NI}{(l - \delta) + \mu_{\mathrm{r}} \delta}$$

$$B_0 = \mu_0 H_0 = \frac{\mu_0 \mu_{\mathrm{r}} NI}{(l - \delta) + \mu_{\mathrm{r}} \delta} = \frac{\mu NI}{(l - \delta) + \mu_{\mathrm{r}} \delta}$$

先端を図 8.8 のように狭くすると，

$$B_0 S_0 = B S$$

よって，

$$H_0 = \frac{NI}{\frac{\mu_0}{\mu} \frac{S_0}{S} l + \delta \left(1 - \frac{\mu_0}{\mu} \frac{S_0}{S}\right)}$$

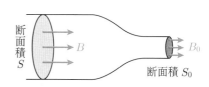

図 8.8 先を細くした鉄心

$$B_0 = \mu_0 H_0 = \frac{\mu_0 NI}{\frac{\mu_0}{\mu}\frac{S_0}{S}l + \delta\left(1 - \frac{\mu_0}{\mu}\frac{S_0}{S}\right)}$$

となる.　　　　　　　　　　　　　　　　　　　　　　　　　　　　　□

演 習 問 題

演習 8.1　磁化 M で中心軸方向に一様に磁化された半径 a, 厚さ δ の薄い磁性体の円盤がある. この円盤の中心 O での磁束密度の大きさを求めよ.

演習 8.2　比透磁率 μ_r で一辺 a の正方形の断面形状のドーナツ状のコアに一様にコイルを巻いたソレノイドコイルがある. 断面の中心を通るドーナツの半径を R, コイルの巻き数を N とし, 電流 i が流れている.

(1) 切断面上の磁束密度 B の大きさを円環の中心 O からの距離 r の関数として求めよ.

(2) ドーナツ状のコイルの断面を貫く磁束を求めよ.

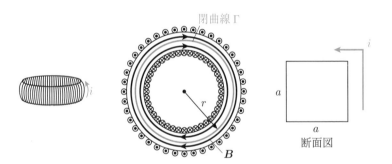

演習 8.3　断面積 S で平均磁路長 l, 比透磁率 μ_r の環状鉄心に l_0 の狭い空隙を設けて, 巻き数 N のソレノイドに電流 I を流したとき, 空隙部の磁界の強さおよび磁束密度を求めよ. また, 平均磁路長 l が $0.15\,\mathrm{m}$, 比透磁率 $\mu_r = 5000$ の環状鉄心, 空隙 $\delta = 5.0\,\mathrm{mm}$, $N = 20$ 巻きに, 電流 $10\,\mathrm{A}$ を流したときの空隙部の磁界の強さおよび磁束密度を求めよ. また, 空隙を $1.0\,\mathrm{cm}$ にすると, 磁場の強さおよび磁束密度はいくらになるか.

第9章

磁　性　体

　この章では，磁場に対する反応で物質が分類できることを学び，それぞれがどのような特徴があるのかを見ていく．

9.1　磁　性　体

　物質は大きく分けて，**反磁性体**，**常磁性体**，**強磁性体**に分けることができる．反磁性体は磁化率 χ が負の物質であり，磁化電流は外部磁場を弱める方向に流れる．多くの物質で見られるが，磁化電流はほとんどの物質で小さく，この効果は弱い．ビスマスや水，高配向性熱分解炭素などの一部の物質が強い反磁性を持つが，それでも磁化率 χ はビスマスで -1.67×10^{-4}，水で -8.3×10^{-6}，高配向性熱分解炭素で -4×10^{-4} 程度である．1778 年にブルグマンス（Sebald Justinus Brugmans）が反磁性体を発見したのも，ビスマスとアンチモンであった．ちなみに，ビスマスは低融点金属（融点 $271.5\,^\circ\mathrm{C}$）としても知られており，惑星航行用宇宙機の燃料としても検討されたことがある．

　反磁性体では，磁場が増加すると，磁場の増加を弱める方向に反磁性体内に電流が流れ，外部磁場を弱めるとイメージするとよい．詳述すると，磁場をかけない状態ではペアの電子がいてそれらが互いの磁化電流を打ち消しているが，外部磁場を加えると，電子の軌道はわずかに歪み，その歪みにより打ち消し効果が破れ，外部の磁場を打ち消す磁場が現れる．実際の導出には量子論が必要であるため，本ライブラリの第 6 巻「レクチャー量子力学」を参考にしてほしい．

　永久磁石の端でよく見られる，図 9.1 左のような鉛直上向きに行くほど磁束線の間隔が徐々に広がっていく磁場において，反磁性体の物質は磁場が弱くなる方向に力を受けるため，十分強力な磁石の上に反磁性体を置くと図 9.1 右のように浮く．水は反磁性体なので，$10\,\mathrm{T}$ 程度の強力な磁場をかけると，ほとんどが水分でできているカエルやミニトマトも浮く．

　常磁性体は，外部磁場をかけると磁場と同じ向きになるように磁気モーメントにトルクがはたらくため，磁気モーメントが磁場方向に整列し（$\chi > 0$），磁化が生じ

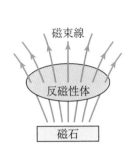

図 9.1　反磁性体の浮上の様子

［右図出典：Wikimedia Commons より］

る．そのため外部磁場が無くなると消える．一般に磁化率 χ は非常に小さく，例えば空気では 3.65×10^{-7}，アルミニウムでは 2.14×10^{-4} と非常に小さい．これは，内部の磁化電流すなわち磁気モーメントはそれぞれの原子・分子の熱運動によってバラバラの方向に向いており，ベクトルの和にすると小さくなるからである．このことからもわかるように，通常，内部の磁化電流によって作られる磁場のエネルギーは内部エネルギーと比較すると非常に小さい．そのため，原子・分子の内部エネルギーを小さくするために，温度を下げてランダムな運動を抑えることで，個々の磁気モーメントがそろいやすくなる（図 9.2）．このため，図 9.3 に示す通り，磁化率は絶対温度に対して反比例する．この関係を**キュリーの法則**と呼ぶ．これは，発見者であるピエール キュリー（Pierre Curie，マリー キュリー（Marie Curie）

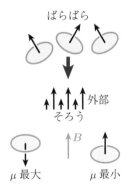

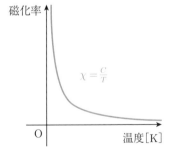

図 9.2　常磁性体の磁化の様子　　図 9.3　常磁性体の磁化率と温度の関係

の夫）の功績にちなんでつけられた．また，磁場を数 T ほどかけて，温度を絶対零度付近の数 K まで下げると，物質中のすべての磁気モーメントはそろい，これ以上磁場は強くならない飽和が見られるようになる．

物理の目　　ピエール キュリー

　ピエール キュリーはキュリー夫人の陰に隠れてしまっているが，この他にも圧力をかけると分極が起こるピエゾ効果を発見するなど，我々の生活を支える技術への貢献が非常に大きい人である．

　強磁性体はその名の通り，磁化率 χ が非常に大きい．例えば純鉄では磁場が弱い領域においては，常温で 6000–8000 程度あり，ニッケルでは 100–600 程度である．（磁化率 χ は磁場の強さや温度で変わり，一定ではない．）これらの原子の内殻電子はペアを作らなくても安定して存在できるために，磁化率が大きくなる．

　強磁性体は，外部の磁場を取り除いても磁化 M を取りうる．すなわち**永久磁石**になる．これを見るためにミクロな目で見ていこう．

(1)　ミクロな観点から強磁性体を見ると，**磁区**と呼ばれる領域内では，磁気モーメントは一方向にそろっている．しかしながら，外部の磁場がゼロのときそれぞれの磁区の磁気モーメントの方向はバラバラであるため，全体を平均すれば磁気モーメントはゼロとなる（図 9.4）．結果として，全体の磁化 M はゼロとなっている．

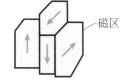

図 9.4　磁区の様子

(2)　ここで外部の磁場の強さを強くしていくと，外部磁場と同じ向きの磁区が大きくなり，逆向きの磁区が小さくなるように，磁区の境界（磁壁）が移動する．ついには一つの磁区となり，これ以上磁化 M は大きくならず飽和するようになる．このときの磁化の値を**飽和磁化**という．

(3)　次に，磁場の強さを減少させていくと，磁化は減少するが増加させたときと同じカーブを描かず，外部磁場をゼロにしても，磁化 M はゼロとならない．このときの磁化を**残留磁化** M_r と呼ぶ．

(4)　さらに，反対方向の磁場を強くしていくと，磁化がゼロになる磁場の強さがあり，この磁場の強さを**保持力**と呼ぶ．

(5)　さらに反対方向の磁場を強くしていくと再び，磁化は飽和磁化と大きさが同じで符号が反対のところで飽和する．

(6)　さらにもう一度磁場の強さを増加させていくと，図 9.5 のように別の経路をたどって再び飽和するようになる．

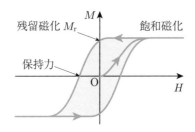

図 9.5 外部の磁場の強さ H と磁化 M

このように**ヒステリシス**（**履歴効果**），すなわち，現在だけではなく，過去の履歴によって，状態が変わる現象が見られる．永久磁石やパソコンの記憶媒体であるHDD もこれを利用している．すなわち外部から強い磁場をかけたのちに，その磁場を取り除いても，$M_r \neq 0$ となり，磁石となる．磁石として用いる場合には，このヒステリシスが大きいほうが，残留磁化が大きくなるので，好ましい．電気自動車からロボットまで様々なところで活躍しているモーターには強い永久磁石が必要であり，そのために残留磁化の大きい材料開発が求められている．

磁化率と温度の関係に関しては，図 9.6 のように，ある温度までは強磁性体として非常に大きい磁化率を持つが，ある温度を超えると常磁性体となる．これを式で表すと

$$\chi = \frac{C}{T - \Theta} \qquad (9.1)$$

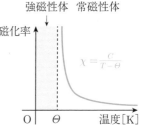

図 9.6 強磁性体の磁化率と温度の関係

この温度 Θ のことを**キュリー温度**といい，この磁化率と温度の関係を**キュリー–ワイス則**という．これはキュリーの法則をフランスの物理学者であるピエール ワイス（Pierre Weiss）が拡張したためである．このキュリー温度は例えば鉄では770°C であり，地上で最強の磁石として知られているネオジム磁石のキュリー温度は 315°C である．キュリー温度を超えなくても，温度を上げると磁石の磁場は弱くなってしまい，ネオジム磁石の使用温度としては220°C が市販品で手に入る最高温度である．減磁対策のために，レアメタルのジスプロシウム（ディスプロシウム，Dy）などを添加して用いているが，レアメタルは高価であるため，これらを用いない強力な磁石の開発が進んでいる．また，どのような強磁性体でも，一度キュリー温度を超えると，常温に戻しても，残留磁化はゼロとなる．すなわち磁石でなくなる．

強磁性体を入れたコイルに交流を印加させると発熱現象を伴う. これは**ヒステリシス損**という. 磁束密度の微小変化 $d\boldsymbol{B}$ を考えると,

$$dB = \mu_0(dH + dM) \tag{9.2}$$

となる. 両辺と $\boldsymbol{H}$ の内積は,

$$\boldsymbol{H} \cdot d\boldsymbol{B} = \boldsymbol{H} \cdot \mu_0(d\boldsymbol{H} + d\boldsymbol{M}) \tag{9.3}$$

となる. ここで, 強磁性体の磁化過程に対して積分してみる. すなわち $B = 0$ ($H = M = 0$) から $B = B$ ($H = H$, $M = M$) の状態になったとすると,

$$\int_0^B \boldsymbol{H} \cdot d\boldsymbol{B} = \mu_0 \int_0^H \boldsymbol{H} \cdot d\boldsymbol{H} + \mu_0 \int_0^M \boldsymbol{H} \cdot d\boldsymbol{M} \tag{9.4}$$

右辺第一項は, 第 11 章で言及する磁場のエネルギー密度と一致するので, 単位体積あたりの磁場エネルギーとして, 空間に蓄えられる. 第二項が, 強磁性体の磁化に要する仕事である. これを交流一周期で積分するとちょうどヒステリシス曲線が囲む面積にあたり, この $w = \mu_0 \oint \boldsymbol{H} \cdot d\boldsymbol{M}$ が磁性体中で熱として失われる. 交流の周波数を f とすると, 損失電力 P は,

$$P = fw = f\mu_0 \oint \boldsymbol{H} \cdot d\boldsymbol{M} \tag{9.5}$$

となる. このためモーターやトランスなど磁化の反転を繰り返す用途で用いる強磁性体は, ヒステリシスのあまり大きくない強磁性体を用いる (図 9.7).

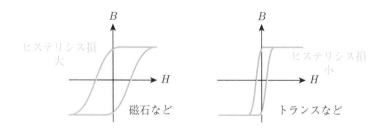

図 9.7 ヒステリシス損の大小

演 習 問 題

演習 9.1　ソレノイドに電流を流すと，ソレノイドの周りに磁場が作られる．その磁場が十分強ければ，磁場中に図のようにミニトマトを静かに置くと，ミニトマトは空中に浮いたままになる．なぜミニトマトを浮き上がらせることが出来るのか? また，ミニトマトの代わりにカエルでも浮き上がることは出来るか?

演習 9.2　1 m あたり 1000 巻で巻かれている長いソレノイドコイルがある．このソレノイドコイルに 1.00 A の電流を流したところ，ソレノイド内部の磁場は 1.30×10^{-3} T であった．このソレノイドコイルの中に詰まっているのは反磁性体か，それとも常磁性体か．

演習 9.3　強磁性体の磁化は微視的に見れば，磁性体中の電子のスピン磁気モーメントに由来する．飽和磁化は磁場に寄与するすべての磁気モーメントが磁場の方向を向いた状態と考えられる．ほとんどの磁気モーメントが，不対電子スピンによって生じると考え，1 個の電子スピン磁気モーメントの大きさは，9.27×10^{-24} J·T^{-1} であるとする．コバルトの飽和磁束密度 B_s は $B_s = \mu_0 M_s = 1.75$ T であるとすると，磁化に寄与する電子の数は原子 1 個あたり何個か．ただし，コバルトの原子量は 58.9 であり，密度は 8.90 g·cm^{-3} である．

第10章

電 磁 誘 導

　この章では，電流から磁場が生成されるのであれば，磁場からも電流ができないのかとの問いかけに対する答えとして，ファラデーらがファラデーの法則としてまとめた考え方を見ていく．また，電磁誘導を用いたインダクタはどのようなものなのかを見ていく．

10.1　電 磁 誘 導

　1820 年に，エルステッドが電流から磁場ができることを発見した．そこで，その逆ができないか，すなわち，磁場から電流ができないかということに多くの科学者が挑んだ．しかしながらすぐには発見されず，1831 年にファラデー（Michael Faraday）によって発見されるまで，10 年以上待たねばならなかった．

　ファラデーは様々な実験装置を作り，1831 年，以下に挙げる 3 つのときに磁場によって，電流が流せることを発見した（図 10.1）．

(a)　鉄心コアに絶縁されたコイルを二つ巻き付けておいて，一方のコイルに電池とスイッチをつなぐ．このスイッチを開閉して，一方のコイルの電流を変化させたとき，もう一方のコイルに電流が流れることを確認した．

(b)　一方のコイルに電流を流して固定しておき，他方のコイルを近づけたり，遠ざけたりしたときに，動かしたコイルに電流が流れることを確認した．

(c)　永久磁石を近づけたり遠ざけたりしたときに，永久磁石のそばにあったコイルには電流が流れることを確認した．

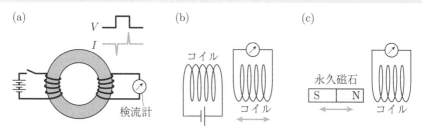

図 10.1　ファラデーの実験

この一連の現象を**電磁誘導**と呼ぶ．同じようなことを実はヘンリー（Joseph Henry）も発見していたが，公表が遅れたため，結局電磁誘導の発見者はファラデーとなり，ヘンリーは，10.2 節で述べるインダクタンスの単位としてその功績がたたえられている．

　電磁誘導の次のステップとして，1834 年のレンツ（Heinrich Friedrich Emil Lenz）による発見がある．レンツは，電磁誘導によって流れる電流の向きは，コイルを貫く**磁束**の変化を妨げる方向であるということを発見した．ここで磁束とは，ある閉曲線 Γ があるとき，Γ を境界とする曲面 C 上（図 10.2）で磁束密度 $\boldsymbol{B}$ を積分したものであり，式で書くと以下のようになる．

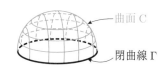

図 10.2　閉曲線 Γ が張る曲面 C

$$\Phi = \int_{C上} \boldsymbol{B} \cdot d\boldsymbol{S} \tag{10.1}$$

単位は Wb もしくは $T \cdot m^2$ である．すなわち，コイルを貫く磁束が増えるときには，磁束を減らす方向にコイルに電流を流そうとする．また，逆に磁束が減る場合は磁束を増やす方向に電流が流れる．

　電磁誘導はノイマン（Franz Ernst Neumann）による定式化で完成する．ノイマンはファラデーとレンツの成果を合わせて定式化した．よく知られている**ファラデーの法則**は，国際単位系においては以下のように書ける．

$$V = -\frac{d\Phi}{dt} \tag{10.2}$$

ノイマンは，電流が流れるのは回路が電流を流す駆動力を得るからであると考えた．そして，その駆動力による仕事によって電位差が生じたと考えた．そのため，電流そのものの大きさを表す形での定式化にはせずに電位差で表す式とした．ノイマンが定式化を通して主張したのは，「コイルに生じる**起電力**が電流の駆動源であり，その起電力 V の大きさは磁束の時間に対する変化率，すなわち，磁束を時間で微分したものである」ということである．

　少し寄り道になるが，**起電力**に関して少し説明する．一般に，回路の中で電位の高いところから低いところへ移動するときには電荷は電場から仕事を受けて動いていく．電流が流れるということは，電位の高いところから低いところに電荷が電場によって動かされているからである．しかし，電位の低いところから高いところに行くときは，電荷は静電場から受けるクーロン力に逆らって進まなくてはならな

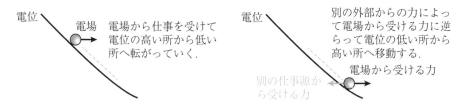

図 10.3 電荷が高電位に向かう様子

い．それには別の**仕事源**の助けがいる（図 10.3）．した
がって定常電流が流れる回路においては，乾電池などの
何らかの仕事源が必要である．この仕事源による仕事を
定義するために，単位電荷が仕事源を通過するときに受
ける仕事を，**起電力**と定義した（図 10.4）．起電力の単
位は V である．

図 10.4 起電力の定義

　磁場の変化に伴って生じる起電力を**誘導起電力**と定義する．つまり，ファラデー
の法則では，誘導起電力が，磁束密度の時間に対する減少率に比例することを示し
ている．

　回路全体を考えると時間的に一定である静電場は，定常電流に対する仕事源，す
なわち起電力の原因とはなりえない．なぜならば，第 1 章にあるように静電場は保
存力の場であるため，回路を一周すれば電位は元の値に戻る（キルヒホフの第二法
則）．そのため，静電場が電荷にする仕事はゼロである．よって，静電場ではなく，
別の電場である**誘導電場**が起電力の原因となる．

　電磁誘導はローレンツ力で説明できる場合もあるが，例えば図 10.1 (c) の場合
のように，コイルに磁石を近づけたときの起電力はローレンツ力では説明できな
い．すなわちコイルは動いていないので，コイル中の電子は速度を持たず，ローレ
ンツ力がはたらかないのにもかかわらず，コイルに電流が流れるためである．よっ
て電磁誘導はこれまでの概念では説明できない本質的に新しい現象である．

　磁石を近づけるとコイルに電流が流れるのは，動かした磁石の周りの空間の性
質が変化したことに伴い，電場が作られるからである．ノイマンは遠隔作用信者
であったために式 (10.2) のような記述となっているが，近接作用の視点から見
ると，電磁誘導は，この空間の状態の変化である磁場の変化に伴って，起電力の
原因となる電場が作られると考えるのが自然である．この電場を**誘導電場** E^{emf}
（emf = electromotive force）と呼ぶ．

　そうすると，単位電荷がコイル Γ に沿って一周するときに誘導電場から受ける仕

事が誘導起電力であるため，

$$V = \oint_{\Gamma 上} \boldsymbol{E}^{\mathrm{emf}} \cdot d\boldsymbol{l} \tag{10.3}$$

となる．コイル Γ を貫く磁束 Φ はコイル Γ を縁とする，曲面 C 上での磁束密度の面積積分で与えられるので，

$$\frac{d}{dt}\Phi = \frac{d}{dt}\int_{\mathrm{C}上}\boldsymbol{B}\cdot d\boldsymbol{S} \tag{10.4}$$

となり，上の 2 式をノイマンが定式化したファラデーの法則 $V = -\frac{d\Phi}{dt}$ に代入すると，

$$\oint_{\Gamma 上}\boldsymbol{E}^{\mathrm{emf}}\cdot d\boldsymbol{l} = -\frac{d}{dt}\int_{\mathrm{C}上}\boldsymbol{B}\cdot d\boldsymbol{S} \tag{10.5}$$

となる．ここで少しこの結果を拡張して（正しいことは証明されているが），コイル上の線積分がコイルとは限らない空間の任意の閉曲線 Γ でも同じとすると，

$$\oint_{\Gamma 上}\boldsymbol{E}\cdot d\boldsymbol{l} = -\frac{d}{dt}\int_{\mathrm{C}上}\boldsymbol{B}\cdot d\boldsymbol{S} \tag{10.6}$$

となる．曲面 C は任意であるが，時間的には固定しているので，右辺の微分と積分は順番の入れ替えが可能である $\left(\frac{d}{dt}\int = \int\frac{d}{dt}\right)$．また $\boldsymbol{B}$ は時間だけの関数とは限らないので，積分の中に入れた場合は，偏微分となるので，

$$-\frac{d}{dt}\int_{\mathrm{C}上}\boldsymbol{B}\cdot d\boldsymbol{S} = -\int_{\mathrm{C}上}\frac{\partial \boldsymbol{B}}{\partial t}\cdot d\boldsymbol{S} \tag{10.7}$$

となる．一方，ストークスの定理を用いると，左辺は，

$$\oint_{\Gamma 上}\boldsymbol{E}\cdot d\boldsymbol{l} = \int_{\mathrm{C}上}(\mathrm{rot}\,\boldsymbol{E})\cdot d\boldsymbol{S} \tag{10.8}$$

となる．よって，

$$\int_{\mathrm{C}上}(\mathrm{rot}\,\boldsymbol{E})\cdot d\boldsymbol{S} = -\int_{\mathrm{C}上}\frac{\partial \boldsymbol{B}}{\partial t}\cdot d\boldsymbol{S} \tag{10.9}$$

C は任意の曲面であるから，積分の中は等しくなるので，

$$\mathrm{rot}\,\boldsymbol{E} = -\frac{\partial \boldsymbol{B}}{\partial t} \tag{10.10}$$

となる. すなわち, 磁場 (磁束密度) の時間変化が, 電場の渦を作るのである. これは概念上の話ではなく, 実際に磁場の変化によってできる電場の渦を使って電子を加熱することに使われている. 例えば微小元素分析で使う誘導結合プラズマ (ICP, Inductively Coupled Plasma) ではコイルに交流を流し, コイルの軸方向の磁場を変化させることで, コイル内部のプラズマと呼ばれる電離気体の中に電場の渦を起こさせ, その電場の渦によって渦電流を生じさせて電子を加速している (図 10.5). ICP は元素分析だけではなく, 宇宙往還機の大気圏への再突入環境の模擬装置にも使われている.

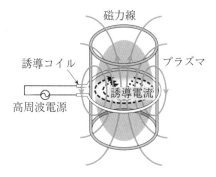

図 10.5　誘導結合プラズマの概念図

[小川真司様より提供 (一部改変)]

　ファラデーの法則をまとめると,

$$積分形 \quad V = -\frac{d}{dt}\Phi \tag{10.11}$$

$$微分形 \quad \mathrm{rot}\,\boldsymbol{E} + \frac{\partial \boldsymbol{B}}{\partial t} = \boldsymbol{0} \tag{10.12}$$

物理の目　電磁誘導とローレンツ力

　電磁誘導に関しては, ローレンツ力によって説明できる場合もある. 例えば, 磁場中でレールの上を転がる丸棒である. 図 10.6 の $+y$ 方向に力 F を受けながら速さ v で動いている丸棒の導体の中にある自由電子に注目すると, この電子も $+y$ 方向に速さ v で動いている. そのためこの電子はローレンツ力を受けて, 加速される. しかしこの自由電子が金属中の結晶格子などと衝突するため, この電子の速度はいずれ一定となり, 定常的な電流 I が流れることになる. 電流 I は磁場から力を受け, 仕事をされる. この外力の仕事率は $w = Fv = IBlv$ となる. 一方, 回路がする仕事率は $-w$ である. これは何らかの電源によってなされ, その仕事率はその電源の起電力を V とすると, $-w = VI$ であるので,

$$VI = -IBlv \tag{10.13}$$

$$\therefore \quad V = -Blv \tag{10.14}$$

となる. 一方, 時間 Δt の間の磁束の変化 $\Delta\Phi$ は単位時間あたりに丸棒が掃く面積が lv なので,

$$\Delta\Phi = B(lv)\Delta t \tag{10.15}$$

よって,

$$\frac{\Delta \Phi}{\Delta t} = B(lv) \tag{10.16}$$

確かに,

$$V = -\frac{\Delta \Phi}{\Delta t} \tag{10.17}$$

が確認される.

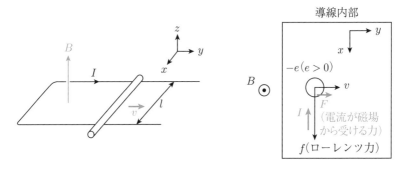

図 10.6　磁場中でレール上を転がる導体丸棒

例題 10.1

　図 10.7 のように一様な磁場（磁束密度 B）の中に, 半径 a の薄い金属の円盤を磁場に垂直に置き, これを一定の角速度 ω [rad·s^{-1}] で回転させた. このとき, 円盤の中心と外周の間に電位差が生じる. この電位差を求めよ. ちなみにこの現象は**単極誘導**と呼ばれている. また, 円盤は回転させずに, 磁場を作り出している磁石を回転させたとき, 電位差はいくらになるか.

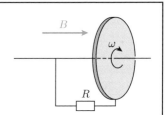

図 10.7　一様磁場中を回転する導体円盤

【解答】 円板の中心からの距離 r の地点における電子が受けるローレンツ力の大きさ F を求める. 電子は円板の中心付近から円盤の縁に移動し, 円板の電荷分布は一様ではなくなる. 結果として円板の中心部分と縁との間には電位差が生じる. r と $r + dr$ の間の電位差を dV とし, これによって決まる静電場を $E(r)$ とする. 円盤上の電子は速度 $v = r\omega$ で運動しているので, 半径方向にかかるローレンツ力 F は,

$$F = evB - eE(r)$$

定常状態においては，ローレンツ力は 0 になるので，

$$evB - eE(r) = 0$$

一方，電場の定義より，

$$E(r) = -\frac{\partial V}{\partial r}$$

よって，電位差 V は

$$V = \left| \int_0^a \frac{\partial V}{\partial r}\,dr \right| = \left| \int_0^a -r\omega B\,dr \right| = \frac{1}{2}a^2\omega B$$

となる．一方，この磁場を作り出している磁石を回転させても円板上では磁場は変化しないので，磁束は変化しない．注意しよう．

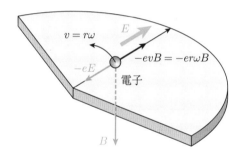

図 10.8　一様磁場中を回転する導体円盤中の電子が受ける力

10.2 インダクタンス

　磁場が変化するとそれに伴って，その磁場の変化を妨げる方向に渦状の電場ができる．ソレノイドコイルの場合には，コイルを流れる電流によって自分自身が作る磁場が，コイルを流れる電流の変化に伴い，自身のコイルを貫く磁束を変化させ，磁場の変化を妨げる方向に誘導電場が生じる．このような現象を**自己誘導**と呼び，自己誘導によって発生する起電力を**自己誘導起電力**，また電場のことを**自己誘導電場**という．

　ファラデーの法則より，自己誘導起電力の大きさは磁束の時間変化に比例する．また磁束の変化は，アンペールの法則より，コイル内の電流に比例する．よって，

誘導起電力の大きさはコイルを流れる電流の時間変化に比例する. コイルを貫く磁束 Φ と電流 I の比例定数を L とすると,

$$\Phi = LI \tag{10.18}$$

となる. 自己誘導起電力 V はファラデーの法則より

$$V = -\frac{d\Phi}{dt} = -\frac{d(LI)}{dt} = -L\frac{dI}{dt} \tag{10.19}$$

このように, 自己誘導起電力は電流の時間変化に比例し, その比例定数は, 磁束 Φ と電流 I の比例定数であった L と同じになる. この比例定数 L を**自己インダクタンス**と呼ぶ. L の単位は国際単位系では H (ヘンリー) もしくは, $T \cdot m^2 \cdot A^{-1}$ であり, 電磁誘導を発見したジョセフ ヘンリーにちなむ. ヘンリーは電気のスイッチの一つであるリレーも発明している.

例題 10.2

図 10.9 のような, 単位長さあたりの巻き数 n, 長さ l, 断面積 S の空芯 (中に何も入っていない) ソレノイドコイルの自己インダクタンスを求めよ.

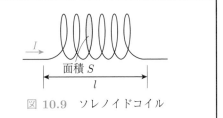

図 10.9 ソレノイドコイル

【解答】 ソレノイドコイル内の磁場は一様であり, アンペールの法則より

$$B = \mu_0 n I$$

コイルの断面積は S であるので, 一巻きのコイルを貫く磁束 Φ は,

$$\Phi = BS = \mu_0 n I S$$

ここで, **鎖交磁束**という概念を導入する. 図 10.10 のように, A のコイルの誘導起電力と B のコイルの誘導起電力と, ⋯ と N 個のコイルの誘導起電力を足し合わせで考えないとソレノイドコイル全体の誘導起電力は出せない. そこで, ソレノイドコイル全体で貫く磁束 (すなわち N 個のコイルが貫く磁束を合わせた磁束) を**鎖交磁束**と呼ぶ.

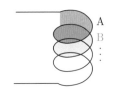

図 10.10 鎖交磁束の概念. コイルの誘導起電力はループの足し合わせになる.

コイルの巻き数を N とすると，巻き数密度 n とコイルの長さ l より，

$$N = nl$$

よってソレノイド全体で貫く磁束である鎖交磁束 Φ' は

$$\Phi' = N\Phi = nl \times \mu_0 nIS = \mu_0 n^2 Sl\, I$$

となる．よって，磁束 Φ' と電流 I の比例定数である自己インダクタンス L は

$$L = \mu_0 n^2 Sl$$

となる． □

── 例題 10.3 ──

図 10.11 のような，厚さが無視できるほど薄い半径 a, b （ただし $a < b$）の中心軸が同じ二つの無限に長い円筒導体（同軸円筒導体）が真空中にある．この導体に一様な電流 I を互いに逆向き（外側が紙面右側へ，内側が紙面左側へ）に流した．この二つの同軸円筒導体の単位長さ（1 m）あたりの自己インダクタンス L を求めよ．

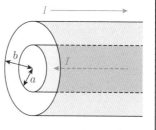

図 10.11　同軸円筒導体

【解答】 アンペールの法則を適用して，二つの円筒導体間の磁束密度を求める．アンペールの法則を適用するにあたり，積分経路 Γ を中心軸からの距離 r の円とする．r が a よりも小さいときは Γ をよぎる電流はゼロである．また積分経路 Γ が二つの導体の間にあるとき，すなわち $a < r < b$ では，Γ をよぎる電流は I となる．また積分経路の円が外側の導体よりも外側になる場合は，Γ をよぎる電流は $I + (-I)$ となり，ゼロとなる．よって積分形のアンペールの法則より，磁束密度は，

$$B = \begin{cases} 0 & (r < a) \\ \dfrac{\mu_0 I}{2\pi r} & (a < r < b) \\ 0 & (r > b) \end{cases}$$

よって磁場は二つの導体間のみに存在する．また，磁束密度は軸方向には一様であることがわかる．この二つの同軸円筒導体を往復する電流によって，生じる単位長さあたり（1 m あたり）の磁束 Φ_{m} は，上記の磁束密度を 1 m 分積分すればよいので，軸方向を z 方向とすると，

$$\Phi_{\mathrm{m}} = \int_0^1 \left(\int_a^b \frac{\mu_0 I}{2\pi r} \, dr \right) dz = \frac{\mu_0 I}{2\pi} \ln \frac{b}{a} \times 1 = \frac{\mu_0 I}{2\pi} \ln \frac{b}{a}$$

となる．自己インダクタンス L の定義は，貫く磁束と電流の比例定数であるため，

$$L = \frac{\Phi_{\mathrm{m}}}{I} = \frac{\frac{\mu_0}{2\pi} I \ln \frac{b}{a}}{I} = \frac{\mu_0}{2\pi} \ln \frac{b}{a}$$

となる．　　　　　　　　　　　　　　　　　　　　　　　　　　　　　　　□

　図 **10.12** のような回路において，回路 1
のスイッチを入れたり切ったりすると，回
路 2 に電圧が発生する．これは回路 1 のコ
イルが作り出す磁束が変化すると，回路 2
のコイルを貫く磁束が変化し，回路 2 に誘
導起電力が生じるためである．

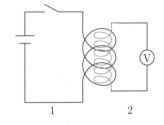

　ここで，回路 1 の電流 I_1 の変化によっ　　図 **10.12**　二つのコイルからなる回路
て回路 2 に発生する起電力の大きさを V_{21} とすると，ファラデーの法則より，V_{21}
は I_1 に比例する．比例定数を M_{21} とすると

$$V_{21} = M_{21} \frac{dI_1}{dt} \tag{10.20}$$

同様に，回路 2 の電流 I_2 の変化によって回路 1 に発生する起電力の大きさを V_{12}
とすると，

$$V_{12} = M_{12} \frac{dI_2}{dt} \tag{10.21}$$

実は，M_{21} と M_{12} は等しく，これを M と定義する．この M を**相互インダクタン
ス**と呼ぶ．

$$M_{21} = M_{12} \equiv M \tag{10.22}$$

$M_{21} = M_{12}$ は，回路 1 に 1 A 流したときに回路 2 を貫く磁束と回路 2 に 1 A 流し
たときに回路 1 を貫く磁束は等しいということをいうものであり，これを一般に**相
反定理**という．

　例えば，理想的な変圧器を考えてみよう．変圧器は発電所で発生した数百 kV の
高電圧の交流を家庭で使う 100 V に落とすときなどに使われる．高電圧で送電する
理由は，送電時のロスを減らすためである．変圧器は図 **10.13** のように，高透磁率
材料の輪に二つのコイルが巻かれている．ちょうどファラデーが磁場の変化から電

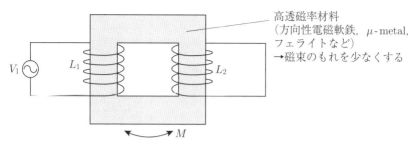

図 10.13　変圧器の概念

流が流れることを発見した器具（図 10.1 (a)）とよく似ている．高透磁率材料を
用いるのは，なるべく磁束の漏れを少なくするためである．電圧をかけるコイルを
コイル 1，反対側をコイル 2 とし，それぞれの自己インダクタンスを L_1, L_2 とす
る．理想的に磁束の漏れがないとすると，回路 1 に関して，キルヒホフの第二法則
を用いると，

$$V_1 + L_1\frac{dI_1}{dt} + M\frac{dI_2}{dt} - R_1 I_1 = 0 \tag{10.23}$$

同様に回路 2 に関してキルヒホフの第二法則を用いると，

$$V_2 + L_2\frac{dI_2}{dt} + M\frac{dI_1}{dt} = 0 \tag{10.24}$$

理想的な条件，すなわち電気抵抗 R_1 が 0，回路 2 の電流 I_2 も 0 とすると，それぞ
れのキルヒホフの式は

$$V_1 + L_1\frac{dI_1}{dt} = 0 \tag{10.25}$$

$$V_2 + M\frac{dI_1}{dt} = 0 \tag{10.26}$$

となる．理想的なトランス（磁束の漏れはない）とし，磁性体を通る磁束を ϕ，それ
ぞれのコイルの巻き数を N_1, N_2 とし，鎖交磁束を ϕ_1, ϕ_2 とする（図 10.14）と，

$$\phi = \frac{\phi_1}{N_1} = \frac{\phi_2}{N_2} \tag{10.27}$$

一方，インダクタンスの定義より

$$\phi_1 = L_1 I_1 \tag{10.28}$$

$$\phi_2 = M I_1 \tag{10.29}$$

よって，

$$\frac{L_1 I_1}{N_1} = \frac{M I_1}{N_2} \qquad (10.30)$$

両辺を時間微分すると,

$$\frac{L_1}{N_1}\frac{dI_1}{dt} = \frac{M}{N_2}\frac{dI_1}{dt} \qquad (10.31)$$

となる. よって, 電圧と巻き数の関係は,

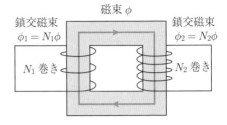

図 10.14　変圧器内の磁束

$$\frac{V_1}{N_1} = \frac{V_2}{N_2} \qquad \therefore \quad \frac{V_1}{V_2} = \frac{N_1}{N_2} \qquad (10.32)$$

となり, 電圧は巻き数に比例することがわかる. すなわち電圧を 100 倍するために
は, 100 倍巻き数を増やせばよい.

── 例題 10.4 ──

　図 10.15 のように断面積 S_1, 長
さ l_1, 単位長さあたりの巻き数 n_1
のコイルの外側に, 断面積 S_2, 長
さ l_2 ($l_2 < l_1$), 単位長さあたりの
巻き数 n_2 のコイルを置いた. この
ときの相互インダクタンスを求めよ.

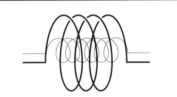

図 10.15　コイルの外側にコイルがある
ときの相互インダクタンス

【解答】　内側のソレノイドコイルに電流 I を流したときの磁束密度 B は

$$B = \mu_0 n_1 I$$

よって, これがコイル 2 を貫く磁束を ϕ とすると,

$$\phi = B S_1 = \mu_0 n_1 I S_1$$

磁場ができる範囲はコイル 1 の中だけなので, コイル 2 を貫く磁束の計算で用いる
面積はコイル 1 の断面積 S_1 となることに注意する. 鎖交磁束 ϕ_2 は

$$\phi_2 = (n_2 l_2)\phi = n_2 l_2 \mu_0 n_1 I S_1 = \mu_0 n_1 n_2 l_2 S_1\, I$$

よって相互インダクタンス M は,

$$M = \frac{\phi_2}{I} = \mu_0 n_1 n_2 l_2 S_1$$

となる. □

送電時のロス

送電時のロスを考えてみよう．送電線の抵抗は 1 km あたり 0.22 Ω と非常に小さいが無視できない．100 km 離れた発電所から都市への送電を考えると，送電線全体の抵抗は 22 Ω にもなる．この 22 Ω で発生するジュール熱が送電のロスとなるわけである．1 GW（1×10^9 W）の電力を送電するとき，電圧を 500 kV と仮定すると，送電線には 2000 A の電流が流れるため，$RI^2 = 22 \times (2000)^2 = 88$ MW（8.8×10^7 W）が失われる．電圧を半分の 250 kV まで下げてしまうと，電流は 2 倍になるため，損失は 4 倍の 352 MW まで増えてしまう．このため，なるべく高電圧で送電している．様々な発電所で作られる電圧はだいたい 10 kV 程度であるが，変圧器を使って 500 kV まで上げて，送電線に送り出す．

一方で，一般家庭で 500 kV のような高電圧を扱うのは危険であるため，100–200 V 程度まで電圧を落とす必要があり，このときに変圧器が使われる．最近は電線の地中化で少なくなってきたが，いまだに変圧器は街中のいたるところで目にする．電信柱に載っている円柱状のものが変圧器である（図 10.16）．またマレーシアなどの海外では，日本とは電圧が違うために，日本で使っている電化製品はそのままでは使えない．そこで変圧器を使って電圧を日本と同じ電圧に変換することで，日本の電化製品が使えるようになる．

この高圧で送電しなければならないという要求が，エジソンの提案した直流による送電ではなく，交流による送電が行われている理由となっている．交流であれば，変圧器を使うことによって簡単に電圧の上げ下げが可能となるからである．しかしながら直流で送電しないといけないところが日本にもい

図 10.16 電柱にある変圧器

[出典：九州電力送配電株式会社ホームページ：電気がつくられてからお客さまへ届くまで（電力系統の概要），一部改変]

くつかある．一つは東日本の 50 Hz 交流と西日本の 60 Hz 交流の間を融通する送電線であり，ここでは交流の周波数が違うため，交流を一度直流に変換して再度交流に変換して電力を融通している．もう一つは 2018 年の大停電でも話題になった北海道と本州をつなぐ送電線である．こちらの場合は海底ケーブルで送電する必要があり，送電線を隣接させる必要がある．この場合，ケーブルの絶縁体を隔ててケーブルの導線が並んでいるため，コンデンサーのようにケーブルが静電容量を持つ．そのため交流で送電すると，ケーブルを通して交流電流が流れ，損失が発生する．交流送電ではケーブルの絶縁体材料による誘電損失，すなわち誘電体内部の分極が電場の変化に追随できず時間遅れが生じたり，追随する過程においてロスが起こるのである．このような理由で海底ケーブルによる送電には直流送電が使われている．現在は限られた場所だけでしか直流送電は行われてきていないが，直流での送電技術も近年の半導体技術の向上に伴い，効率が向上してきており，近い将来，エジソンが描いていた直流送電が実現するかもしれない．

演 習 問 題

演習 10.1 レールガンで投射物（プロジェクタイル）を飛ばすことを考える．レールガンは図のような仕組みである．導電レール，ブラシ（可動導電体），導電レールの経路に沿ってレールガンに電流を流すと，レール間に磁場が生成される．この磁場中でブラシを流れる電流にはローレンツ力がはたらき，投射物をレールに沿って加速し発射させる．このレールガンの導電レール方向に x 軸を取り，ブラシが位置 x にあるときのレールガン全体（導電レールとブラシからなる）をコイルと見立てたときにインダクタンスを $L(x)$，このときに電流を I とすると，投射物が受ける力の大きさ F は $F = \frac{I^2}{2}\frac{\partial L}{\partial x}$ で与えられるとする．

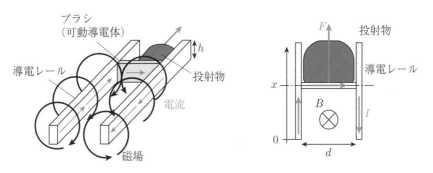

(1) 簡略化のために，導電レールの間の領域における磁束密度は一様であり，外部には磁場は存在しない，すなわち，無限ソレノイドコイル内部における磁束密度で近似できるとする．このときの磁束密度 B を求めよ．さらに，このときの回路のインダクタンス $L(x)$ を求めよ．ただし，導電レールの高さを h，幅を d とする．

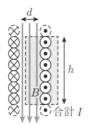

後ろから見たレールガンの電流と磁場

(2) 導電レールの高さ h は 100 mm，幅 d は 10 mm，レールガンに流れる電流は 400 kA とする．このときプラズマを介して，投射物が受ける推力を求めよ．

(3) 電流は投射物を加速中はずっと 400 kA で一定として，静止していた投射物がレールガンから放出される速度を求めよ．ただし，投射物の質量を 5.0 g，レールの長さは 1.0 m とする．さらに，改良してレールの長さを 2.0 m にすると，どうなるのか述べよ．

演習 10.2　一様な磁束密度 B の中に，巻き数 N，一辺の長さが a の正方形コイルを置く．このコイルを B に垂直な軸周りに一定の角速度 ω で回転させるとき，コイルに生じる誘導起電力を求めよ．また，このコイルを一定の角速度 ω で回転させるためにはコイルにトルクを加え続ける必要がある．このトルクを求めよ．ただしコイルの抵抗を R とする．

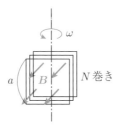

演習 10.3　無限に長い導線に電流 I が $+z$ 方向に流れている．この導線を含む平面上に，右図のように一辺の長さが a の正方形がある．この正方形は，一定の速さ u でこの導線から遠ざかる方向に動いている．時刻 $t = 0$ において，この導線から距離 r 離れたところにあるとして，$t = 0$ でのこの正方形の導線につけた電圧計が示す値 V を求めよ．

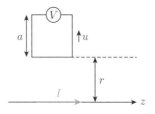

第11章

過渡現象と交流回路

この章では，これまで習ってきたインダクタンスやコンデンサーを使った回路にどのような電流が流れるのかを見ていく．回路の故障原因となりがちなスイッチを入れたときなどの過渡現象がなぜ起こるのか，また交流回路では，なぜ電流と電圧の変化に時間遅れが生じるのかを学んでいく．

11.1 過 渡 現 象

自己インダクタンスによって，電流の変化があるときにコイルの両端に電位差ができる．よって，図 11.1 のような抵抗とコイルの入った回路（**RL 回路**）において，スイッチをオンにしても，すぐに $I_0 = \frac{V_0}{R}$ の電流が流れるわけではない．では，電流がどのような時間変化をするのか見ていこう．$t = 0$ でスイッチを入れたとする．時刻 t に回路に流れる電流を $i(t)$ とすると，キルヒホフの第二法則より，

$$V_0 - Ri(t) - L\frac{di(t)}{dt} = 0 \tag{11.1}$$

となる．式を変形すると，

$$\frac{di(t)}{dt} = -\frac{R\left(i(t) - \frac{V_0}{R}\right)}{L} \tag{11.2}$$

$i(t) - \frac{V_0}{R} = X$ とおくと，$di(t) = dX$ なので，

$$\frac{dX}{dt} = -\frac{RX}{L} \tag{11.3}$$

$$\frac{1}{X}\,dX = -\frac{R}{L}\,dt \tag{11.4}$$

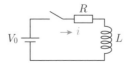

図 11.1　RL 回路

両辺積分して,

$$\ln |X| = -\frac{R}{L}t + C \tag{11.5}$$

$$\therefore \quad X = A\exp\left(-\frac{R}{L}t\right), \quad A \equiv \pm\exp C \tag{11.6}$$

$i(t) - \frac{V_0}{R} = X$ なので, 代入して,

$$i(t) - \frac{V_0}{R} = A\exp\left(-\frac{R}{L}t\right) \tag{11.7}$$

スイッチを ON にした $t = 0$ では電流は流れていないので, $I = 0$ で, $A = -\frac{V_0}{R}$. よって,

$$i(t) = \frac{V_0}{R}\left\{1 - \exp\left(-\frac{R}{L}t\right)\right\} = I_0\left(1 - e^{-\frac{t}{\tau}}\right) \tag{11.8}$$

となる. 電流の時間変化は, 図 **11.2** のようなグラフになる. 電流の収束値は $I_0 = \frac{V_0}{R}$ となる. ここで, $\tau = \frac{L}{R}$ を**時定数**といい, 電流の値が定常状態である $\frac{V_0}{R}$ の $\left(1 - \frac{1}{e}\right)$ (約 63%) になるまでの時間である. これからもわかるように, 自己インダクタンス L が大きいほど, この立ち上がり時間は長くなる. すなわち, 自己インダクタンスは回路にとって, 慣性 (力学でいうところの質量) の役割を持っている.

　この過程におけるエネルギーの流れを考える. 電源を流れる電荷量を $dq = i\,dt$ とすると, 電源が微小時間 dt の間にする仕事 dW は,

$$dW = V_0\,dq = V_0 i\,dt \tag{11.9}$$

となる. 式 (11.1) のキルヒホフの第二法則 $\left(V_0 = Ri + L\frac{di}{dt}\right)$ を上式に代入すると,

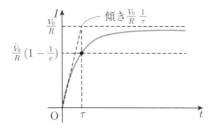

図 **11.2**　*RL* 回路の過渡応答の様子

$$dW = \left(Ri + L\frac{di}{dt} \right) i\,dt = Ri^2\,dt + Li\,di \tag{11.10}$$

これを電流が I になる時刻 t まで積分すると，時刻 t までに電源がする仕事は，

$$W = \int_0^t Ri^2\,dt + \int_0^I Li\,di = \int_0^t Ri^2\,dt + \frac{1}{2}LI^2 \tag{11.11}$$

右辺第一項 $\int_0^t Ri^2\,dt$ は，ジュール熱として抵抗で失われるエネルギーであり，右辺第二項 $\frac{1}{2}LI^2$ がコイルに蓄えられた磁場のエネルギー U_{m} である．このコイルが図 10.9 で表されるような断面積 S，長さ l，単位長さあたり n 回巻いたソレノイドコイルとすると，自己インダクタンス L は $L = \mu_0 n^2 Sl$ であるため，

$$U_{\mathrm{m}} = \frac{1}{2}LI^2 = \frac{1}{2}\mu_0 n^2 SlI^2 \tag{11.12}$$

となる．理想的なソレノイドコイルの内部には一様な磁場ができており，その磁束密度 B は，$B = \mu_0 nI$ であるため，これを代入して

$$U_{\mathrm{m}} = \frac{1}{2\mu_0}(\mu_0 nI)^2 Sl = \frac{1}{2\mu_0}B^2 Sl \tag{11.13}$$

Sl はソレノイドコイルの体積であるため，ソレノイドコイル内部の**磁場のエネルギー密度** $u_{\mathrm{m}} = \frac{U_{\mathrm{m}}}{Sl}$ は

$$u_{\mathrm{m}} = \frac{1}{2\mu_0}B^2 = \frac{1}{2}\mu_0 H^2 = \frac{1}{2}BH \tag{11.14}$$

となる．物質中においては，磁場は，外部の電流が作った磁場と磁化電流が作った磁場の足し合わせであり，磁場のエネルギー密度としては，二つの和であるので，これを考慮すると物質の透磁率 μ を用いて，

$$u_{\mathrm{m}} = \frac{1}{2}BH = \int_0^H \boldsymbol{B} \cdot d\boldsymbol{H} = \frac{1}{2}\mu H^2 \tag{11.15}$$

となる．

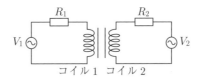

図 11.3　トランスを介した二つの回路

図 **11.3** のようなトランスを介した二つの回路のエネルギー収支を考える．エネルギーの収支は 1 と 2 のそれぞれの電源の仕事率（$V_1 I_1$, $V_2 I_2$）がそれぞれの抵抗で消費されるジュール熱（$R_1 I_1^2$, $R_2 I_2^2$）とコイルに蓄えられたエネルギー U の時間変化となるため，

$$V_1 I_1 + V_2 I_2 = R_1 {I_1}^2 + R_2 {I_2}^2 + \frac{dU}{dt} \tag{11.16}$$

コイル 1 の磁束密度を B_1，コイル 2 の磁束密度を B_2 とすると，

$$B_1 = a\,I_1 + b\,I_2 \tag{11.17}$$

$$B_2 = c\,I_1 + d\,I_2 \tag{11.18}$$

のように書ける．ここで a, b, c, d は定数である．また，磁場の持つエネルギーは $\frac{1}{2} \int BH\,dv$ と表されるので，

$$U = \frac{1}{2} \int BH\,dv \propto \alpha I_1^2 + \beta I_1 I_2 + \gamma I_2^2 \tag{11.19}$$

となる．よって定数 A, B, C をうまく設定すると，磁場の持つエネルギーは以下のように表せる．

$$U = A\,I_1^2 + B\,I_1 I_2 + C\,I_2^2 \tag{11.20}$$

磁場のエネルギーを時間 t で微分すると，

$$\begin{aligned}
\frac{dU}{dt} &= \frac{d}{dt}\left(A I_1^2 + B I_1 I_2 + C I_2^2\right) \\
&= 2A I_1 \frac{dI_1}{dt} + 2C I_2 \frac{dI_2}{dt} + B\left(I_2 \frac{dI_1}{dt} + I_1 \frac{dI_2}{dt}\right)
\end{aligned} \tag{11.21}$$

よってエネルギー収支の式に代入すると

$$V_1 I_1 + V_2 I_2 = R_1 I_1^2 + R_2 I_2^2 + 2A I_1 \frac{dI_1}{dt} + 2C I_2 \frac{dI_2}{dt} + B\left(I_2 \frac{dI_1}{dt} + I_1 \frac{dI_2}{dt}\right) \tag{11.22}$$

I_1, I_2 で整理すると，

$$\begin{aligned}
&\left(V_1 - R_1 I_1 - 2A\frac{dI_1}{dt} - B\frac{dI_2}{dt}\right) I_1 \\
&+ \left(V_2 - R_2 I_2 - 2C\frac{dI_2}{dt} - B\frac{dI_1}{dt}\right) I_2 = 0
\end{aligned} \tag{11.23}$$

I_1, I_2 は任意であるため，これは I_1, I_2 の恒等式と考えてよいので，

$$
\begin{cases}
V_1 - R_1 I_1 - 2A\dfrac{dI_1}{dt} - B\dfrac{dI_2}{dt} = 0 \\[2mm]
V_2 - R_2 I_2 - 2C\dfrac{dI_2}{dt} - B\dfrac{dI_1}{dt} = 0
\end{cases}
\tag{11.24}
$$

実はこれはそれぞれの回路のキルヒホフの第二法則にあたる．キルヒホフの法則は，1977 年のノーベル化学賞を受賞したプリゴジン（Ilya Prigogine）のエントロピー生成極小の原理と等価である．エントロピー生成極小の原理とは，平衡状態に非常に近い非平衡系では，単位時間あたりのエントロピー生成が極小になるような過程が実現されるという原理であり，生物学をはじめ経済学など様々な分野で用いられているため，興味がある人は調べてみてほしい．

　インダクタンスの定義より，$2A = L_1, 2C = L_2, B = M$ と決めることができるので，磁場のエネルギーは

$$
U = \frac{1}{2}L_1 I_1^2 + M I_1 I_2 + \frac{1}{2}L_2 I_2^2
\tag{11.25}
$$

となる．

　再び過渡現象に話を戻そう．図 11.4 のようなコンデンサーと抵抗と電源とスイッチが直列につながっている **RC 直列回路**の過渡応答を見ていきたい．コンデンサーには電荷がたまっていない状況で，RL 回路と同様に $t = 0$ でスイッチを入れたとする．電流は単位時間あたりに流れ込む電荷量であるため，$I = \frac{dQ}{dt}$ であり，コンデンサーの両端の電位差は $Q = CV$ より $V = \frac{Q}{C}$ である．これを使ってキルヒホフの法則を書き換えると，

$$
V_0 - R\frac{dQ}{dt} - \frac{Q}{C} = 0
\tag{11.26}
$$

これは電荷 Q に関する微分方程式であるので，解くと

$$
Q = A\exp\left(-\frac{t}{RC}\right) + CV_0
\tag{11.27}
$$

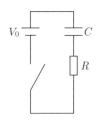

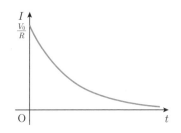

図 11.4　RC 回路　　　　図 11.5　RC 回路での電流の時間変化

時間 $t = 0$ で $Q = 0$ より，$A + CV_0 = 0$，よって，$A = -CV_0$．これを上式に代入すると，

$$Q = CV_0 \left\{ 1 - \exp\left(-\frac{t}{RC} \right) \right\} \tag{11.28}$$

となる．電流 I は，

$$I = \frac{dQ}{dt} = CV_0 \left\{ \frac{1}{RC} \exp\left(-\frac{t}{RC} \right) \right\}$$
$$= \frac{V_0}{R} \exp\left(-\frac{t}{RC} \right) \tag{11.29}$$

と図 11.5 のように電流は時間 t に対して指数関数で減衰する．

次に，図 11.6 のように，コイルとコンデンサーが直列につながっている **LC 回路** の過渡応答を見ていこう．コンデンサーには電荷が Q_0 たまっている状況で，RL 回路と同様に $t = 0$ でスイッチを入れたとするとキルヒホフの法則より，

$$-L\frac{dI}{dt} - \frac{Q}{C} = 0 \tag{11.30}$$

ところで，コンデンサーに流れ込む電流と電荷の関係は

$$I = \frac{dQ}{dt} \tag{11.31}$$

であるため，

$$-L\frac{d^2Q}{dt^2} - \frac{Q}{C} = 0 \tag{11.32}$$

となる．これは Q が変位 x，L が質量 m，$\frac{1}{C}$ がばね定数 k のバネ振り子の単振動の運動方程式と同じ微分方程式となっていることがわかる．上記の特性方程式は $L\lambda^2 + \frac{1}{C} = 0$ より，

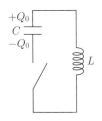

図 11.6 LC 回路

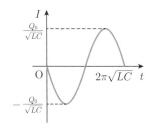

図 11.7 LC 回路の時間変化

$$\lambda = \pm i\sqrt{\frac{1}{LC}} = \pm i\omega \quad \left(\omega \equiv \sqrt{\frac{1}{LC}}\right) \tag{11.33}$$

となる．よって，微分方程式の解は

$$\begin{aligned}
Q &= A_1 \exp\left(i\omega t\right) + A_2 \exp\left(-i\omega t\right) \\
&= B_1 \cos\omega t + B_2 \sin\omega t \\
&= B' \cos\left(\omega t + \phi\right)
\end{aligned} \tag{11.34}$$

となる．$t = 0$ で $Q = Q_0$ より，$B' = Q_0, \phi = 0$ となるので，

$$\begin{aligned}
\therefore \quad I = \frac{dQ}{dt} &= -Q_0\omega \sin\omega t \\
&= -\frac{Q_0}{\sqrt{LC}} \sin\omega t
\end{aligned} \tag{11.35}$$

と図 11.7 のようになる．電流は摩擦なしのばね振り子の速度と同じく，単振動することがわかる．このように，キャパシタンス C の逆数はばね定数 k，抵抗 R は粘性，インダクタンス L は質量 m，電荷 q は位置 x，電流 I は速度 v と置き換えることができる．逆に複雑な力学系を電気回路に置き換えて，その電流を計測することにより運動を理解することが可能となる（表 11.1）．

表 11.1　力学と電磁気学の対応

電磁気学	力学
q	x
$i\left(= \dfrac{dq}{dt}\right)$	$v\left(= \dfrac{dx}{dt}\right)$
$\dfrac{1}{C}$	k
L	m
$\dfrac{1}{2}\dfrac{1}{C}q^2 = \dfrac{1}{2}CV^2$（静電エネルギー）	$\dfrac{1}{2}kx^2$（ポテンシャルエネルギー）
$\dfrac{1}{2}Li^2$（磁場エネルギー）	$\dfrac{1}{2}mv^2$（運動エネルギー）

― **例題 11.1** ―

図 11.8 のような RLC 回路で時刻 $t = 0$ にスイッチを ON にした．このときに流れる電流の時間変化を求めよ．ただしコンデンサーの電荷は $t = 0$ では 0 とする．

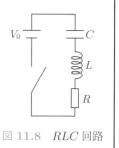

図 11.8 RLC 回路

【解答】キルヒホフの法則より，

$$V_0 - R\frac{dQ}{dt} - L\frac{d^2Q}{dt^2} - \frac{Q}{C} = 0$$

この微分方程式の斉次方程式は $L\frac{d^2Q}{dt^2} + R\frac{dQ}{dt} + \frac{Q}{C} = 0$ なので，特性方程式は

$$L\lambda^2 + R\lambda + \frac{1}{C} = 0$$

である．この微分方程式の解法は，特性方程式の判別式 D によって，場合分けができる．特性方程式の判別式 D は $D \equiv R^2 - 4\frac{L}{C}$ で与えられる．

(i) $D < 0$ のとき，

$$\lambda = -\alpha \pm i\beta, \quad \alpha = \frac{R}{2L}, \quad \beta = \sqrt{\frac{1}{LC} - \frac{R^2}{4L^2}}$$

よって，一般解は $C_1 \exp\{(-\alpha + i\beta)t\} + C_2 \exp\{(-\alpha - i\beta)t\}$ （C_1, C_2 は積分定数）．また，特解は CV_0．よって，Q は，

$$\begin{aligned}
Q &= C_1 \exp\{(-\alpha + i\beta)t\} + C_2 \exp\{(-\alpha - i\beta)t\} + CV_0 \\
&= \exp(-\alpha t)\left\{ B_1 \frac{\exp(i\beta t) + \exp(-i\beta t)}{2} + B_2 \frac{\exp(i\beta t) - \exp(-i\beta t)}{2i} \right\} + CV_0 \\
&= \exp(-\alpha t)\left(B_1 \cos\beta t + B_2 \sin\beta t\right) + CV_0
\end{aligned}$$

時間 $t = 0$ で $Q = 0$ より，積分定数 B_1 は

$$Q(0) = B_1 + CV_0 = 0$$

$$\therefore \quad B_1 = -CV_0$$

時間 $t = 0$ で，$I = \frac{dQ}{dt} = 0$ より積分定数 B_2 は

$$I|_{t=0} = \left.\frac{dQ}{dt}\right|_{t=0}$$

$$= -\alpha \exp(-\alpha t)(B_1 \cos \beta t + B_2 \sin \beta t)$$

$$+ \exp(-\alpha t)(-\beta B_1 \sin \beta t + \beta B_2 \cos \beta t)|_{t=0}$$

$$= -\alpha B_1 + \beta B_2 = 0$$

$$B_2 = \frac{\alpha}{\beta} B_1 = -\frac{\alpha}{\beta} C V_0$$

よって,

$$Q = \exp(-\alpha t)\left(-CV_0 \cos \beta t - \frac{\alpha}{\beta} CV_0 \sin \beta t\right) + CV_0$$

$$= CV_0 \left\{ 1 - \exp(-\alpha t)\left(\cos \beta t + \frac{\alpha}{\beta} \sin \beta t\right) \right\}$$

よって, 電流 I は,

$$I = \frac{dQ}{dt}$$

$$= CV_0 \left\{ \alpha \exp(-\alpha t)\left(\cos \beta t + \frac{\alpha}{\beta} \sin \beta t\right) - \exp(-\alpha t)\left(-\beta \sin \beta t + \alpha \cos \beta t\right) \right\}$$

$$= \frac{CV_0}{\beta} \exp(-\alpha t) \left\{ \left(\frac{R}{2L}\right)^2 + \frac{1}{LC} - \frac{R^2}{4L^2} \right\} \sin \beta t$$

$$= \frac{V_0}{L\beta} \exp(-\alpha t) \sin \beta t$$

と, 図 11.9 のような減衰するサイン波となる. 時間がたてば電流は 0 となり, コンデンサーに CV_0 の電荷がたまることとなる.

(ii) $D = 0$ のとき,

$$Q = \exp\left(-\frac{R}{2L}t\right)(A_1 + A_2 t) + CV_0$$

時間 $t = 0$ で $Q = 0$, $I = \frac{dQ}{dt} = 0$ より,

$$Q = CV_0 \left\{ 1 - \exp\left(-\frac{R}{2L}t\right)\left(1 + \frac{R}{2L}t\right) \right\}$$

$$\therefore \quad I = \frac{dQ}{dt} = \frac{R^2 CV_0}{4L^2} t \exp\left(-\frac{R}{2L}t\right)$$

(iii) $D > 0$ のとき(これは R が非常に大きいときに見られる),同様にして

$$I = \frac{V_0}{\sqrt{R^2 - \frac{4L}{C}}} \exp(-\alpha t) \left\{ \exp\left(t\sqrt{\frac{R^2}{4L^2} - \frac{1}{LC}}\right) - \exp\left(-t\sqrt{\frac{R^2}{4L^2} - \frac{1}{LC}}\right) \right\}$$

となる.このときの電流の変化は図 11.11 の通り,電流は最大値を取ってから減少していく.

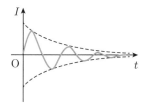

図 11.9 判別式が負のときの
RLC 回路の過渡応答

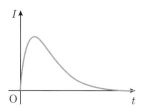

図 11.10 判別式が 0 のときの
RLC 回路の過渡応答

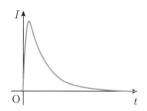

図 11.11 判別式が正のときの RLC 回路の過渡応答

11.2 交 流 回 路

交流電源を回路に組み込むとどのようなことが起こるか見ていこう.まずは抵抗 R のみを交流電源($V = V_0 \sin \omega t$, V_0:電圧の振幅,ω:角周波数 $= 2\pi f$,f:振動数,t:時間)につなげたときを考える(図 11.12).キルヒホフの第二法則より

$$V_0 \sin \omega t - RI = 0 \tag{11.36}$$

よって,

$$I = \frac{V_0}{R} \sin \omega t \tag{11.37}$$

となり,電流と電圧は同じ形で振動する.振動のような周期的な現象において,あ

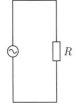

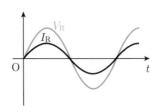

図 11.12　R だけがつながった
　　　　　交流回路

図 11.13　R だけがつながった交流回路の
　　　　　電流と電圧の時間変化

る時刻，ある場所で，振動の過程がどの段階にあるかを示す変数を**位相**と呼んでいるが，抵抗のみの交流回路においては，電流と電圧の波形の位相はそろっている（図 11.13）．また，振動数によって電流の振幅が変わることはない．

　コンデンサーだけを交流回路につなげた場合（図 11.14）は，キルヒホフのの第二法則より，

$$V_0 \sin \omega t - \frac{Q}{C} = 0 \qquad (11.38)$$

よって電流は，

$$I = \frac{dQ}{dt} = \frac{d}{dt}(CV_0 \sin \omega t) = \omega C V_0 \cos \omega t$$
$$= \omega C V_0 \sin \left(\omega t + \frac{\pi}{2} \right) \qquad (11.39)$$

このように，電流は電圧よりも位相が進んだ波となっている．具体的には，$\frac{\pi}{2}$ rad（90 度）だけ位相が進んでいる（図 11.15）．また電圧の振幅が同じでコンデンサーのキャパシタンスが同じでも，交流の周波数が高ければ高いほど電流の振幅は大きくなることがわかる．

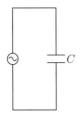

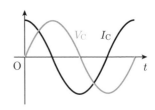

図 11.14　C だけがつながった
　　　　　交流回路

図 11.15　C だけがつながった交流回路の
　　　　　電流と電圧の時間変化

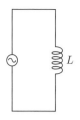

図 11.16　L だけがつながった
交流回路

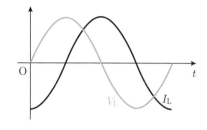

図 11.17　L だけがつながった交流回路の
電流と電圧の時間変化

　コイルだけを交流回路につなげた場合は（図 11.16），キルヒホフの第二法則
より，

$$V_0 \sin \omega t - L\frac{d^2Q}{dt^2} = 0 \quad \text{もしくは} \quad V_0 \sin \omega t - L\frac{dI}{dt} = 0 \tag{11.40}$$

よって電流は，積分すると

$$I = \int \left(\frac{V_0}{L} \sin \omega t \right) dt = \frac{V_0}{L}\frac{-1}{\omega}\cos \omega t + C$$

$$= -\frac{V_0}{L}\frac{1}{\omega}\cos \omega t = \frac{V_0}{\omega L}\sin \left(\omega t - \frac{\pi}{2} \right) \tag{11.41}$$

積分定数の C をゼロとおけるのは，電流の時間平均 $\langle I \rangle$ がゼロとなる（回路に電
荷がたまらない）ためである．式からもわかる通り，電流は電圧よりも $\frac{\pi}{2}$ rad（90
度）だけ位相が遅れた波となっている．電圧の振幅とコイルのインダクタンスが同
じでも，コンデンサーとは逆で，交流の周波数が高ければ高いほど電流の振幅は小
さくなる．

　次に，抵抗，コイル，コンデンサーの 3 つを直列に
つないだ RLC 回路に交流電源をつないだときはどう
なるのか見ていく（図 11.18）．三角関数の合成の公
式を使いやすくするために，交流電圧を $V_0 \cos \omega t$ と
すると，同様に，キルヒホフの法則より，

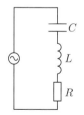

$$V_0 \cos \omega t - R\frac{dQ}{dt} - L\frac{d^2Q}{dt^2} - \frac{Q}{C} = 0 \tag{11.42}$$

図 11.18　RLC 交流回路

この微分方程式の斉次方程式は前節の例題 11.1 である RLC 回路の過渡現象と同
じであるため，一般解は同じとなる．$D < 0$ のときの特解を $Q = B\sin(\omega t + \phi)$ と
おくと，

$$B\left\{R\omega\cos(\omega t+\phi)-L\omega^2\sin(\omega t+\phi)+\frac{\sin(\omega t+\phi)}{C}\right\}=V_0\cos\omega t \quad (11.43)$$

三角関数の合成の公式より,

$$B\frac{\sqrt{(1-\omega^2 LC)^2+\omega^2 R^2 C^2}}{C}\cos(\omega t+\phi-\phi_0)=V_0\cos\omega t \quad (11.44)$$

ただし,

$$\tan\phi_0=\frac{\frac{1}{\omega C}-\omega L}{R}$$

これがすべての時刻 t で成り立っているため（t に関する恒等式であるため）,

$$B=\frac{CV_0}{\sqrt{(1-\omega^2 LC)^2+\omega^2 R^2 C^2}}, \quad \phi=\phi_0 \quad (11.45)$$

よって,

$$Q=\exp(-\alpha t)V_0 C\left(\cos\beta t+\frac{R}{2L\beta}\sin\beta t\right)+B\sin(\omega t+\phi_0) \quad (11.46)$$

$\alpha=\frac{R}{2L}>0$ より, 時間がたてば右辺第一項は 0 になるので第二項の $B\sin(\omega t+\phi_0)$ だけが残る. ちょうどブランコに周期的な外力を加えているのと同じことが起こる. 一点, 注意しておく必要があるのは, スイッチを入れた直後の電流である. 確かに第一項は時間がたつにしたがい減衰するが, スイッチを入れた直後は有限の値を持つ. このため, 第一項の値が大きかったら, スイッチを入れた瞬間に大電流が流れ壊れてしまう.

　判別式 $D\geq 0$ でも同じく特解だけが定常解として残る. よって十分時間がたった後の交流回路を流れる電流 I は,

$$I=\frac{dQ}{dt}$$
$$=\frac{\omega CV_0}{\sqrt{(1-\omega^2 LC)^2+\omega^2 R^2 C^2}}\cos(\omega t+\phi_0)$$
$$=\frac{1}{\sqrt{R^2+\left(\omega L-\frac{1}{\omega C}\right)^2}}V_0\cos(\omega t+\phi_0) \quad \left(\tan\phi_0=\frac{\frac{1}{\omega C}-\omega L}{R}\right) \quad (11.47)$$

ここで, $\sqrt{R^2+\left(\omega L-\frac{1}{\omega C}\right)^2}$ はこの回路におけるレジスタンスと呼ばれる. 交流回路において物理量は大きさと位相を同時に表現できる複素数表示 $\boldsymbol{A}=Ae^{i\theta}$ で考えたほうが便利である. そこで,

$$V = Z\,I \tag{11.48}$$

として，電圧と電流の比 **Z** を**インピーダンス**と呼ぶ．インピーダンスにおいて，その実数部を**レジスタンス**または**抵抗成分**，虚数部を**リアクタンス**という．またインピーダンスの逆数を**アドミタンス**という．

横軸に角周波数，縦軸に電流の振幅 I_0 を取ると図 11.19 のように，$\omega = \sqrt{\frac{1}{LC}}$ のとき，電流の振幅は最大となる．この角周波数は LC 回路の固有角振動数と同じで，この現象を**共鳴**という．古くからラジオのチューニング（チャンネル合わせ）にこの原理を利用してきた．ラジオのアンテナが拾った微小な交流の電圧振動の角振動数とラジオの固有角振動数が合うように，コンデンサーのキャパシタンス（容量）を変えることで共鳴させて，大きな電流を得，これを増幅させてスピーカーやイヤホンで磁石の付いた膜を振動させて音に変換しているのである．共鳴は，車や携帯電話のワイヤレス充電の効率化のため，またスイッチング電源の効率化のためにも使われている．ちなみにソニーが開発した FeliCa（フェリカ．SUGOCA やSuica などの IC 乗車券にも使われている技術方式）にも使われている．共鳴は機械工学の振動における共振と同じであり，機械工学においては例えばターボポンプのような回転機械において，壊れないように共振を避けるのが一般的である．一方で電磁気学では共鳴を利用して信号を大きくすることに利用しており，分野が変われば正反対になっている点が面白い．

電流の振幅が最大値を持つ意味を考えよう．角振動数が低い条件では，コイルの効果が小さく，コンデンサーの効果が支配的となる．すなわち ωL が小さいため，$\frac{1}{\omega C}$ の項が大きく効き，電流は小さくなる．しかしながら角振動数を上げていくと，$\frac{1}{\omega C}$ の項は小さくなっていくため電流は増加する．そして，角振動数が，回路の共振周波数 $\frac{1}{\sqrt{LC}}$ と一致するときに，振幅は最大となる．さらに角振動数を大きくしていくと今度は ωL の項が大きくなるため，振幅は減少する．このようにして，電流の振幅は最大値を持つのである．

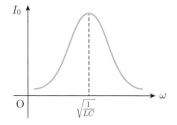
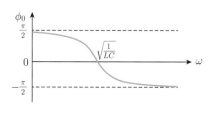

図 11.19　*RLC* 交流回路の電流の大きさと位相と周波数の関係

また，電流と電圧の位相差 ϕ_0 は，角振動数が小さい条件では正，すなわち進んでいる．これは回路において，コイルの影響は小さく，コンデンサーだけがつながっているように振るまうためである．そして共振周波数において，位相差は 0 となり，さらに角振動数を上げていくと，位相差は負，すなわち遅れることになり，コイルのみがつながっているように振るまう．

演 習 問 題

演習 11.1　図の回路において，はじめスイッチは B につながっていたが，時刻 $t = 0$ においてスイッチを B から A につなぎ替えた．このときにコイルに流れる電流 I の時間変化をグラフに示せ．ただしコイルのインダクタンスは L ($L > 0$)，抵抗を R，電源の電圧を V_0 とする．また，コイルのインダクタンスを $L, 2L, 3L$ と変化させたとき，電流波形はどのように変化するか図示せよ．

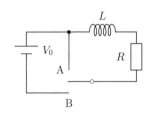

演習 11.2　「SUGOCA」などの IC カード乗車券は RF（radio frequency）タグの一種である．タグの保持している情報は，タグをリーダ/ライタに近づけることによって送受信される．その原理は以下の通りである．リーダ/ライタから出た電磁波をタグが受信することによりタグは電力を得る．その電力を用いて，RF タグ内で処理し，さらに，情報を電磁波に載せてリーダ/ライタに伝送する．「SUGOCA」の場合は 13.56 MHz（1 MHz $= 10^6$ Hz）の高周波を使ってやりとりをしている．IC カード乗車券を使うときに，カードを傾けたり，改札機に押し当てなかったりすると，きちんと作動しないことがある．この理由を説明せよ．また，効率良く伝送するために，タグ内の回路は用いる周波数で LC 共振するようになっている．今「SUGOCA」に使われるコイルのインダクタンスを 15 μH（$= 1.5 \times 10^{-5}$ H）とすると，そのコンデンサーの容量はいくらか．

演習 11.3　電気容量 C のコンデンサーと，抵抗 R とからなる回路を考える．はじめ電極に電荷 Q_0 と $-Q_0$ が蓄えられているとし，$t = 0$ でスイッチを入れると，電流が抵抗 R を流れる．このときの通電後のコンデンサーの極板上の電荷 $Q(t)$ と，回路に流れる電流 $I(t)$ を求めよ．時間が十分たつと，電流はゼロになる．その間に抵抗で消費される電力は，はじめコンデンサーに蓄えられていたエネルギーに等しいことを示せ．

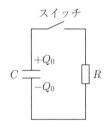

第12章

マクスウェル方程式

　本章では，時間変化する電場および磁場を記述するマクスウェル方程式とは何か
を見ていく．変位電流の概念を導入することにより，マクスウェル方程式がどのよ
うに導かれるのかを学ぶ．

12.1 変位電流（電束電流）

　これまで扱ってきたアンペールの法則 $\mathrm{rot}\,\boldsymbol{H} = \boldsymbol{j}$ は定常電流を前提として導か
れているため，すべての電磁場を記述することはできない．上のアンペールの法則
の両辺の div を取ると，左辺は $\mathrm{div}(\mathrm{rot}\,\boldsymbol{H}) \equiv 0$ で，右辺は $\mathrm{div}\,\boldsymbol{j}$ となり，$\mathrm{div}\,\boldsymbol{j} = 0$
のときだけ，すなわち「電流は湧き出しを持たない」という定常電流の定義そのも
ののときだけ成立する．つまり，$\mathrm{div}\,\boldsymbol{j} \neq 0$ のときは矛盾が生じる．では，定常で
ない場合，アンペールの法則はどのように変更されるのであろうか．これに取り組
んだのがマクスウェル（James Clerk Maxwell）である．ファラデーの法則は磁場
の変動によって電場が誘導されることを表している．同じように，マクスウェルは
電場の変動によって磁場も誘導されると考えた．

　マクスウェルの出発点は以下の電荷の保存則（もしくは連続の式）とガウスの法
則である．

電荷の保存則

$$\mathrm{div}\,\boldsymbol{j} + \frac{\partial \rho}{\partial t} = 0 \tag{12.1}$$

ガウスの法則

$$\mathrm{div}\,\boldsymbol{D} = \rho \quad (\text{ただし } \boldsymbol{D} = \varepsilon \boldsymbol{E}) \tag{12.2}$$

前章までは等方性のある場合を考えていたため，誘電率 ε をスカラーとしていた
が，ここではより一般的に誘電率テンソル $\boldsymbol{\varepsilon}$ を用いて表した．上の二つの式におい
て，ガウスの法則を電荷の保存則に代入すると，

$$\mathrm{div}\,\boldsymbol{j} = -\frac{\partial \rho}{\partial t} = -\mathrm{div}\left(\frac{\partial \boldsymbol{D}}{\partial t}\right) \tag{12.3}$$

となる．定常でないときには通常の電流密度 $\boldsymbol{j}$ の他に別の電流密度 $\boldsymbol{J}$ が現れると仮定し，それを以下のように定常時のアンペールの法則の左辺から右辺を引いて定義する．

$$\mathrm{rot}\,\boldsymbol{H} - \boldsymbol{j} \equiv \boldsymbol{J} \tag{12.4}$$

定義より，定常のとき，$\boldsymbol{J} = \boldsymbol{0}$ となる．この両辺の div を取ると，

$$\mathrm{div}(\mathrm{rot}\,\boldsymbol{H}) - \mathrm{div}\,\boldsymbol{j} = \mathrm{div}\,\boldsymbol{J} \tag{12.5}$$

となり，$\mathrm{div}(\mathrm{rot}\,\boldsymbol{H}) \equiv 0$ であるため，

$$\therefore \quad \mathrm{div}\,\boldsymbol{j} = -\mathrm{div}\,\boldsymbol{J} \tag{12.6}$$

となる．ガウスの法則に電荷の保存則を代入した式 (12.3) と上の式 (12.6) を見比べると，どうやら，$\boldsymbol{J} \equiv \frac{\partial \boldsymbol{D}}{\partial t}$ と取ってやれば，よさそうだということがわかる．すなわち，アンペールの法則を

$$\mathrm{rot}\,\boldsymbol{H} - \boldsymbol{j} = \boldsymbol{J} = \frac{\partial \boldsymbol{D}}{\partial t} \tag{12.7}$$

と拡張すると，

$$\mathrm{rot}\,\boldsymbol{H} = \boldsymbol{j} + \frac{\partial \boldsymbol{D}}{\partial t} \tag{12.8}$$

と表される．この式は真電流密度と新たに加えた電流密度との和が磁場の渦を作り出すことを表している．新たに加えた電流密度 $\frac{\partial \boldsymbol{D}}{\partial t}$ を**変位電流密度**もしくは**電束電流密度**と呼ぶ．変位と聞いて，違和感を感じるかもしれないが，マクスウェルが電束密度 $\boldsymbol{D}$ のことを電気変位と呼んだため，$\boldsymbol{D}$ の時間変化から生じる電流密度は，変位電流密度と呼ばれている．

　この変位電流密度を用いると，定常電流の場合も含めたアンペールの法則は，

$$\mathrm{rot}\,\boldsymbol{H} - \frac{\partial \boldsymbol{D}}{\partial t} = \boldsymbol{j} \tag{12.9}$$

となり，これを**アンペール–マクスウェルの法則**と呼ぶ．アンペール–マクスウェルの法則の積分形は

$$\oint_{\Gamma\pm} \boldsymbol{H} \cdot d\boldsymbol{l} = \int_{\mathrm{C}} \left(\boldsymbol{j} + \frac{\partial \boldsymbol{D}}{\partial t} \right) \cdot d\boldsymbol{S} \tag{12.10}$$

となる．マクスウェルが提唱した当初，この変位電流は実験によって確かめられな

いとして，なかなか認められなかったが，ヘルツが行った実験により確認された.

変位電流は周波数の低い交流などでは，真電流（実際に電荷が移動することに伴う電流）と比較して小さく，磁場への寄与が小さい. しかしながら平行平板コンデンサーの二つの電極間に交流を加えた場合では，二つの電極間を電荷は飛び越えられないので，電極間の空間には，真電流は流れない，つまり 0 となる. そのためコンデンサーの電極間にできる磁場は変位電流によってできる磁場のみとなる. この変位電流が作る磁場は導線が導線周りに作る磁場と同じになる.

── 例題 12.1 ──

図 12.1 のように平行平板コンデンサーに交流電源を接続した回路において，電極として半径 a の金属円盤を間隔 d だけ離して設置したものを考える. 二つの電極に印加する電圧を $V = V_0 \sin \omega t$ とし，電極間は真空とする. コンデンサーの電極間を流れる変位電流密度の大きさを求め

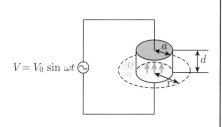

$V = V_0 \sin \omega t$

図 12.1 平行平板に交流を印加したときの変位電流

よ. また，この変位電流が作る磁場の強さを電極の中心からの距離 r と時間 t の関数として求めよ.

【解答】 対称性より，導線が導線周りに作る磁場と同じで，磁場は二つの電極の中心軸に対して周方向にできる. 電極間の電束密度 $\boldsymbol{D}$ を考える. 電束密度 $\boldsymbol{D}$ は真空の誘電率 ε_0 および電極間の電場 $\boldsymbol{E}$ を用いると，$\boldsymbol{D} = \varepsilon_0 \boldsymbol{E}$ となる. 電場 $\boldsymbol{E}$ はガウスの法則より電極間では一様で向きは陽極から陰極への向きであり，その大きさは $\frac{V}{d}$ である. よって変位電流密度の軸方向の成分 $J = \frac{\partial D}{\partial t}$ は，

$$\frac{\partial D}{\partial t} = \frac{\partial}{\partial t}(\varepsilon_0 E) = \frac{\partial}{\partial t}\left(\frac{\varepsilon_0 V_0 \sin \omega t}{d}\right) = \varepsilon_0 \omega \frac{V_0}{d} \cos \omega t$$

さて，変位電流が作り出す磁場を求める. 導線に流れる電流が導線周りに作る磁場と同様に考える. 違う点は，アンペールの法則ではなく，アンペール–マクスウェルの法則を使うところである. 積分形のアンペール–マクスウェルの法則より，

$$\oint_{\Gamma \text{上}} \boldsymbol{H} \cdot dl = \int_C \left(\boldsymbol{j} + \frac{\partial \boldsymbol{D}}{\partial t}\right) \cdot d\boldsymbol{S}$$

となる. ここで $\boldsymbol{H}$ を積分する閉曲線 Γ をコンデンサーの電極の中心から半径 r

$(0 \le r < a)$ の円とし，右辺の積分曲面 C は閉曲線 Γ の内側の平面とすると，コンデンサーの電極間を流れる真電流密度 $\boldsymbol{j}$ は $\boldsymbol{0}$ である．また，電場は電極間で一様であるため，変位電流密度 $\frac{\partial \boldsymbol{D}}{\partial t}$ も電極間では一様である．よって，アンペール–マクスウェルの左辺，右辺はそれぞれ，

$$左辺 = \oint_{\Gamma 上} \boldsymbol{H} \cdot d\boldsymbol{l} = H \times 2\pi r$$

$$右辺 = \int_{C} \left(\boldsymbol{j} + \frac{\partial \boldsymbol{D}}{\partial t} \right) \cdot d\boldsymbol{S} = \int_{C} \left(\frac{\partial \boldsymbol{D}}{\partial t} \right) \cdot d\boldsymbol{S} = \frac{\partial D}{\partial t} \pi r^2$$

$$= \varepsilon_0 \omega \frac{V_0}{d} \pi r^2 \cos \omega t$$

となる．これより，磁場の強さ H は

$$H \times 2\pi r = \varepsilon_0 \omega \frac{V_0}{d} \pi r^2 \cos \omega t$$

$$H = \frac{1}{2} r \varepsilon_0 \omega \frac{V_0}{d} \cos \omega t$$

となる．コンデンサーの外側において，変位電流が作り出す磁場は，同様にアンペール–マクスウェルの法則より，

$$H \times 2\pi r = \varepsilon_0 \omega \frac{V_0}{d} \pi a^2 \cos \omega t$$

よって

$$H = \frac{a^2}{2r} \varepsilon_0 \omega \frac{V_0}{d} \cos \omega t$$

となり，まとめると

$$H = \begin{cases} \dfrac{1}{2} r \varepsilon_0 \omega \dfrac{V_0}{d} \cos \omega t & (r < a) \\[2mm] \dfrac{1}{2} \dfrac{a^2}{r} \varepsilon_0 \omega \dfrac{V_0}{d} \cos \omega t & (r \ge a) \end{cases}$$

となり，振幅 H_0 は図 **12.2** のように $r = a$ で最大値を取る．例えば，印加した交流の周波数 f が $1250\,\mathrm{Hz}$（$\omega = 7.85 \times 10^3\,\mathrm{rad \cdot s^{-1}}$），電圧の最大値 $V_0 = 340\,\mathrm{V}$，円

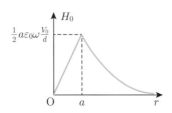

図 **12.2** 磁場の強さの径方向成分

盤の半径が $3.60\,\mathrm{cm}$ $(3.60 \times 10^{-2}\,\mathrm{m})$, 円盤間の間隔 $d = 1.22\,\mathrm{cm}$ $(1.22 \times 10^{-2}\,\mathrm{m})$ のとき, 磁場が最大となる極板の端 $(r = a)$ において, 磁場は

$$H = \frac{1}{2}a\varepsilon_0\omega\frac{V_0}{d}\cos\omega t$$

となるので, 最大値 $H_{\max}$ は

$$H_{\max} = \frac{1}{2}a\varepsilon_0\omega\frac{V_0}{d}\frac{1}{2}\frac{3.60 \times 10^{-2} \times 8.85 \times 10^{-12} \times 7.85 \times 10^3 \times 340}{1.22 \times 10^{-2}}\,\mathrm{A\cdot m^{-1}}$$

$$= 3.49 \times 10^{-5}\,\mathrm{A\cdot m^{-1}}$$

磁束密度 B の最大値は

$$B = \mu_0 H = 4\pi \times 10^{-7} \times 3.49 \times 10^{-5}\,\mathrm{T} = 4.38 \times 10^{-11}\,\mathrm{T}$$

と非常に小さいことがわかる. □

12.2 マクスウェル方程式

これまで出てきた電場と磁場に関する 4 つの式をまとめると次のようになる.

(1) クーロンの法則（電場に関するガウスの法則）

$$\mathrm{div}\,\boldsymbol{D} = \rho \tag{12.11}$$

(2) 真磁荷不在（磁場に関するガウスの法則）

$$\mathrm{div}\,\boldsymbol{B} = 0 \tag{12.12}$$

(3) 電磁誘導の法則

$$\mathrm{rot}\,\boldsymbol{E} + \frac{\partial \boldsymbol{B}}{\partial t} = \boldsymbol{0} \tag{12.13}$$

(4) アンペール–マクスウェルの法則（ビオ–サバールの法則）

$$\mathrm{rot}\,\boldsymbol{H} - \frac{\partial \boldsymbol{D}}{\partial t} = \boldsymbol{j} \tag{12.14}$$

ここで,

$$\boldsymbol{D} = \varepsilon\boldsymbol{E} = \varepsilon_0\boldsymbol{E} + \boldsymbol{P} \tag{12.15}$$

$$\boldsymbol{B} = \mu\boldsymbol{H} = \mu_0(\boldsymbol{H} + \boldsymbol{M}) \tag{12.16}$$

この 4 つの方程式 ((1)–(4)) を**マクスウェル方程式**と呼ぶ. マクスウェル方程式の本質は, 電荷密度 ρ および真電流密度 j が与えられたら, 静電場, 静磁場はもちろんのこと, すべての磁場, 電場を求められることにある. もちろん電荷密度や真電流密度の分布や時間変化だけではなく, 境界条件も必要であるが, これらがそろえば, 電束密度 D, 磁束密度 B, 電場 E, 磁場の強さ H が決められるということを表した式である.

また, 積分形のマウスウェル方程式は以下の通りになる.

(1)′　クーロンの法則 (電場に関するガウスの法則)

$$\int_{C上} \boldsymbol{D} \cdot d\boldsymbol{S} = (\text{C 内の全電荷量}) \tag{12.17}$$

(2)′　真磁荷不在 (磁場に関するガウスの法則)

$$\int_{C上} \boldsymbol{B} \cdot d\boldsymbol{S} = 0 \tag{12.18}$$

(3)′　電磁誘導の法則

$$\oint_{\Gamma上} \boldsymbol{E} \cdot d\boldsymbol{l} = -\int_{C上} \frac{\partial \boldsymbol{B}}{\partial t} \cdot d\boldsymbol{S} \tag{12.19}$$

(4)′　アンペール–マクスウェルの法則 (ビオ–サバールの法則)

$$\oint_{\Gamma上} \boldsymbol{H} \cdot d\boldsymbol{l} = \int_{C} \left(\boldsymbol{j} + \frac{\partial \boldsymbol{D}}{\partial t} \right) \cdot d\boldsymbol{S} \tag{12.20}$$

演 習 問 題

演習 12.1　x 軸に沿って正の方向に一定の速度 v（ただし $0 < \frac{v}{c} \ll 1$, c：光速）で進む電荷 q（> 0）の粒子がある．この粒子が原点を通過するとき，点 P$(x, y, z) = (R, 0, 0)$, $R > 0$ に作る変位電流密度を求めよ．

演習 12.2　電気容量 C の 2 枚の平行平板コンデンサー（電極間隔：d）の電極に電荷 Q_0 と $-Q_0$ が蓄えられていて，図のように抵抗とスイッチがつながれている．$t = 0$ でスイッチを入れ抵抗 R を通じて放電する．コンデンサーの電極間を流れる変位電流密度の大きさを求めよ．ただし電極間は真空とする．

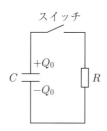

第13章

電 磁 波

この章では，マクスウェル方程式によって，電磁波が導かれることを見ていく．次に電磁波にはどのような性質があるのかを見ていく．さらに，電磁波はエネルギーや運動量を伝搬することを学ぶ．

13.1 電磁波とは

マクスウェルは自身が考案したマクスウェル方程式が正しければ，電場の変動が磁場の渦を作り，磁場の変動が電場の渦を作り，結果として電場・磁場の時間変化が次々と伝わっていくことを示した．すなわち，マクスウェルは，マクスウェル方程式から電場と磁場が互いに絡み合って進行する波ができることを示し，これを**電磁波**と名付けた．また，その伝搬速度は透磁率と誘電率の積の平方根の逆数になると算出した．さらに，光も波長の短い電磁波であると考えた．以下，マクスウェル方程式から得られる波動方程式を見ていこう．

真空中（$\varepsilon = \varepsilon_0, \mu = \mu_0$）で，電荷も電流もない場合（$\rho = 0, \boldsymbol{j} = \boldsymbol{0}$）を考える．このとき，マクスウェル方程式は以下のようになる．

$$\mathrm{div}\,\boldsymbol{E} = 0 \tag{13.1}$$

$$\mathrm{div}\,\boldsymbol{H} = 0 \tag{13.2}$$

$$\mathrm{rot}\,\boldsymbol{E} + \mu_0 \frac{\partial \boldsymbol{H}}{\partial t} = \boldsymbol{0} \tag{13.3}$$

$$\mathrm{rot}\,\boldsymbol{H} - \varepsilon_0 \frac{\partial \boldsymbol{E}}{\partial t} = \boldsymbol{0} \tag{13.4}$$

電磁誘導の法則（$\mathrm{rot}\,\boldsymbol{E} + \frac{\partial \boldsymbol{B}}{\partial t} = \boldsymbol{0}$）において，両辺の rotation を取ると，

$$\mathrm{rot}(\mathrm{rot}\,\boldsymbol{E}) + \mu_0 \frac{\partial}{\partial t}(\mathrm{rot}\,\boldsymbol{H}) = \boldsymbol{0} \tag{13.5}$$

数学の公式より，$\mathrm{rot}(\mathrm{rot}\,\boldsymbol{E}) = \mathrm{grad}(\mathrm{div}\,\boldsymbol{E}) - \Delta \boldsymbol{E}$ である．また式 (13.4) のアンペール–マクスウェルの法則より，$\mathrm{rot}\,\boldsymbol{H} = \varepsilon_0 \frac{\partial \boldsymbol{E}}{\partial t}$ であるので，式 (13.5) は

$$\mathrm{grad}(\mathrm{div}\,\boldsymbol{E}) - \Delta \boldsymbol{E} + \mu_0 \varepsilon_0 \frac{\partial^2 \boldsymbol{E}}{\partial t^2} = \boldsymbol{0} \tag{13.6}$$

となる．ガウスの法則より $\mathrm{div}\,\boldsymbol{E} = 0$ であるため，式 (13.6) を整理すると，

$$\left(\Delta - \mu_0 \varepsilon_0 \frac{\partial^2}{\partial t^2}\right)\boldsymbol{E} = \boldsymbol{0} \tag{13.7}$$

同様にして，

$$\left(\Delta - \mu_0 \varepsilon_0 \frac{\partial^2}{\partial t^2}\right)\boldsymbol{H} = \boldsymbol{0} \tag{13.8}$$

一般に，$\left(\Delta - \frac{1}{v^2}\frac{\partial^2}{\partial t^2}\right)f(\boldsymbol{r},t) = 0$ を**波動方程式**と呼ぶ．一次元においては，

$$\left(\frac{\partial^2}{\partial x^2} - \frac{1}{v^2}\frac{\partial^2}{\partial t^2}\right)f(x,t) = 0 \tag{13.9}$$

となる．この波動方程式の一般解は任意の関数 F, G を用いて，

$$f(x,t) = F(x - vt) + G(x + vt) \tag{13.10}$$

となり，F と G が速さ v で x 軸の正の方向と負の方向にそれぞれ伝搬することを表す（図 13.1）．よって，マクスウェル方程式を変形させて得られた波動方程式は，電場と磁場が $v = \frac{1}{\sqrt{\mu_0 \varepsilon_0}}$ の速さで伝わることを意味する．

　上記の説明はあまりにも抽象的過ぎるので，例を挙げて見ていこう．xyz 座標系において，図 13.2 のように，x 軸方向の正の向きに速さ v で進む平面波を考える．E_x°, E_y°, E_z° を x, y, z 方向の振幅とし，振動数を f，波長を λ とすると，電場 $\boldsymbol{E}(E_x, E_y, E_z)$ は，以下のように表される．

$$\boldsymbol{E} = (E_x, E_y, E_z) = \left(E_x^\circ, E_y^\circ, E_z^\circ\right)\sin\left\{2\pi f\left(t - \frac{x}{v}\right)\right\} \tag{13.11}$$

そこで，式 (13.11) で表される電場を，電場に関するガウスの法則（$\mathrm{div}\,\boldsymbol{E} = 0$）に代入すると，

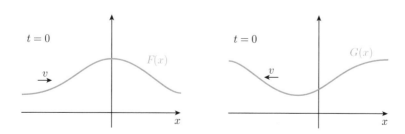

図 13.1　波動関数が表すもの

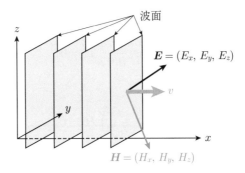

図 **13.2** x 方向に進行する平面波

$$\mathrm{div}\,\boldsymbol{E} = \frac{\partial E_x}{\partial x} + \frac{\partial E_y}{\partial y} + \frac{\partial E_z}{\partial z} = 0 \tag{13.12}$$

となる．電場 $\boldsymbol{E}$ の y 成分 E_y，z 成分 E_z は，式 (13.11) に示すようにそれぞれ y の関数，z の関数ではないので，

$$\frac{\partial E_y}{\partial y} = \frac{\partial E_z}{\partial z} = 0 \tag{13.13}$$

となる．よって，式 (13.12) は以下のように変形できる．

$$\frac{\partial E_x}{\partial x} = 0 \tag{13.14}$$

式（13.11）の E_x を式 (13.14) に代入すると，

$$\frac{\partial E_x}{\partial x} = E_x^\circ \left(-\frac{2\pi f}{v} \right) \cos\left\{ 2\pi f \left(t - \frac{x}{v} \right) \right\} = 0 \tag{13.15}$$

となる．これがすべての時間 t と位置 x で成り立つので，t, x の恒等式と考えてよく，$f \neq 0, v \neq \infty$ なので，これが成り立つのは，

$$E_x^\circ = 0 \tag{13.16}$$

すなわち，電場の進行方向成分は 0 である．言い換えると，電場は進行方向に垂直な成分が振動する横波であり，進行方向に密度の変動が伝搬する縦波である音波とは，違うことがわかる．

同様に，磁場に関しても，

$$\boldsymbol{H} = (H_x, H_y, H_z) = (H_x^\circ, H_y^\circ, H_z^\circ) \sin\left\{ 2\pi f \left(t - \frac{x}{v} \right) \right\} \tag{13.17}$$

とおき，真磁荷不在（磁場に関するガウスの法則，$\mathrm{div}\,\boldsymbol{H} = 0$）に代入すると

$$H_x^\circ = 0 \tag{13.18}$$

よって，電磁波は横波であることがわかる．

ここで，計算を簡単にするために，電場 $\boldsymbol{E}$ の方向を y 軸とする．すなわち，先ほど考えていた $(0, E_y^\circ, E_z^\circ)$ 方向を改めて y 軸とすると，電場，磁場はそれぞれ以下のようにおける（図 13.3）．

$$\boldsymbol{E} = (E_x, E_y, E_z) = (0, E, 0) \sin\left\{2\pi f\left(t - \frac{x}{v}\right)\right\} \tag{13.19}$$

$$\boldsymbol{H} = (H_x, H_y, H_z) = (0, H_y^\circ, H_z^\circ) \sin\left\{2\pi f\left(t - \frac{x}{v}\right)\right\} \tag{13.20}$$

これを電磁誘導の法則（$\mathrm{rot}\,\boldsymbol{E} + \mu_0 \frac{\partial \boldsymbol{H}}{\partial t} = \boldsymbol{0}$）に代入すると，第一項，第二項はそれぞれ，

$$\mathrm{rot}\,\boldsymbol{E} = \left(\frac{\partial E_z}{\partial y} - \frac{\partial E_y}{\partial z}, \frac{\partial E_x}{\partial z} - \frac{\partial E_z}{\partial x}, \frac{\partial E_y}{\partial x} - \frac{\partial E_x}{\partial y}\right)$$

$$= \left(0, 0, \left(-\frac{2\pi f}{v}\right) E \cos\left\{2\pi f\left(t - \frac{x}{v}\right)\right\}\right) \tag{13.21}$$

$$\mu_0 \frac{\partial \boldsymbol{H}}{\partial t} = \left(0, H_y^\circ, H_z^\circ\right) \mu_0 2\pi f \cos\left\{2\pi f\left(t - \frac{x}{v}\right)\right\} \tag{13.22}$$

y 方向成分に関して，電磁誘導の法則がすべての t, x で成り立つので，$H_y^\circ = 0$ となる．

z 方向成分に関して見てみると，

$$\left(-\frac{2\pi f}{v}\right) E \cos\left\{2\pi f\left(t - \frac{x}{v}\right)\right\} + \mu_0 2\pi f H_z^\circ \cos\left\{2\pi f\left(t - \frac{x}{v}\right)\right\} = 0 \tag{13.23}$$

すべての t, x で成り立つので，$H_z^\circ - \frac{E}{\mu_0 v} = 0$．よって，磁場の強さ $\boldsymbol{H}$ は，

$$\boldsymbol{H} = (H_x, H_y, H_z)$$

$$= (0, 0, H) \sin\left\{2\pi f\left(t - \frac{x}{v}\right)\right\} \tag{13.24}$$

$$\text{ただし}\quad H = \frac{1}{\mu_0 v} E$$

よって，磁場は，電場の方向である y 成分を持たず，z 成分のみである．このため，電場と磁場は垂直であることがわかる（図 13.4）．

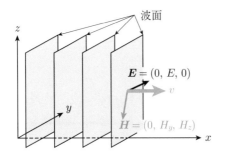

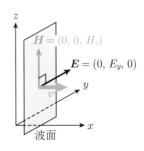

図 13.3 x 方向に進行する横波である 電磁波

図 13.4 電場と磁場の関係

最後に，アンペール–マクスウェルの法則（$\mathrm{rot}\,\boldsymbol{H} - \varepsilon_0 \frac{\partial \boldsymbol{E}}{\partial t} = \boldsymbol{0}$）に代入する．第一項，第二項はそれぞれ

$$\mathrm{rot}\,\boldsymbol{H} = \left(\frac{\partial H_z}{\partial y} - \frac{\partial H_y}{\partial z}, \frac{\partial H_x}{\partial z} - \frac{\partial H_z}{\partial x}, \frac{\partial H_y}{\partial x} - \frac{\partial H_x}{\partial y} \right)$$

$$= \left(0, -\left(-\frac{2\pi f}{v} \right) H \cos\left\{ 2\pi f \left(t - \frac{x}{v} \right) \right\}, 0 \right)$$

$$= \left(0, \left(\frac{2\pi f}{v} \right) \frac{1}{\mu_0 v} E \cos\left\{ 2\pi f \left(t - \frac{x}{v} \right) \right\}, 0 \right) \tag{13.25}$$

$$\varepsilon_0 \frac{\partial \boldsymbol{E}}{\partial t} = \left(0, \varepsilon_0 2\pi f E \cos\left\{ 2\pi f \left(t - \frac{x}{v} \right) \right\}, 0 \right) \tag{13.26}$$

よって，

$$2\pi f E \left(\frac{1}{\mu_0 v^2} - \varepsilon_0 \right) = 0 \tag{13.27}$$

$f \neq 0, E \neq 0$ より，

$$\therefore \quad v = \frac{1}{\sqrt{\mu_0 \varepsilon_0}} = 2.9979 \times 10^8 \,\mathrm{m \cdot s^{-1}} \tag{13.28}$$

これは光速と一致し，光も電磁波であることが示された．これより，図 13.5 のように，電場の変化が磁場を生み出し，磁場の変化が電場を生み出し，それが速度 $c = \frac{1}{\sqrt{\mu_0 \varepsilon_0}}$ で伝搬していくことをマクスウェル方程式から導くことができた．ここにおいて，近接作用の考え方が妥当である，すなわち，数学的な便宜のための量ではなく，確かな物理的実体として，電場・磁場が存在することが証明された．

また，$B = \mu_0 H$ に式 (13.24) の $H = \frac{E}{\mu_0 v}$ を代入して，磁束密度と電場の関係に直すと以下のようになる．

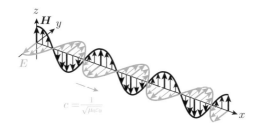

図 13.5　電磁波が伝わる様子

$$B = \mu_0 H = \frac{\mu_0}{\mu_0 c}E = \frac{E}{c} \tag{13.29}$$

このようにしてマクスウェルが予言した電磁波であるが，1888 年にヘルツが放電により振動する電荷から電磁波を生成し，空間を伝搬させ，その電磁波を検出し，その波長と振動数の関係から伝搬速度が光速度に一致すること，物質中で屈折することなどを確かめ，マクスウェルの理論が正しいことを示した．ただし，ヘルツ自身は今日のように電磁波が携帯電話や TV など様々な場面で使われることを想定しておらず，自分が行った実験の価値はマクスウェルの理論が正しいことを示しただけだったと思っていた．しかしながら，その価値が認められ，ヘルツに敬意を示し，周波数の単位はヘルツとなっている．

　電磁波が伝搬することを証明するために，ヘルツが使ったのは図 13.6 のような，電磁波を送信する装置（振動子）と電磁波を受信する装置（レシーバー）の二つの装置である．電磁波を送信するためには誘導コイルを使って，高電圧を二つの中央の小さい電極に加えると，火花放電で大気が電離しプラズマ状態となり，一気に電流が流れる．このときに電極の取り付けられた二つの棒に急激に電流が流れ，この時間変化する電流によって棒の周りに時間変化する磁場が発生し，さらにその周りに時間変化する電場を作り出し，· · · という形で 2 本の棒からは電磁波が発信される．受信器は大きなループを作り，その中で磁場変化が起これば電磁誘導により誘導電場ができ，その誘導電場によって，ループの途中で隙間を開けておけば，隙間に高電圧が印加され，火花が飛ぶことになる．実際にヘルツは火花が飛ぶことを確認し，マクスウェルらが予言した通り，電磁波が空間を伝搬することを実証したのである．また，この電磁波の伝搬する速度を計測し，これが当時知られていた光の速度と同じという結果を得，光も電磁波であることを示した．

　ヘルツの実験のように，電磁波は図 13.7 のようにアンテナ（金属の棒）に交流

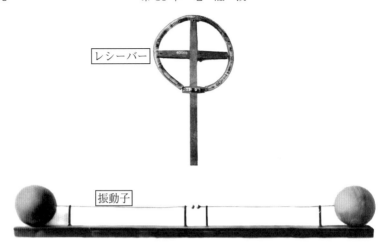

図 13.6 ヘルツの実験装置

[出典：Wikimedia Commons より]

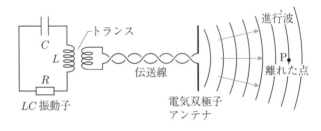

図 13.7 アンテナから放出される電磁波

電流を流すなどして生じさせた振動磁場により，垂直な方向に振動電場を生じ，さらにその振動電場により振動磁場が生じる．これが繰り返されて電磁波が周りに伝搬していく．そして，光だけではなく，電波や X 線，γ 線も波の波長が異なるだけですべて電場と磁場が振動しながら伝搬する電磁波である．波長が 10 km から 0.01 m までの電磁波を**電波**と呼び，波長が 1000 mm から 1 mm までの電磁波を**マイクロ波**，1 mm から 100 μm を **THz 波**，1000 μm から 0.75 μm を**赤外線**，700 nm から 400 nm を**可視光線**，400 nm から 10 nm を**紫外線**，10 nm から 1 pm を **X 線**，それより短いものを **γ 線**と呼んでいる（図 13.8）．5 G（第 5 世代通信）で話題になる自動運転の距離センサとしてよく使われるのはマイクロ波のなかのミリ波（波長が 10 mm から 1 mm）である．次世代通信の 6 G（第 6 世代通信）にお

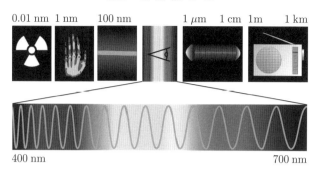

0.01 nm 　1 nm 　　100 nm 　　　1 μm 　1 cm 　1m 　　1 km

400 nm 　　　　　　　　　　　　　　　　　　700 nm

図 13.8 　様々な波長の電磁波

[出典：Wikimedia Commons より]

いては，ついに THz 波が利用されるといわれている（2023 年現在）．さらに THz 波は電波と光の両方の特性を持つため，検査などにも使えるとして現在注目を集めている．またマイクロ波は雲があっても透過するため，人工衛星からの地球観測に利用されており，将来的には静止軌道上に設置された太陽光発電衛星で作った電力を地上に送るためのエネルギー伝送手段としても検討されている．

　物質中のマクスウェル方程式である式 (12.11)–式 (12.14) を前述の真空中と同様に解くと，同じように以下の波動方程式を得る．

$$\left(\Delta - \mu\varepsilon \frac{\partial^2}{\partial t^2} \right) \boldsymbol{E} = 0 \tag{13.30}$$

$$\left(\Delta - \mu\varepsilon \frac{\partial^2}{\partial t^2} \right) \boldsymbol{H} = 0 \tag{13.31}$$

よって，電磁場の伝搬速度（位相速度）v_{p} は，次のようになる．

$$v_{\mathrm{p}} = \frac{1}{\sqrt{\mu\varepsilon}} \tag{13.32}$$

例えば氷下の水中における無線伝送では，10–30 MHz 程度の周波数の電磁波の利用が考えられる．この電磁波の周波数における水の誘電率および透磁率はそれぞれ，7.1×10^{-10} と $4\pi \times 10^{-7}$ であるため，伝搬速度 $v_{\mathrm{p}} = 3.3 \times 10^7 \,\mathrm{m \cdot s^{-1}}$ は真空中と比較して一桁ほど遅くなる．また，電磁波に対する電場と磁場の関係式は，同様に解くと

$$H = \sqrt{\frac{\varepsilon}{\mu}} E \tag{13.33}$$

となる．

13.2 電磁波のエネルギー

電場，磁場が空間に存在すると，その場にエネルギーが蓄えられる．そのエネルギーの時空間変化である電磁波が運ぶエネルギーについて考えてみよう．日光浴で日焼けしたり，太陽光で太陽電池から電力が取り出せたりすることからもわかる通り，電磁波がエネルギーを輸送しているのは実感できると思う．

電場と磁場がともに存在する場のエネルギー密度 u は式 (5.28) と式 (11.15) とから

$$u = \frac{1}{2}\boldsymbol{D} \cdot \boldsymbol{E} + \frac{1}{2}\boldsymbol{B} \cdot \boldsymbol{H} \tag{13.34}$$

となる．電磁波に対する電場と磁場の関係式より $H = \sqrt{\frac{\varepsilon}{\mu}}\,E$ なので，

$$\frac{1}{2}\boldsymbol{D} \cdot \boldsymbol{E} = \frac{1}{2}\varepsilon E^2 = \frac{1}{2}\varepsilon\left(\sqrt{\frac{\mu}{\varepsilon}}\,H\right)^2 = \frac{1}{2}\mu H^2$$
$$= \frac{1}{2}\boldsymbol{B} \cdot \boldsymbol{H} \tag{13.35}$$

よって，電磁波において，電場のエネルギー密度と磁場のエネルギー密度は同じである．結果として，電磁波のエネルギー密度は $u = \varepsilon E^2 = \mu H^2$ であり，このエネルギーが伝搬速度 $v_{\mathrm{p}} = \frac{1}{\sqrt{\mu\varepsilon}}$ で電磁波の進行方向に伝搬されていく．一方，単位時間あたり，単位断面積を通って伝搬される電磁波のエネルギー S は速度 v_{p} とエネルギー密度 u の積 $v_{\mathrm{p}}u$ で与えられる（図 13.9）．前節と同様に x 方向に伝搬し，y 方向に電場，z 方向に磁場の平面波の電磁波を考えると，ある時刻 t において，単位時間あたり，単位断面積を通って x 方向に伝搬される電磁波のエネルギー S_x は

$$S_x = v_{\mathrm{p}}u = v_{\mathrm{p}}\left(\frac{1}{2}\varepsilon E_y^2 + \frac{1}{2}\mu H_z^2\right)$$
$$= \frac{1}{2}\frac{1}{\sqrt{\mu\varepsilon}}\varepsilon E_y\sqrt{\frac{\mu}{\varepsilon}}\,H_z + \frac{1}{2}\frac{1}{\sqrt{\mu\varepsilon}}\mu H_z\sqrt{\frac{\varepsilon_0}{\mu}}\,E_y$$

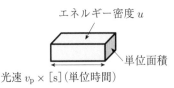

エネルギー密度 u

単位面積

光速 $v_{\mathrm{p}} \times [\mathrm{s}]$（単位時間）

図 13.9 単位面積を通過する電磁波のエネルギー

$$= \frac{1}{2} E_y H_z + \frac{1}{2} H_z E_y$$

$$= E_y H_z \tag{13.36}$$

となる．ベクトルを用いて一般化すると，

$$\boldsymbol{S} = \boldsymbol{E} \times \boldsymbol{H} \tag{13.37}$$

と記述される．この $\boldsymbol{S}$ を**ポインティングベクトル**（Poynting vector）という（図 13.10）．これを考案したイギリス人物理学者ジョン ヘンリー ポインティング（John Henry Poynting）に由来する．$\boldsymbol{E}$ と $\boldsymbol{H}$ は垂直であるので，ポインティングベクトルの大きさはそれぞれの大きさの積になる．ベクトルの方向は，波の進行方向，すなわちエネルギーの輸送方向を示す．よってポインティングベクトルの大きさ S は

$$S = EH = \sqrt{\frac{\varepsilon}{\mu}} \, E^2 = \sqrt{\frac{\mu}{\varepsilon}} \, H^2 \tag{13.38}$$

となる．S は時間的に変動するので，振動の一周期 $T \left(= \frac{2\pi}{\omega} \right)$ での平均を電磁波の強度 I とする．電磁波の強度 I は，電場の振幅を E_0，磁場の振幅を H_0 として，

$$I = \langle S \rangle = \left[\frac{1}{T} \int_0^T \sqrt{\frac{\varepsilon}{\mu}} \left\{ E_0 \sin(\omega t + \theta_0) \right\}^2 dt \right]^{\frac{1}{2}}$$

$$= \frac{1}{2} \sqrt{\frac{\varepsilon}{\mu}} \, E_0^2 = \frac{1}{2} \sqrt{\frac{\mu}{\varepsilon}} \, H_0^2 \tag{13.39}$$

となる．電場の振幅の 2 乗平均平方根 E_{rms} および磁場の振幅の 2 乗平均平方根 H_{rms} を用いると，

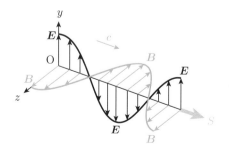

図 13.10 ポインティングベクトル

$$E_{\text{rms}} = \left[\frac{1}{T} \int_0^T \{E_0 \sin(\omega t + \theta_0)\}^2 \, dt \right]^{\frac{1}{2}} = \frac{1}{\sqrt{2}} E_0$$

$$H_{\text{rms}} = \frac{1}{\sqrt{2}} H_0 \tag{13.40}$$

なので，

$$I = \sqrt{\frac{\varepsilon}{\mu}} \, E_{\text{rms}}^2 = \sqrt{\frac{\mu}{\varepsilon}} \, H_{\text{rms}}^2 \tag{13.41}$$

とも記述できる（図 13.11）.

電磁波の強度は単位時間あたりに単位面積を通過するエネルギー量の平均であるため，ある面積全体で積分するとその面を単位時間あたりに通過する平均エネルギー量になる．例えば点光源から発した電磁波の距離 r 離れたところでの強度を I とすると，点光源の**エネルギー輻射率** P_{s}（単位時間あたりに放出するエネルギーの平均値，単位は W）は，

$$P_{\text{s}} = 4\pi r^2 I \tag{13.42}$$

となる．

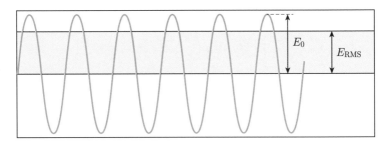

図 13.11　電場の振幅と 2 乗平均平方根

━ 例題 13.1 ━

　ある地点での電磁波の電場強度の 2 乗平均平方根値が $48\,\text{V·m}^{-1}$ であるとき（電場の振幅が $68\,\text{V·m}^{-1}$ のとき），ポインティングベクトルの大きさの平均値を求めよ．またこの位置での磁束密度の 2 乗平均平方根値を求め，電磁波の計測に電場成分が用いられることを説明せよ．（地磁気は $50\,\mu\text{T}$ 程度である．）さらに電磁波がこの地点から距離 $1.0\,\text{m}$ の点光源から発生しているとして，この点光源のエネルギー輻射率を求めよ．

【解答】 ポインティングベクトルの定義式より

$$\langle S \rangle = \frac{1}{2}\sqrt{\frac{\varepsilon_0}{\mu_0}}\, E_0^2 = \sqrt{\frac{\varepsilon_0}{\mu_0}}\, E_{\mathrm{rms}}^2 = \sqrt{\frac{8.9 \times 10^{-12}}{1.3 \times 10^{-6}}} \times 48^2 \ \mathrm{W\cdot m^{-2}} = 6.0\ \mathrm{W\cdot m^{-2}}$$

また，電磁波の電場と磁場の関係式 $B = \frac{E}{v_{\mathrm{p}}}$ より

$$B_{\mathrm{rms}} = \frac{E_{\mathrm{rms}}}{v_{\mathrm{p}}} = \frac{48}{3.0 \times 10^8}\ \mathrm{T} = 1.6 \times 10^{-7}\ \mathrm{T}$$

これは $0.16\,\mu\mathrm{T} \ll 50\,\mu\mathrm{T}$ であり，地磁気よりも非常に小さいため，計測が困難である．また，1 m 離れた点光源から放射されるとすると，

$$P_{\mathrm{s}} = 4\pi r^2\, I = 4\pi \times 1.0^2 \times 6.0\ \mathrm{W} = 7.4 \times 10^1\ \mathrm{W}$$

となる． □

電磁波はエネルギーを伝搬するだけでなく，運動量も伝搬する．これは光子がエネルギーを持つと同時に運動量を持っていることからもわかる．そのため，物体に光を当てると，光によって物体の運動を変化させることができる．実際に宇宙空間においては重力が小さいため，この太陽からの光による圧力によって人工衛星には力が加わり，人工衛星の軌道がずれていく．また，非対称な人工衛星においては，非対称な力が加わるため，回転トルクが発生する．また，これを利用した宇宙実証実験が行われた．この宇宙帆船は 2010 年に「太陽放射で加速する惑星間凧宇宙船」を意味する英語の interplanetary kite-craft accelerated by radiation of the Sun（IKAROS）と名付けられ，推力が発生することが確認されるとともに，液晶を用いて透過量を変化させることによりトルクが発生することも確認されている（図 13.12）．

図 13.12 宇宙帆船イカロスの想像図
[出典：Wikimedia Commons より]

真空中を伝搬する電磁波が持つ**場の運動量密度** $P_{場}$ は，$P_{場} = \varepsilon_0 E \times B$ と定義されている．電磁波は真空中を光速度 c で伝搬するので，単位面積あたりのエネルギーフラックス S は光速 c と単位面積あたりの運動量フラックス（運動量の流れ）の積となり，エネルギー伝搬の速度ベクトル v_{p} を用いると，単位時間，単位面積あたりに運ばれる運動量である**運動量フラックス** $v_{\mathrm{p}} \cdot P_{場}$ は，エネルギーフラックス S（ポインティングベクトルの大きさ）を光速度で割った値と等しくなる．

すなわち,

$$\boldsymbol{v}_{\mathrm{p}} \cdot \boldsymbol{P}_{場} = \frac{1}{c} S \tag{13.43}$$

となる. 電磁場のエネルギー密度 u を用いて書き直すと, $S = cu$ であり, $\boldsymbol{v}_{\mathrm{p}} \,/\!/\, \boldsymbol{P}_{場}$ より, 真空中において, $|\boldsymbol{v}_{\mathrm{p}}| = c$ より,

$$\boldsymbol{v}_{\mathrm{p}} \cdot \boldsymbol{P}_{場} = cP_{場} = \frac{1}{c} cu = u \tag{13.44}$$

$$P_{場} = \frac{u}{c} \tag{13.45}$$

と, 電磁場の運動量密度は電磁場のエネルギー密度を光速で割った値になる. この関係は量子論でも成り立つ. 光子一つが持つエネルギー E は $E = h\nu$ (h：プランク定数, ν：振動数) であり, 運動量 p は $p = \frac{h\nu}{c}$ である.

　場の運動量フラックスが $\boldsymbol{v}_{\mathrm{p}} \cdot \boldsymbol{P}_{場}$ と表されることでわかる通り, 電磁波によって電磁波の進む方向に運動量が伝搬されるため, 電磁波の方向が変わるときには力がはたらいている. ある物質（表面積 A）に時間 Δt の間に, 電磁波が完全に物体に吸収されたとすると, ニュートンの第二法則により, 電磁波によって物体に作用する力 $F = \frac{\Delta P}{\Delta t}$ は,

$$F = \frac{\Delta P}{\Delta t} = \frac{A \boldsymbol{v}_{\mathrm{p}} \cdot \boldsymbol{P}_{場} \Delta t}{\Delta t} = A \boldsymbol{v}_{\mathrm{p}} \cdot \boldsymbol{P}_{場} = A \frac{S}{c} \tag{13.46}$$

吸収される時間が電磁波の周期よりも十分長いときには, $S = \langle S \rangle = I$ となるので,

$$F = A \frac{\langle S \rangle}{c} = \frac{IA}{c} \tag{13.47}$$

となる. もし完全に吸収されるのではなく, 反射するのであれば,

$$F = \frac{\Delta P}{\Delta t} = \frac{2\Delta (A \boldsymbol{c} \cdot \boldsymbol{P}_{場})}{\Delta t} = 2\frac{IA}{c} \tag{13.48}$$

となる. 地球近傍では太陽光の強度は $1.4\,\mathrm{kW \cdot m^{-2}}$ であるため, 太陽光を完全に吸収したときの輻射圧 P_{r} は

$$P_{\mathrm{r}} = \frac{F}{A} = \frac{I}{c} = \frac{1.4 \times 10^3}{3.0 \times 10^8}\,\mathrm{N \cdot m^{-2}} = 4.7 \times 10^{-6}\,\mathrm{N \cdot m^{-2}} \tag{13.49}$$

となり, かなり小さいことがわかる. これほど小さい力でも空気抵抗がなく, 万有引力が小さい宇宙空間においては大きく運動を変化させることができるのである.

物理の目　　**電磁場の持つ運動量**

　電磁場の持つ運動量が上のように定義できる理由を考えてみよう. 今ある領域 V の内部に N 個の荷電粒子があるとしよう. この系の運動方程式を考える. 粒子にはローレンツ力と万有引力がはたらくが, 万有引力に関しては作用反作用の法則が満たされるので, 個々の粒子の運動方程式の和を取ると, 万有引力の寄与は相殺してゼロになり, 全運動量の時間変化は以下のようになる.

$$
\frac{d}{dt}\sum_{i=1}^{N}(m_i \boldsymbol{v}_i(t)) = \int_V d^3r \left(\sum_{i=1}^{N} e_i \delta^3(\boldsymbol{r}-\boldsymbol{z}_i(t))\right) \boldsymbol{E}(\boldsymbol{r},t)
$$
$$
+ \int_V d^3r \left(\sum_{i=1}^{N} e_i \delta^3(\boldsymbol{r}-\boldsymbol{z}_i(t))\boldsymbol{v}_i(t)\right) \times \boldsymbol{B}(\boldsymbol{r},t)
$$
$$
- \underbrace{\sum_{i=1}^{N}\sum_{j\neq i}^{N} \operatorname{grad} V_i(\boldsymbol{z}_i(t)-\boldsymbol{z}_j(t))}_{=0} \tag{13.50}
$$

ここで最後の項はクーロン力の寄与であり, これも万有引力と同様に, 作用反作用の法則により相殺してゼロとなる. マクスウェル方程式より,

$$
\operatorname{div} \boldsymbol{D}(\boldsymbol{r},t) = \sum_{i=1}^{N} e_i \delta^3(\boldsymbol{r}-\boldsymbol{z}_i(t)), \tag{13.51}
$$

$$
\operatorname{rot} \boldsymbol{H}(\boldsymbol{r},t) - \frac{\partial \boldsymbol{D}(\boldsymbol{r},t)}{\partial t} = \sum_{i=1}^{N} e_i \frac{d\boldsymbol{z}_i(t)}{dt}\delta^3(\boldsymbol{r}-\boldsymbol{z}_i(t)) \tag{13.52}
$$

よって,

$$
\frac{d}{dt}\sum_{i=1}^{N}(m_i \boldsymbol{v}_i(t))
$$
$$
= \int_V d^3r \left\{ \boldsymbol{E}(\boldsymbol{r},t)\operatorname{div}\boldsymbol{D}(\boldsymbol{r},t) + \left(\operatorname{rot}\boldsymbol{H}(\boldsymbol{r},t) - \frac{\partial \boldsymbol{D}(\boldsymbol{r},t)}{\partial t}\right) \times \boldsymbol{B}(\boldsymbol{r},t) \right\} \tag{13.53}
$$

ところで, ファラデーの法則を用いると,

$$
\frac{\partial(\boldsymbol{D}\times\boldsymbol{B})}{\partial t} = \frac{\partial \boldsymbol{D}}{\partial t}\times\boldsymbol{B} + \boldsymbol{D}\times\frac{\partial \boldsymbol{B}}{\partial t}
$$
$$
= \frac{\partial \boldsymbol{D}}{\partial t}\times\boldsymbol{B} - \boldsymbol{D}\times\operatorname{rot}\boldsymbol{E} \tag{13.54}
$$

となるので,

$$\boldsymbol{E} \operatorname{div} \boldsymbol{D} + \operatorname{rot} \boldsymbol{H} \times \boldsymbol{B} - \frac{\partial \boldsymbol{D}}{\partial t} \times \boldsymbol{B}$$

$$= \boldsymbol{E} \operatorname{div} \boldsymbol{D} - \boldsymbol{B} \times \operatorname{rot} \boldsymbol{H} - \boldsymbol{D} \times \operatorname{rot} \boldsymbol{E} - \frac{\partial (\boldsymbol{D} \times \boldsymbol{B})}{\partial t}$$

$$= \varepsilon_0 (\boldsymbol{E} \operatorname{div} \boldsymbol{E} - \boldsymbol{E} \times \operatorname{rot} \boldsymbol{E}) - \frac{1}{\mu_0} \boldsymbol{B} \times \operatorname{rot} \boldsymbol{B} - \varepsilon_0 \mu_0 \frac{\partial (\boldsymbol{E} \times \boldsymbol{H})}{\partial t} \qquad (13.55)$$

と変形できる. これを用いると,

$$\frac{d}{dt} \sum_{i=1}^{N} (m_i \boldsymbol{v}_i(t)) = \int_V d^3r \bigg\{ \varepsilon_0 (\boldsymbol{E}(\boldsymbol{r},t) \operatorname{div} \boldsymbol{E}(\boldsymbol{r},t) - \boldsymbol{E}(\boldsymbol{r},t) \times \operatorname{rot} \boldsymbol{E}(\boldsymbol{r},t))$$

$$- \frac{1}{\mu_0} \boldsymbol{B}(\boldsymbol{r},t) \times \operatorname{rot} \boldsymbol{B}(\boldsymbol{r},t) - \varepsilon_0 \mu_0 \frac{\partial (\boldsymbol{E} \times \boldsymbol{H})}{\partial t} \bigg\}$$

$$(13.56)$$

と書くことができ, さらに変形すると,

$$\frac{d}{dt} \left\{ \sum_{i=1}^{N} (m_i \boldsymbol{v}_i(t)) + \int_V \varepsilon_0 \mu_0 (\boldsymbol{E}(\boldsymbol{r},t) \times \boldsymbol{H}(\boldsymbol{r},t)) \, dV \right\}$$

$$= \int_V d^3r \bigg\{ \varepsilon_0 (\boldsymbol{E}(\boldsymbol{r},t) \operatorname{div} \boldsymbol{E}(\boldsymbol{r},t) - \boldsymbol{E}(\boldsymbol{r},t) \times \operatorname{rot} \boldsymbol{E}(\boldsymbol{r},t))$$

$$- \frac{1}{\mu_0} \boldsymbol{B}(\boldsymbol{r},t) \times \operatorname{rot} \boldsymbol{B}(\boldsymbol{r},t) \bigg\} \qquad (13.57)$$

を得る. これを見ると, どうやら, $\varepsilon_0 \mu_0 (\boldsymbol{E} \times \boldsymbol{H})$ を体積積分したものが, 左辺第一項の荷電粒子系の全運動量と同じ次元を持つことから, これを場の運動量と考えてよさそうである.

　詳しい証明は省略するが, 実際に右辺は領域 V 内に存在する荷電粒子と電磁場からなる全体系に, 外部から V を囲む閉曲面 S を通して作用する電磁的な力であることが示される. 今 V の外部に電磁場を作る源がなく, V を囲む表面 S 上での電磁場の強さが 0 のとき, 右辺の電磁的な力は 0 となり, 荷電粒子と場の運動量の和が保存する. すなわち, 場の運動量密度は $\varepsilon_0 \mu_0 (\boldsymbol{E} \times \boldsymbol{H})$ となる.

演 習 問 題

演習 13.1 図のように半径 a, 長さ l, 抵抗 R の導線に定常な電流 I が流れている.

(1) 電場および磁場の向きを答えよ.

(2) 導線表面のポインティングベクトルの向きを答えよ. 図を描いて説明してもよい.

(3) ポインティングベクトルの大きさ S と導線からのジュール熱との間の関係式を答えよ.

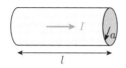

演習 13.2 TV 局の電波塔から放出している電波のエネルギー輻射率を推測したい. 放送はおよそ半径 $100\,\mathrm{km}$ の範囲で受信可能で $100\,\mathrm{km}$ 先での電場の振幅の大きさはおよそ $10\,\mathrm{mV \cdot m^{-1}}$ である. 電波は半球状に一様に広がると仮定して, TV 局が発する電波のエネルギー輻射率を計算せよ.

演習 13.3 z 方向に伝播する平面電磁波において, $E_x = f(z - vt)$, $E_y = g(z - vt)$ と与えられるとき, 磁場の強さ $\boldsymbol{H}$ の x, y 成分を E_x, E_y により表せ. またこの結果を使って, 電場 $\boldsymbol{E}$ と磁場 $\boldsymbol{H}$ が直交することを示せ. ただし, $v = \frac{1}{\sqrt{\varepsilon\mu}}$ である.

演習 13.4 太陽光からの放射圧で推進する宇宙 "帆船" の実証実験を考える. 太陽の重力と釣り合うだけの力を受けるためには, どれだけ広い帆が必要か. 宇宙帆船は地球の公転軌道上にあり, 宇宙船と帆の質量は合わせて $310\,\mathrm{kg}$, 帆は太陽光を垂直に受け, 光を完全に反射するとする. なお, 太陽の重力は $F_{\mathrm{g}} = \frac{GmM}{r^2}$ であり, 重力定数は $G = 6.67 \times 10^{-11}\,\mathrm{N \cdot m^2 \cdot kg^{-2}}$, 太陽から放出された光は地球軌道付近で $1.40\,\mathrm{kW \cdot m^{-2}}$ である. また太陽と地球の距離は $1.50 \times 10^{11}\,\mathrm{m}$, 太陽の質量 M は $1.99 \times 10^{30}\,\mathrm{kg}$ とする.

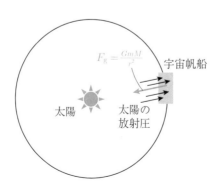

第14章
電磁波の反射と屈折

この章では，電磁波が物質中をどのように伝搬するのかを見ていく．これらを通して，物質の境界面で反射や屈折が起こることを学ぶ．

14.1 偏　　光

電磁波において，電場の変動が磁場の変動を生み，磁場の変動が電場の変動を生むことによって電磁波が伝搬していく．電場と磁場は互いに垂直であるが，電場・磁場がどの方向を向いているのかが重要になってくる場合がある．電場が変動する面を電磁波の**偏光面**と呼ぶ．この偏光面がある平面，例えば xy 平面で一定であれば，その電磁波は**直線偏光**しているという．例えば基地局から送信される TV の電波や特殊なレーザー光線は直線偏光である（図 14.1 (a)）．一方，電場の大きさは常に一定であるが，ある時間で固定したときに，偏光面が空間的に回転している（ある一点で見てみると，時間の経過とともに偏光面が回転している）電磁波もあり，この状態を**円偏光**しているという．すなわち，円偏光していると，時間平均では電場ベクトルはどの方向にも偏っていないが，ある瞬間ではベクトルは特定の方向を向いており，図 14.1 (b) のように時間とともに規則正しく回転している．一方，様々な偏光がランダムに重ね合わさっているとき，これを**ランダム偏光**という（図 14.1 (c)）．太陽の光などはランダム偏光である．

偏光面は波長板という光学素子を使うことにより，偏光方向を変えたり，直線偏光から円偏光に変えたりすることができる．また偏光板を使うと，ある任意の偏光面のみの電磁波が通過するようになる．ランダム偏光の光が偏光板を通過すると，時間平均で，$\frac{1}{2}$ の光が透過することになる．これは電磁波の偏光面成分の和と偏光面と垂直な成分の和が等しいため，垂直な成分が吸収されると，入射強度の半分が失われるからである．後述するが太陽光が雪や水に反射された光は少なくとも部分的には偏光しているので，直接入ってくる太陽の光と何かに反射された光を偏光板に通すと光の減衰の様子が違う．これを利用したサングラスやゴーグルが実際に売られている．

(a) 直線偏光

(b) 右回り円偏光

(c) ランダム偏光（自然光）

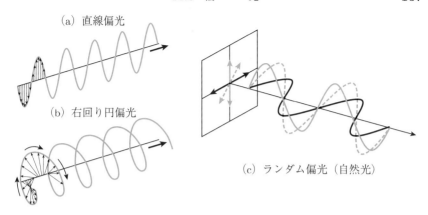

図 14.1　いろいろな偏光

　偏光板はある偏光成分の電場（偏光軸に平行な電場）を通し，それと垂直な成分を吸収する．入射する光の偏光面と偏光板の偏光軸の角度を θ とすると，透過する電場の大きさ E' は，透過する前の電場の大きさを E として，

$$E' = E \cos \theta \tag{14.1}$$

となる（図 14.2）．電磁波の強度 I は電場の 2 乗に比例するので，入射光の強度を I_0 とすると，偏光板を透過した光の強度 I は，式 (13.39) より電場強度の 2 乗に比例するので，

$$I = I_0 \cos^2 \theta \tag{14.2}$$

となる．これからもわかる通り，偏光面と偏光板の偏光軸が 90 度のときは偏光板

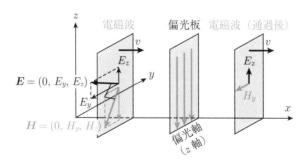

図 14.2　偏光板の仕組み

を透過する電磁波の強度は 0 となり，偏光面と偏光板の偏光軸が同じ場合は透過
光の強度は入射光と同じになる．液晶の光スイッチはこの偏光という現象をうまく
使って光を制御している．二枚の偏光板を偏光軸が 90 度になるように設置した状
態で光を入れても光は偏光板で吸収されて出てこない．しかしながらその偏光板の
間に液晶を入れ，液晶に電圧をかけると，液晶の複屈折（方向による屈折率の違い）
により，液晶中を通過する光の偏光面を変えることができる．二枚目の偏光板の偏
光軸と同じになるように偏光面を適切に制御すると，光が透過する．このように液
晶を光のスイッチとして使う例として，液晶 TV がある．液晶 TV の画素一つ一つ
に液晶の光スイッチがあり，映したい画像に応じて一つ一つの光スイッチが高速で
ON/OFF して映像を見せている．

14.2 反 射 と 屈 折

レーザーポインターなどのレーザー光を空気から水に入れるとレーザー光の一部
は境界で跳ね返り，空気中に戻っていき，残りは曲がって水の中に入っていくのが
観察される．このように，異なる媒質（物質）間の境界面で光の進行方向が変わ
り，同じ物質側に曲がることを**反射**，違う物質中で進行方向が変わることを**屈折**と
いう．反射と屈折には，次の二つの法則が知られている（図 14.3）．

(1) **反射の法則**

$$\theta_\mathrm{R} = \theta_\mathrm{I} \tag{14.3}$$

反射角 θ_R を反射面の法線と反射光のなす角，入射角 θ_I を反射面の法線と
入射光のなす角とする．すると反射の法則は，反射角 θ_R と入射角 θ_I は等
しいというものである．

(2) **スネルの屈折の法則**

$$n_1 \sin \theta_\mathrm{I} = n_2 \sin \theta_\mathrm{T} \tag{14.4}$$

屈折角 θ_T を反射面の法線と屈折光のなす角とする．屈折率 n は，真空中
を電磁波が伝搬する速度（位相速度）を，物質中を電磁波が伝搬する速度で
割った値で以下のように定義できる．

$$n \equiv \frac{c}{\frac{\omega}{k}} = \frac{\sqrt{\mu \varepsilon}}{\sqrt{\mu_0 \varepsilon_0}} \tag{14.5}$$

ここで，ω：電磁波の角振動数 $[\mathrm{rad \cdot s^{-1}}]$，$k$：電磁波の波数 $[\mathrm{m^{-1}}]$，c：光速
である．

図 14.3 二つの媒質間の
屈折と反射

図 14.4 波数ベクトル $\boldsymbol{k}$

　スネルの屈折の法則は，電磁波が入射される媒質の屈折率に $\sin\theta_I$ をかけたもの
と，屈折された電磁波が通過する媒質の屈折率に $\sin\theta_T$ をかけたものが等しくなる
というものである．ここで ω と k が出てきたので簡単に説明すると，ω は電磁波の
角振動数であり，電磁波の位相が 1 秒間に何 rad 進むのかを表すものである．周波
数 f との関係は

$$\omega = 2\pi f \tag{14.6}$$

である．また，波数 k は単位長さあたり（1 m あたり）波が何個あるのかを表すも
のである．また波数ベクトル $\boldsymbol{k}$ は，大きさは，同じく単位長さあたりの波の数，向
きは，電磁波の進行方向となるベクトルを表す（図 14.4）．
　もう少し詳しく見ていこう．入射波，反射波，屈折波を平面波とし，それぞれの
波数ベクトルを $\boldsymbol{k}_I, \boldsymbol{k}_R, \boldsymbol{k}_T$ とすると，それぞれの波の電場は以下のように記述す
ることができる．ただし，角振動数はすべて同じである．（違うのであればすべて
の時間で満たす解は存在しないので．）また位置ベクトルを $\boldsymbol{r}$ とすると，

$$入射波 = \boldsymbol{E}_I \exp\{i(\boldsymbol{k}_I \cdot \boldsymbol{r} - \omega t)\} \tag{14.7}$$

$$反射波 = \boldsymbol{E}_R \exp\{i(\boldsymbol{k}_R \cdot \boldsymbol{r} - \omega t)\} \tag{14.8}$$

$$屈折波 = \boldsymbol{E}_T \exp\{i(\boldsymbol{k}_T \cdot \boldsymbol{r} - \omega t)\} \tag{14.9}$$

となる．3 つの波は二つの媒質の境界面上にあるすべての点で位相がそろっておく
必要があるため，境界面上で

$$\boldsymbol{k}_I \cdot \boldsymbol{r} = \boldsymbol{k}_R \cdot \boldsymbol{r} = \boldsymbol{k}_T \cdot \boldsymbol{r} \tag{14.10}$$

が成り立つ必要がある（図 14.5）．

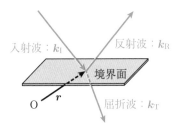

図 14.5　波数ベクトルの関係

　計算を簡単にするために，境界面を $z = 0$ の xy 平面とすると，$\boldsymbol{k}_\mathrm{I} \cdot \boldsymbol{r}$ は内積の定義より，波数ベクトル $\boldsymbol{k}_\mathrm{I}$ の xy 平面への投射したものと $\boldsymbol{r}$ の積になるので，

$$\boldsymbol{k}_\mathrm{I} \cdot \boldsymbol{r} = |\boldsymbol{k}_\mathrm{I}| \sin \theta_\mathrm{I} |\boldsymbol{r}| \tag{14.11}$$

よって，

$$|\boldsymbol{k}_\mathrm{I}| \sin \theta_\mathrm{I} |\boldsymbol{r}| = |\boldsymbol{k}_\mathrm{R}| \sin \theta_\mathrm{R} |\boldsymbol{r}| \tag{14.12}$$

$$|\boldsymbol{k}_\mathrm{I}| \sin \theta_\mathrm{I} |\boldsymbol{r}| = |\boldsymbol{k}_\mathrm{T}| \sin \theta_\mathrm{T} |\boldsymbol{r}| \tag{14.13}$$

屈折率の定義 $n \equiv \frac{kc}{\omega}$ より，$k = \frac{\omega}{c} n$ であり，n が同じであるため $|\boldsymbol{k}_\mathrm{I}| = |\boldsymbol{k}_\mathrm{R}|$

$$\theta_\mathrm{I} = \theta_\mathrm{R} \tag{14.14}$$

$$n_\mathrm{I} \sin \theta_\mathrm{I} = n_\mathrm{T} \sin \theta_\mathrm{T} \tag{14.15}$$

となる．すなわち入射角と反射角は等しくなり（反射の法則），屈折率の比が入射角と屈折角の正弦（サイン）の比となる（スネルの屈折の法則）．

　次にそれぞれの波の振幅に注目する．異なる物質が接している場合のマクスウェル方程式を満たす条件は，境界に真電荷および真電流が存在しない場合には，以下の 4 つとなる．ここで添え字の 1, 2 はそれぞれの物質（媒質）中の電束密度，磁束密度，電場の強さ，磁場の強さを表す．また $\boldsymbol{n}$ は境界面の単位法線ベクトル，$\boldsymbol{t}$ は境界面を囲む閉曲線 Γ の接線ベクトルである．

電場におけるガウスの法則　$(\boldsymbol{D}_2 - \boldsymbol{D}_1) \cdot \boldsymbol{n} = 0 \tag{14.16}$

真磁荷不在　$(\boldsymbol{B}_2 - \boldsymbol{B}_1) \cdot \boldsymbol{n} = 0 \tag{14.17}$

ファラデーの法則　$(\boldsymbol{E}_2 - \boldsymbol{E}_1) \cdot \boldsymbol{t} = 0 \tag{14.18}$

アンペールの法則　$(\boldsymbol{H}_2 - \boldsymbol{H}_1) \cdot \boldsymbol{t} = 0 \tag{14.19}$

式 (14.16) の導出は，図 14.6 のように境界面付近に閉曲面 C を考えてガウスの法

則を適用させる．二つの物質の境界には真電荷が存在しないことから，

$$\int_{C\pm} \boldsymbol{D} \cdot d\boldsymbol{S} = 0 \tag{14.20}$$

となる．境界面に垂直な方向の高さは無視できるとすると，

$$(\boldsymbol{D}_1 \cdot \boldsymbol{n}_1 + \boldsymbol{D}_2 \cdot \boldsymbol{n}_2)\Delta S = 0 \tag{14.21}$$

$$\boldsymbol{D}_{1n} - \boldsymbol{D}_{2n} = 0 \quad (\because \ \boldsymbol{n}_1 = -\boldsymbol{n}_2, \ \boldsymbol{D}_{1n} : \boldsymbol{D}_1 \text{ の法線成分}) \tag{14.22}$$

となる．すなわち，境界面での電束密度の法線成分は等しくなる．式 (14.18) の式は，ファラデーの法則 $\oint_{\Gamma\pm} \boldsymbol{E} \cdot d\boldsymbol{l} = -\int_{C\pm} \frac{\partial \boldsymbol{B}}{\partial t} \cdot d\boldsymbol{S}$ において，図 **14.7** のような閉曲線経路 Γ を考え，横方向に細くした極限を取ると，右辺の項は 0 とみなせるので，

$$\oint_{\Gamma\pm} \boldsymbol{E} \cdot d\boldsymbol{l} = 0 \tag{14.23}$$

$$(\boldsymbol{E}_1 \cdot \boldsymbol{t}_1 + \boldsymbol{E}_2 \cdot \boldsymbol{t}_2)\Delta l = 0 \tag{14.24}$$

$$\boldsymbol{E}_{1t} - \boldsymbol{E}_{2t} = 0 \quad (\because \ \boldsymbol{t}_1 = -\boldsymbol{t}_2, \ \boldsymbol{E}_{1t} : \boldsymbol{E}_1 \text{ の法線成分}) \tag{14.25}$$

となり，境界面での電場の接線成分は等しくなる．同様に，図 **14.8** のような閉曲面 C を境界面周りで考えると，真磁荷不在より

$$\int_{C\pm} \boldsymbol{B} \cdot d\boldsymbol{S} = 0 \tag{14.26}$$

境界面に垂直な方向の高さは無視できるとすると，

$$\boldsymbol{B}_{1n} - \boldsymbol{B}_{2n} = 0 \tag{14.27}$$

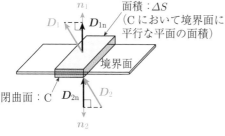

図 **14.6** 媒質境界でのガウスの法則

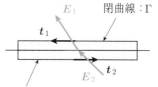

図 **14.7** 二つの媒質間のファラデーの法則

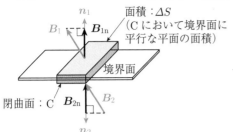

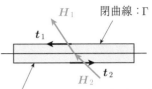

図 14.8　媒質境界での真磁荷不在　　　図 14.9　媒質境界でのアンペールの式

となる．さらに，図 14.9 のような閉曲線 Γ を考えると，閉曲線 Γ をよぎる電流は
ゼロであるため，アンペール–マクスウェルの式は

$$\oint_{\Gamma 上} \boldsymbol{H} \cdot d\boldsymbol{l} = \sum I = 0 \tag{14.28}$$

となる．Γ において，高さゼロの極限を考え，境界面に垂直な方向の高さは無視で
きるとすると，

$$H_{1\mathrm{t}} - H_{2\mathrm{t}} = 0 \tag{14.29}$$

となる．このようにして，式 (14.16)–式 (14.19) を導出できる．

　ここで，境界面に垂直な**散乱平面**（散乱面）を
考える．入射波，反射波，屈折波はすべてこの平
面上にある．すなわち，波数ベクトル $\boldsymbol{k}_\mathrm{I}, \boldsymbol{k}_\mathrm{R}, \boldsymbol{k}_\mathrm{T}$
はこの散乱平面上にある．電磁波は横波であるた
め，電場ベクトルは，この散乱平面に対して，垂
直なときと平行なときの二つの場合を考えればよ
い．はじめに図 14.10 のように，電場ベクトル
$\boldsymbol{E}$ が散乱平面に垂直な場合を考える．言い換え
れば，電場は二つの物質の境界面に垂直な成分を
持たない，図 14.10 でいうと y 軸に平行な成分
のみの電磁波が入射したときを考える．境界面が
$z = 0$ の xy 平面とすると，電場ベクトルは y 方
向のみ持って入射している．

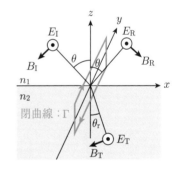

図 14.10　境界平面に垂直な
成分を持たない直
線偏光した電磁波
が入射したとき

　この条件を用いると，境界面に電荷は存在しないため，ガウスの法則は式 (14.20)
より $D_{1\mathrm{n}} - D_{2\mathrm{n}} = 0$ であるが，今考えている電磁波は，境界面に垂直な電場は $\boldsymbol{0}$
として考えているため，閉曲面 C に垂直な電場はともに $D_{1\mathrm{n}} = D_{2\mathrm{n}} = 0$ で式を

満たす．ファラデーの法則に関して，閉曲線 Γ を紙面垂直方向で回る経路，すなわち，電場と同じ方向を含む経路（yz 平面上の経路）として，電場 E を閉曲線 Γ に沿って積分すると，ゼロになることから，

$$-E_\mathrm{I} - E_\mathrm{R} + E_\mathrm{T} = 0 \tag{14.30}$$

一方，真磁荷不在（$\boldsymbol{B}_\mathrm{1n} - \boldsymbol{B}_\mathrm{2n} = \boldsymbol{0}$）より，

$$(\mu_1 H_\mathrm{I} \sin\theta - \mu_1 H_\mathrm{R} \sin\theta) - \mu_2 H_\mathrm{T} \sin\theta_\mathrm{T} = 0 \tag{14.31}$$

ところで，平面波を考えた場合の，磁束密度の大きさ $|\boldsymbol{B}|$ と電場の大きさ $|\boldsymbol{E}|$ に関しては，屈折率の定義とファラデーの法則より，

$$|\boldsymbol{B}| = \frac{n}{c}|\boldsymbol{E}| \tag{14.32}$$

よって，真磁荷不在は以下のように書き換えることができる．

$$\left(\frac{n_1}{c}E_\mathrm{I}\sin\theta - \frac{n_1}{c}E_\mathrm{R}\sin\theta\right) - \frac{n_2}{c}E_\mathrm{T}\sin\theta_\mathrm{T} = 0 \tag{14.33}$$

$$\therefore \quad n_1\sin\theta(E_\mathrm{I} - E_\mathrm{R}) - n_2 E_\mathrm{T}\sin\theta_\mathrm{T} = 0 \tag{14.34}$$

アンペール–マクスウェルの式 $\boldsymbol{H}_\mathrm{1t} - \boldsymbol{H}_\mathrm{2t} = \boldsymbol{0}$ より，

$$H_\mathrm{I}\cos\theta - H_\mathrm{R}\cos\theta - H_\mathrm{T}\cos\theta_\mathrm{T} = 0 \tag{14.35}$$

なので，アンペール–マクスウェルの式は，同様に以下のように変形できる．

$$\mu_1\frac{n_1}{c}(E_\mathrm{I} - E_\mathrm{R})\cos\theta - \mu_2\frac{n_2}{c}E_\mathrm{T}\cos\theta_\mathrm{T} = 0 \tag{14.36}$$

簡単のために，二つの物質は磁性体ではなく，透磁率は真空中の透磁率と同じ（$\mu_1 = \mu_2 = \mu_0$）とすると，（ほとんどの光を通す物質においては当てはまる）

$$n_1(E_\mathrm{I} - E_\mathrm{R})\cos\theta - n_2 E_\mathrm{T}\cos\theta_\mathrm{T} = 0 \tag{14.37}$$

得られた 3 つの式を連立させて解くと，

$$\begin{cases} -E_\mathrm{I} - E_\mathrm{R} + E_\mathrm{T} = 0 \\ n_1\sin\theta(E_\mathrm{I} - E_\mathrm{R}) - n_2 E_\mathrm{T}\sin\theta_\mathrm{T} = 0 \\ n_1(E_\mathrm{I} - E_\mathrm{R})\cos\theta - n_2 E_\mathrm{T}\cos\theta_\mathrm{T} = 0 \end{cases} \tag{14.38}$$

となる．よって，

$$n_1(E_{\mathrm{I}} - E_{\mathrm{R}})\cos\theta - n_2(E_{\mathrm{I}} + E_{\mathrm{R}})\cos\theta_{\mathrm{T}} = 0 \qquad (14.39)$$

$$(n_1\cos\theta - n_2\cos\theta_{\mathrm{T}})E_{\mathrm{I}} - (n_1\cos\theta + n_2\cos\theta_{\mathrm{T}})E_{\mathrm{R}} = 0 \qquad (14.40)$$

$$\therefore \quad \frac{E_{\mathrm{R}}}{E_{\mathrm{I}}} = \frac{n_1\cos\theta - n_2\cos\theta_{\mathrm{T}}}{n_1\cos\theta + n_2\cos\theta_{\mathrm{T}}} \qquad (14.41)$$

一方,

$$\begin{aligned}
\frac{E_{\mathrm{T}}}{E_{\mathrm{I}}} &= \frac{E_{\mathrm{I}} + E_{\mathrm{R}}}{E_{\mathrm{I}}} = 1 + \frac{n_1\cos\theta - n_2\cos\theta_{\mathrm{T}}}{n_1\cos\theta + n_2\cos\theta_{\mathrm{T}}} \\
&= \frac{n_1\cos\theta + n_2\cos\theta_{\mathrm{T}} + n_1\cos\theta - n_2\cos\theta_{\mathrm{T}}}{n_1\cos\theta + n_2\cos\theta_{\mathrm{T}}} \\
&= \frac{2n_1\cos\theta}{n_1\cos\theta + n_2\cos\theta_{\mathrm{T}}} \qquad (14.42)
\end{aligned}$$

となる.

次に, 図 14.11 のように,
電場ベクトル $\boldsymbol{E}$ が散乱平面に
平行な場合を考える. このと
きは, 電磁波の電場が二つの
物質の境界面に垂直な成分を
持ち, 紙面上に電場成分があ
る. 言い換えると, 境界面が
$z = 0$ の xy 平面とすると, 電
場ベクトルは xz 平面上の波

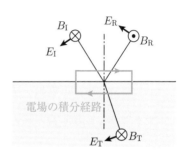

図 14.11 境界平面に垂直な成分のみを持つ直線偏
光した電磁波が入射したとき

数ベクトルに垂直な方向のみを持って入射している. このとき, ガウスの法則
$\boldsymbol{D}_{1\mathrm{n}} - \boldsymbol{D}_{2\mathrm{n}} = \boldsymbol{0}$ は以下のように変形できる.

$$-\varepsilon_1 E_{\mathrm{I}}\sin\theta + \varepsilon_1 E_{\mathrm{R}}\sin\theta + \varepsilon_2 E_2\sin\theta_{\mathrm{T}} = 0 \quad (\because \quad D = \varepsilon E) \qquad (14.43)$$

また, 真磁荷不在に関して, 磁場は閉曲面 C に対して平行であり, 垂直成分は常
に 0 であるため, 満たしている.

ファラデーの法則は

$$-E_{\mathrm{I}}\cos\theta - E_{\mathrm{R}}\cos\theta + E_{\mathrm{T}}\cos\theta_{\mathrm{T}} = 0 \qquad (14.44)$$

アンペール–マクスウェルの式は同様に,

$$H_{\mathrm{I}} - H_{\mathrm{R}} - H_{\mathrm{T}} = 0 \qquad (14.45)$$

となる．これを連立させると，

$$\frac{E_R}{E_I} = \frac{n_1 \cos\theta_T - n_2 \cos\theta}{n_1 \cos\theta_T + n_2 \cos\theta} \tag{14.46}$$

$$\frac{E_T}{E_I} = \frac{2n_1 \cos\theta}{n_1 \cos\theta_T + n_2 \cos\theta} \tag{14.47}$$

まとめると，散乱面に対して電場ベクトルが垂直に偏った入射波の場合，

$$\left(\frac{E_R}{E_I}\right)_\perp = \frac{n_1 \cos\theta - n_2 \cos\theta_T}{n_1 \cos\theta + n_2 \cos\theta_T} \tag{14.48}$$

$$\left(\frac{E_T}{E_I}\right)_\perp = \frac{2n_1 \cos\theta}{n_1 \cos\theta + n_2 \cos\theta_T} \tag{14.49}$$

散乱平面に対して電場ベクトルが平行に偏った入射波の場合，

$$\left(\frac{E_R}{E_I}\right)_{//} = \frac{n_1 \cos\theta_T - n_2 \cos\theta}{n_1 \cos\theta_T + n_2 \cos\theta} \tag{14.50}$$

$$\left(\frac{E_T}{E_I}\right)_{//} = \frac{2n_1 \cos\theta}{n_1 \cos\theta_T + n_2 \cos\theta} \tag{14.51}$$

となる．電磁波の強度すなわちエネルギーフラックスを考え，**反射率**を境界面への入射エネルギーフラックスに対する反射エネルギーフラックスの比，**透過率**を入射エネルギーフラックスに対する透過エネルギーフラックスの比とすると，反射率は，

$$R_{//} = \left(\frac{I_R}{I_I}\right)_{//} = \left(\frac{\frac{1}{2}\sqrt{\frac{\varepsilon_1}{\mu_1}} E_R^2 \cos\theta}{\frac{1}{2}\sqrt{\frac{\varepsilon_1}{\mu_1}} E_I^2 \cos\theta}\right)_{//} = \left(\frac{E_R^2}{E_I^2}\right)_{//} = \left(\frac{n_1 \cos\theta_T - n_2 \cos\theta}{n_1 \cos\theta_T + n_2 \cos\theta}\right)^2 \tag{14.52}$$

$$R_\perp = \left(\frac{I_R}{I_I}\right)_\perp = \left(\frac{\frac{1}{2}\sqrt{\frac{\varepsilon_1}{\mu_1}} E_R^2 \cos\theta}{\frac{1}{2}\sqrt{\frac{\varepsilon_1}{\mu_1}} E_I^2 \cos\theta}\right)_\perp = \left(\frac{E_R^2}{E_I^2}\right)_\perp = \left(\frac{n_1 \cos\theta - n_2 \cos\theta_T}{n_1 \cos\theta + n_2 \cos\theta_T}\right)^2 \tag{14.53}$$

となる．角度 θ を持って境界面に入射した場合は，フラックスは境界面の法線ベクトルへの投射になるので，$\cos\theta$ が掛かっている．また，電磁波を通す物質において，透磁率はほぼ変わらない（$\mu_1 = \mu_2$）とすると（これは一般に成り立つ），透過率は，

$$T_{//} = \left(\frac{I_T}{I_I}\right)_{//} = \left(\frac{\frac{1}{2}\sqrt{\frac{\varepsilon_2}{\mu_2}} E_T^2 \cos\theta_T}{\frac{1}{2}\sqrt{\frac{\varepsilon_1}{\mu_1}} E_I^2 \cos\theta}\right)_{//}$$

$$= \left(\sqrt{\frac{\varepsilon_2 \mu_2}{\varepsilon_1 \mu_1}} \frac{\mu_1 \cos \theta_\mathrm{T}}{\mu_2 \cos \theta} \left(\frac{2n_1 \cos \theta}{n_1 \cos \theta_\mathrm{T} + n_2 \cos \theta} \right)^2 \right)_{/\!/}$$

$$= \left(\frac{n_2 \cos \theta_\mathrm{T}}{n_1 \cos \theta} \frac{4n_1^2 \cos^2 \theta}{(n_1 \cos \theta_\mathrm{T} + n_2 \cos \theta)^2} \right)_{/\!/} = \frac{4n_1 n_2 \cos \theta \cos \theta_\mathrm{T}}{(n_1 \cos \theta_\mathrm{T} + n_2 \cos \theta)^2} \quad (14.54)$$

$$T_\perp = \left(\frac{I_\mathrm{T}}{I_\mathrm{I}} \right)_\perp = \left(\frac{\frac{1}{2} \sqrt{\frac{\varepsilon_2}{\mu_2}} E_\mathrm{T}^2 \cos \theta_\mathrm{T}}{\frac{1}{2} \sqrt{\frac{\varepsilon_1}{\mu_1}} E_\mathrm{I}^2 \cos \theta} \right)_\perp = \frac{4n_1 n_2 \cos \theta \cos \theta_\mathrm{T}}{(n_1 \cos \theta + n_2 \cos \theta_\mathrm{T})^2} \quad (14.55)$$

となる．散乱平面に平行，垂直にかかわらず，反射率と透過率の和は常に 1 になるので，エネルギー保存則は常に成り立っている．また光を入射したときの反射率，$R_\perp$ と $R_{/\!/}$ の入射角 θ に関する依存性を見ると，散乱平面に電場が垂直な場合の反射率 $R_\perp$ は単調増加するが，平行な場合の反射率 $R_{/\!/}$ はある角 θ_B において 0 となる．この角のことをブリュース

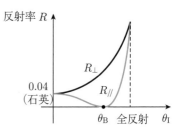

図 14.12　入射角と反射率の関係

ター角と呼ぶ（図 14.12）．光を空気中からガラスなどの屈折率の異なる物質に入射するときに，ブリュースター角で入射すると，反射がゼロとなり，すべて透過することになる．また入射角が 0 度のときはどちらの偏光も反射率 R は同じで，空気（屈折率 ≈ 1）から合成石英（屈折率 1.46）に入れると反射率はおよそ 3.5% となり，表裏のガラスで併せて 7% 程度反射され，残り 93% が透過する．ガラス一枚だけならよいが，後で説明する色分散の影響（色収差）が出ないように，一般的なカメラレンズでは複数枚のレンズを使うため，たとえ 7% の損失としても 10 枚使うと，透過率は $(0.93)^{10} = 0.48$ と半分になってしまう．そこでカメラのレンズには反射防止膜がコーティングされており，1 枚あたりの反射率を 0.5% 以下に抑えている．

　また，偏光方向によって反射率が違うことを利用したものが，スキーやスノーボード等で使うゴーグルである．水面や雪面からの反射光は，垂直成分が多いので，垂直成分をカットする偏光板を入れることで，反射光のみ大幅にカットすることができる．これにより雪面のこぶがはっきり見えるようになる．

　入射側と透過側の二つの物質について，例えば，石英ガラスなどの高屈折率（屈折率 n_h）の物体から空気などの低屈折率（屈折率 $n_\mathrm{l} < n_\mathrm{h}$）の物体に光を入射することを考える．スネルの屈折の法則からわかることであるが，入射角よりも屈折角のほうが大きいことがわかる．そこで入射光を少しずつ大きくしていくと，いずれ

$\sin\theta = \frac{n_1}{n_h}$ となったときに、反射率 $R=1$ と入射光はすべて反射する。これを**全反射**と呼ぶ。これを利用したのが光ファイバであり、このおかげで高速通信が可能となった（図 14.13）。

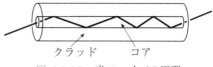

図 14.13 光ファイバの原理

実は物質の屈折率は電磁波の波長に依存する。例えば合成石英の屈折率は図 14.14 に示すように、半導体の露光用光源として使われる ArF のエキシマレーザーの紫外線（193 nm）においては 1.561 であるが、通信用半導体赤外線レーザーの赤外線（1550 nm）においては、1.444 と大きく変わっていることがわかる。これをレンズに使うと、赤色の光（630 nm）と青色の光（480 nm）では、青色の光に対する屈折率が赤色よりも大きいため、図 14.15 のように大きく屈折し、焦点が短くなる。この現象のことを**色分散**という。1 枚

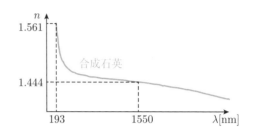

図 14.14 波長と屈折率の関係

［シグマ光機株式会社の Web ページをもとに作成］

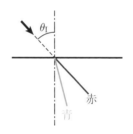

図 14.15 波長と屈折角の関係

のレンズでは、色分散の影響で光の波長によって焦点位置が変わってしまうので、光学カメラのレンズにおいては、前述したように色分散の影響が出ないように複数のレンズを組み合わせている。

また色分散を積極的に利用すると光を分解することができる。色分散を利用して光を分解するのが図 14.16 で示すプリズムであり、自然界においては虹として観察される。

虹は水滴に太陽の光が入射したときに、水も屈折率の波長依存性があるため、屈折角が色によって変わる。屈折された光が一回反射して、出て行く際にも屈折する。ガラスと同様に、水の屈折率も波長が短いほど大きいため、紫色の光（$n=1.344$）は赤色の光（$n=1.331$）よりもよく曲げられ、結果として、入射された太陽光の来た方向に近い角度で出て行く（図 14.17）。虹は太陽光の入射光に対しておよそ 42

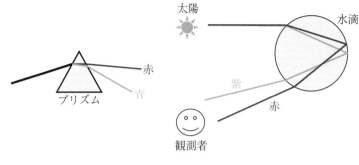

図 14.16　プリズムに入射した光　　図 14.17　虹ができる仕組み

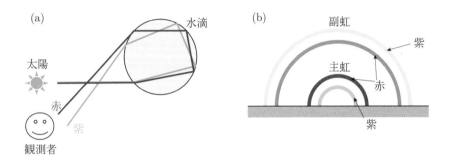

図 14.18　副虹ができる仕組み．(a)　水滴での反射の仕方．
(b)　主虹との関係色の配置．

度の角度のリング上に見え，紫がよく曲げられるためにリングの内側，赤色が一番
外側に見え，その角度の差は 1.8 度となる．しかしながら，地上においてはそのリ
ングはすべて見ることができず円の一部として見ることができるだけである．また
赤色の虹の外側にさらに虹が見えることがある．これは副虹といわれ，よく見える
主虹と区別されているが，違いは水滴の中で二回反射していることだけである．二
回反射しているために，入射光に対して 51 度の角度を持っていて，外側に見える．
また二回反射するために，赤色が太陽に近くなり，副虹は内側が赤色，外側が紫色
となっている（図 14.18）．ちなみに，水と空気のブリュースター角は 36.9 度であ
るため，虹はほぼ直線偏光している．

物理の目　　光ピンセット

2018 年度のノーベル物理学賞の受賞者の一人は光ピンセットの原理を実証した
アーサー アシュキン氏であったが，この光ピンセットも屈折および光子が持つ運動
量をうまく使ったものである．光ピンセットはレーザーを使って細胞などの微小なも
のを固定する方法である．

捕まえるものがレーザー光の波長より大きい場合，例えば水（屈折率 1.33）の
中に図 14.19 のような微小のガラス球（屈折率 1.58，大きさ $2\,\mu\mathrm{m}$ 程度，密度
$1.00\,\mathrm{g\cdot cm^{-3}}$）があり，それにレーザーを入射する．レーザーは境界面で屈折して出
て行く．前章で述べた通り，光は運動量を持つため，レーザー光線は屈折によって光
の軌道が変えられるので，レーザー光線の運動量が変化する．運動量保存の法則によ
り，変化したレーザーの運動量がガラス球に与えられる．ガラス球の右側から入射し
た光は左側に屈折していくため，この場合，ガラス球には右側に力がはたらく．一
方，ガラス球の左側から入射した光はガラス片の右側に屈折して出て行くため，ガラ
ス片を左側に動かす力がはたらく．強度分布として中心が最大で端に行くにしたがい
弱くなるレーザー（このようなレーザーは多い）を用いると，ガラス球がレーザーの
軸に対して左側にずれていた場合は，右側に行く力が大きくなり，逆に右側にずれて
いた場合は左側に行く力が大きくなる．結果として，レーザーの軸と一致する方向に
動くことになる．

レーザーの進行方向に関しては一部が反射および吸収されるため，その反作用で物
体はレーザーの進行方向に力を受ける．一方，先ほどの屈折による力によって，レー
ザーの進行方向とは逆の力も受けている．結果として両者がバランスした，レーザー
の焦点よりも少し下流側に微小球は留まることになるのである．

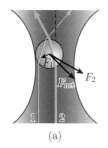 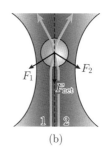

(a)　　　　　　　　　　　　(b)

図 14.19　光ピンセットの原理．(a)　小片が光軸の左側によっている場合．
(b)　釣り合いの位置に来たとき．

演 習 問 題

演習 14.1　図のように屈折率 $\sqrt{3}$ の特殊なプリズムに 60 度の入射角で紙面に平行に直線偏光されたレーザーを空気（屈折率 1）から照射した．レーザー光線はどんな軌跡を描くか，計算式を示しながら図示せよ．

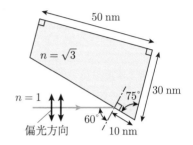

演習 14.2　水（屈折率 1.33）の中に右図のような微小のガラス片（屈折率 1.58，大きさ $2\,\mu$m 程度，密度 $1.00 \times 10^3\,$kg·m^{-3}）があり，レーザーを入射する．レーザーは境界面で屈折し，図のように角 $\theta = 17.5^\circ$（$\sin\theta = 0.30$）で出て行く．この微小片の a の経路を通るレーザーの強度が

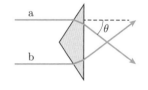

$10\,$mW，b の経路を通るレーザーの強度が $5.0\,$mW とすると，このガラス片にはたらく力を求めよ．ただし入射されたレーザーの反射率は 0 ですべて屈折して透過するとする．

演習 14.3　図のように水槽の下からペンギンを見ると子供には 1 匹しか見えないのに，大人には 2 匹いるように見える．この理由を説明せよ．

演習 14.4　図のようにコアの屈折率が n_1，クラッドの屈折率が n_2 の光ファイバで光を伝送するためには，入射する光に角度の制約がある．これは光ファイバのコア → クラッドの境界面で全反射する条件からの制約である．この入射角の制約を求めよ．また屈折率 $n_1 = \sqrt{2}$，

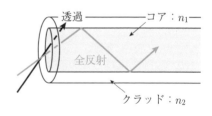

$n_2 = 1.40$ のときの角を求めよ．ただし空気の屈折率を 1 としてよい．またこの光ファイバ中の光の伝搬速度（位相速度）はいくらになるか．

演習問題解答

演習 1.1. クーロンの法則より，$(0,0,0)$ にある電荷 q が $(a,0,0)$ にある電荷 q から受ける力 $\boldsymbol{F}_1$ は

$$\boldsymbol{F}_1 = \frac{1}{4\pi\varepsilon_0}\frac{q\times q}{r^2}\frac{\boldsymbol{r}}{r}$$

$$= \frac{q^2}{4\pi\varepsilon_0}\frac{1}{\left(\sqrt{a^2+0^2+0^2}\right)^2}\frac{(0,0,0)-(a,0,0)}{\sqrt{a^2+0^2+0^2}} = \frac{q^2}{4\pi\varepsilon_0}\frac{(-1,0,0)}{a^2}$$

同様に，$(0,0,0)$ にある電荷 q が $(0,a,0)$ にある電荷 q から受ける
力 $\boldsymbol{F}_2$，$(a,a,0)$ にある電荷 q から受ける力 $\boldsymbol{F}_3$ は

$$\boldsymbol{F}_2 = \frac{q^2}{4\pi\varepsilon_0}\frac{(0,-1,0)}{a^2}, \quad \boldsymbol{F}_3 = \frac{q^2}{4\pi\varepsilon_0}\frac{1}{2a^2}\frac{(-1,-1,0)}{\sqrt{2}}$$

重ね合わせの原理より，原点にある電荷にはたらく力 $\boldsymbol{F}$ は

$$\boldsymbol{F} = \boldsymbol{F}_1 + \boldsymbol{F}_2 + \boldsymbol{F}_3 = \frac{q^2}{4\pi\varepsilon_0 a^2}\left((-1,0,0)+(0,-1,0)+\left(-\frac{1}{2\sqrt{2}},-\frac{1}{2\sqrt{2}},0\right)\right)$$

$$= \frac{q^2}{4\pi\varepsilon_0 a^2}\left(-1-\frac{\sqrt{2}}{4},-1-\frac{\sqrt{2}}{4},0\right)$$

大きさは $|\boldsymbol{F}| = \frac{2\sqrt{2}+1}{2}\frac{q^2}{4\pi\varepsilon_0 a^2}$，方向は $\left(-\frac{\sqrt{2}}{2},-\frac{\sqrt{2}}{2},0\right)$.

演習 1.2. クーロンの法則より，$(0,0,a)$ にある電荷 $-q$ と $(0,0,-a)$ にある電荷 q による $(r,0,0)$ での電場 $\boldsymbol{E}$ は $-q$ による電場 $\boldsymbol{E}_1$ と q による電場 $\boldsymbol{E}_2$ の足し合わせになる．図のように z 軸に垂直な方向成分は相殺されるので，

$$\boldsymbol{E} = \boldsymbol{E}_1 + \boldsymbol{E}_2 = \boldsymbol{E}_{1z} + \boldsymbol{E}_{2z}$$

$$= 2\times\frac{1}{4\pi\varepsilon_0}\frac{q}{r^2+a^2}\frac{a}{\sqrt{r^2+a^2}}(0,0,1) = \frac{q}{2\pi\varepsilon_0}\frac{a}{(r^2+a^2)^{\frac{3}{2}}}(0,0,1)$$

よって，$+z$ 軸方向に大きさ $\frac{q}{2\pi\varepsilon_0}\frac{a}{(r^2+a^2)^{\frac{3}{2}}}$ の電場ができる．

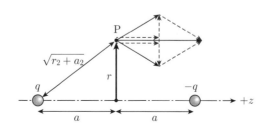

演習 1.3. 円盤 1 枚が作る電場を求める. 円筒座標系 (r, θ, z) で考えると解きやすい. $z = 0$ の $r\theta$ 平面上の原点を中心とする半径 r, 幅 dr のリングを考える. リング上の微小電荷 $dQ = \rho r\, dr d\theta$ が z 軸上の点 $(0, 0, z)$ に作り出す電場 $d\boldsymbol{E}$ と, 原点に関して対称な位置の電荷 dQ' が作り出す電場 $d\boldsymbol{E}'$ を考える. $d\boldsymbol{E}$ と $d\boldsymbol{E}'$ は図 **1.15** に示す通り対称性より z 成分以外は相殺する. それゆえ z 成分のみを考えればよい. クーロンの法則より

$$dE_z = \frac{1}{4\pi\varepsilon_0} \frac{\rho r\, dr d\theta}{r^2 + z^2} \frac{z}{\sqrt{r^2 + z^2}}$$

よって,

$$\begin{aligned}
E_z(z) &= \int_0^a \int_0^{2\pi} \frac{1}{4\pi\varepsilon_0} \frac{\rho r\, dr d\theta}{r^2 + z^2} \frac{z}{\sqrt{r^2 + z^2}} = \int_0^a \frac{1}{4\pi\varepsilon_0} \frac{\rho r z\, dr}{(r^2 + z^2)^{\frac{3}{2}}} \int_0^{2\pi} d\theta \\
&= \int_0^a \frac{2\pi}{4\pi\varepsilon_0} \frac{\rho r z}{(r^2 + z^2)^{\frac{3}{2}}}\, dr \\
&= \int_0^a \frac{1}{2\varepsilon_0} \frac{\rho r z}{(r^2 + z^2)^{\frac{3}{2}}}\, dr = \frac{\rho z}{4\varepsilon_0} \left[\frac{1}{-\frac{1}{2}} X^{-\frac{1}{2}} \right]_{z^2}^{a^2 + z^2} \\
&= -\frac{\rho z}{2\varepsilon_0} \left\{ (a^2 + z^2)^{-\frac{1}{2}} - (z^2)^{-\frac{1}{2}} \right\}
\end{aligned}$$

$-\rho$ の電荷による円盤が作る電場も向きは同じく $+z$ 方向で大きさは同じである. よって,

$$E_z = 2 \times \left(-\frac{\rho a}{2\varepsilon_0} \right) \frac{1 - \sqrt{2}}{\sqrt{2}\, a} = \frac{\rho(2 - \sqrt{2})}{2\varepsilon_0}$$

演習 1.4. 導体平面板を取り除いて, ちょうど正電荷の鏡像の位置に大きさ $-q$ の負電荷を置いてみる. 距離 $2a$ で正負の電荷が置かれているので, その中間地点の平面は電位ゼロの等ポテンシャル面であることがわかる. これは

$$\phi = \frac{q}{4\pi\varepsilon_0 r} + \frac{-q}{4\pi\varepsilon_0 r} = 0$$

が成り立つことからもわかる. 境界面が導体であろうが, 面を取り去って負電荷を置こうが, 電気力線に変わりはないので, 導体を等価な電荷で置き換えて空間の電位と電場を求めても問題なく, この解法を**電気映像法**という.

また, 導体平面全体にはたらく力と電荷にはたらく力は作用反作用の法則で等しいことか

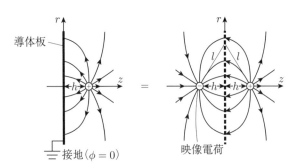

ら，このとき $+q$ の電荷にはたらく力を求めればよい．電荷が受ける力は $-q$ の電荷を $-a$ の場所に置いたときと同じであるので，クーロン力より，

$$F = \frac{1}{4\pi\varepsilon_0}\frac{q\times(-q)}{r^2} = \frac{-1}{4\pi\varepsilon_0}\frac{q^2}{(2a)^2} = \frac{-q^2}{16\pi\varepsilon_0 a^2}$$

方向は電荷に引き寄せられる方向である．

演習 1.5. 平面板は無限に広がっているため，z 軸上の点 $(0,0,z)$ での電場の大きさを考える．点 (x,y) の微小領域 $dxdy$ にある電荷 $\sigma\,dxdy$ が点 $(0,0,z)$ に作る電場 $d\boldsymbol{E}$ は，

$$\begin{aligned}
d\boldsymbol{E} &= k\frac{\rho(\boldsymbol{r}')\,dv}{R^2}\frac{\boldsymbol{R}}{R}\\
&= k\frac{\sigma\,dxdy}{x^2+y^2+z^2}\frac{1}{\sqrt{x^2+y^2+z^2}}\left((0,0,z)-(x,y,0)\right)\\
&= k\frac{\sigma\,dxdy}{(x^2+y^2+z^2)^{\frac{3}{2}}}(-x,-y,z)
\end{aligned}$$

よって，連続的に分布する電荷が作る電場 $\boldsymbol{E}$ は

$$\begin{aligned}
\boldsymbol{E} &= (E_x,E_y,E_z) = \int d\boldsymbol{E} = \int k\frac{\sigma(\boldsymbol{r}')}{R^2}\frac{\boldsymbol{R}}{R}\,dS\\
&= \int_{-\infty}^{\infty}\int_{-\infty}^{\infty}k\frac{\sigma}{(x^2+y^2+z^2)^{\frac{3}{2}}}(-x,-y,z)\,dxdy
\end{aligned}$$

点 (x,y) の微小領域が作る電場と点 $(-x,-y)$ が作る電場を考えてみると，対称性より，x 方向成分および y 方向成分は相殺されるため，電場は z 方向のみとなる．よって，

$$\boldsymbol{E}(0,0,z) = (0,0,E_z),\quad E_z = \int_{-\infty}^{\infty}\int_{-\infty}^{\infty}k\frac{z\sigma}{(x^2+y^2+z^2)^{\frac{3}{2}}}\,dxdy$$

$x = \sqrt{y^2+z^2}\,\tan\theta$ とおくと，$dx = \sqrt{y^2+z^2}\,\frac{1}{\cos^2\theta}\,d\theta$

$$\begin{aligned}
E_z &= \int_{-\infty}^{\infty}\frac{kz\sigma}{y^2+z^2}\int_{-\infty}^{\infty}\frac{1}{(1+\tan^2\theta)^{\frac{3}{2}}}\frac{1}{\cos^2\theta}\,d\theta dy\\
&= kz\sigma\int_{-\infty}^{\infty}\frac{1}{(y^2+z^2)^{\frac{3}{2}}}\int_{-\frac{\pi}{2}}^{\frac{\pi}{2}}\cos\,\theta\,d\theta dy\\
&= kz\sigma\int_{-\infty}^{\infty}\frac{1}{y^2+z^2}2\,dy
\end{aligned}$$

$z\neq 0$ のとき，

$$E_z = \left[2k\sigma z\frac{1}{z}\tan^{-1}\frac{y}{z}\right]_{-\infty}^{\infty} = \begin{cases} 2k\sigma\pi = \dfrac{\sigma}{2\varepsilon_0} & (z>0)\\[2mm] -2k\sigma\pi = -\dfrac{\sigma}{2\varepsilon_0} & (z<0) \end{cases}$$

よって，

$$z > 0 \text{ のとき,} \quad \boldsymbol{E} = \frac{\sigma}{2\varepsilon_0}(0, 0, 1)$$

$$z < 0 \text{ のとき,} \quad \boldsymbol{E} = -\frac{\sigma}{2\varepsilon_0}(0, 0, 1)$$

● 第 2 章

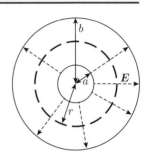

演習 2.1. 直径 20 mm の円筒の中心軸に直径 0.10 mm の線を張ったガイガーミュラー計数管の中心軸の線の半径を a,円筒内半径を b とする.図の点線のように長さ l,半径 r の円筒を閉曲面に取り,内部の線にたまっている電荷を Q として,積分形のガウスの法則を適用すると,

$$\int_{C \pm} \boldsymbol{E} \cdot d\boldsymbol{S} = 2\pi r l E(r) = \frac{Q}{\varepsilon_0} \quad \therefore \quad E(r) = \frac{Q}{2\pi r l \varepsilon_0}$$

両極板の電位差を V とすると,

$$V = \phi(A) - \phi(B) = \int_b^a -E(r)\, dr = \frac{Q}{2\pi l \varepsilon_0} \ln \frac{b}{a} \Leftrightarrow Q = \frac{2\pi l \varepsilon_0 V}{\ln \frac{b}{a}} \ln \frac{b}{a}$$

よって,中心線のすぐ外側の電場の大きさ,すなわち中心軸から距離 a のところの電場の大きさ $E(a)$ は,

$$E(a) = \frac{Q}{2\pi a l \varepsilon_0} = \frac{1}{2\pi a l \varepsilon_0} \frac{2\pi l \varepsilon_0 V}{\ln \frac{b}{a}} = \frac{V}{a} \frac{1}{\ln \frac{b}{a}}$$

となる.$a = \frac{1}{2} \times 0.10\,\text{mm} = 5.0 \times 10^{-5}\,\text{m}$, $b = \frac{1}{2} \times 20\,\text{mm} = 1.0 \times 10^{-2}\,\text{m}$, $V = 1000\,\text{V}$ より,

$$E(a) = \frac{1000}{5.0 \times 10^{-5}} \frac{1}{\ln \frac{1.0 \times 10^{-2}}{5.0 \times 10^{-5}}} = \frac{1000}{5.0 \times 10^{-5}} \frac{1}{5.3} = 3.7 \times 10^6\,\text{V·m}^{-1}$$

演習 2.2. 対称性より,電場は z 方向のみである.また xy 平面に対して対称であるため,図のような閉曲面 C を考えて,積分形のガウスの法則を用いると,

$$\int_{C \pm} \boldsymbol{E} \cdot d\boldsymbol{S} = E \times 2S = \frac{\sigma S}{\varepsilon_0}$$

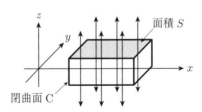

$$z > 0 \text{ のとき，} \quad E = \frac{\sigma}{2\varepsilon_0}(0, 0, 1)$$

$$z < 0 \text{ のとき，} \quad E = -\frac{\sigma}{2\varepsilon_0}(0, 0, 1)$$

演習 2.3. 点電荷からの距離 r における電場の大きさ $E(r)$ は，

$$E(r) = |\boldsymbol{E}(r)| = \frac{Q}{4\pi\varepsilon_0 r^2}$$

よって点電荷からの距離 r における電位 $\phi(r)$ は，r と無限大の間の点電荷 Q からの距離を x とおくと，$E(x) = \frac{\sigma}{2\pi x^2 \varepsilon_0}$ であるため，

$$\phi(r) - \phi(\infty) = \int_\infty^r -E(x)\, dx = \frac{Q}{4\pi\varepsilon_0} \int_\infty^r \frac{1}{x^2}\, dx = \frac{Q}{4\pi\varepsilon_0}\frac{1}{r}$$

よって，図 **(a)** における A 点の電位および B 点の電位は正六角形の一辺の長さを a とおくと，

$$\phi(\mathrm{A} : r = a) = \phi(\mathrm{B} : r = a) = \frac{Q}{4\pi\varepsilon_0}\frac{1}{a}$$

よって，電場は仕事をしない．図 **(b)** における A 点の電位および B 点の電位は

$$\phi(\mathrm{A} : r = 2a) = \frac{Q}{4\pi\varepsilon_0}\frac{1}{2a}, \quad \phi(\mathrm{B} : r = a) = \frac{Q}{4\pi\varepsilon_0}\frac{1}{a}$$

エネルギー保存則より，

$$\frac{1}{2}mv^2 + q\frac{Q}{4\pi\varepsilon_0}\frac{1}{2a} = 0 + q\frac{Q}{4\pi\varepsilon_0}\frac{1}{a}$$

$$v = \sqrt{\frac{qQ}{4\pi m\varepsilon_0}}$$

● 第 3 章

演習 3.1. 問題の同軸円筒電極間に流れる電流を I，電位差を V とする．対称性より，電場は半径方向のみにかかっている．また，電流も半径方向に流れる．半径 r $(a < r < b)$ での電流密度 j は，

$$j = \frac{I}{2\pi rh}$$

また，半径 r での電場の大きさ E は，オームの法則 $j = \sigma E$ より，

$$E = \frac{j}{\sigma} = \frac{I}{2\pi rh\sigma}$$

よって電極間の電位差 V は，

$$V = \int_b^a -E\, dr = \int_a^b E\, dr = \int_a^b \frac{I}{2\pi rh\sigma}\, dr$$

$$= \frac{I}{2\pi h\sigma} \int_a^b \frac{1}{r}\, dr = \frac{I}{2\pi h\sigma} \ln \frac{b}{a}$$

抵抗の定義より,

$$R = \frac{V}{I} = \frac{\frac{I}{2\pi h\sigma} \ln \frac{b}{a}}{I} = \frac{1}{2\pi h\sigma} \ln \frac{b}{a}$$

演習 3.2. 100 W のヒーターに必要なニクロム線の抵抗はジュールの法則より,

$$R = \frac{V^2}{P} = 100\ \Omega$$

抵抗率と抵抗の関係より, 必要な長さ l は,

$$l = S\frac{R}{\rho} = \frac{\pi \times (5.0 \times 10^{-4})^2 \times 100}{1.1 \times 10^{-6}} = 7.1 \times 10^1\ \mathrm{m}$$

【別解】 $I = \int \boldsymbol{j} \cdot d\boldsymbol{S}$, $V = \int \boldsymbol{E} \cdot d\boldsymbol{l}$ なので, オームの法則 $j = \sigma E$ に代入すると,

$$\frac{I}{S} = \sigma \frac{V}{l} = \frac{1}{\rho}\frac{V}{l}$$

となる. 電流 $I = \frac{P}{V} = 1.00\ \mathrm{A}$ なので,

$$l = \frac{SV}{\rho I} = \frac{\pi \times (5.0 \times 10^{-4})^2 \times 100}{1.1 \times 10^{-6} \times 1.00} = 7.1 \times 10^1\ \mathrm{m}$$

演習 3.3. AB 間の抵抗を R とすると, 無限に接続されているため, CD 間の抵抗も R とみなせる. よって, CD 間の抵抗を R に置き換えた以下の回路と等価である. よって AB 間の抵抗 R は,

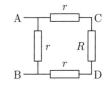

$$\frac{1}{R} = \frac{1}{r} + \frac{1}{2r + R}$$

よって, $R = (\sqrt{3} - 1)r$.

● 第4章

演習 4.1. 電場は球対称である. よって閉曲面 C を半径 r の球とするとガウスの法則より,

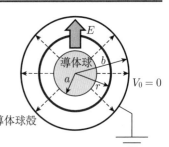

$$\int_{\mathrm{C}\,\pm} \boldsymbol{E} \cdot d\boldsymbol{S} = 4\pi r^2 E(r) = \frac{Q}{\varepsilon_0}$$

$$\therefore\ E(r) = \frac{Q}{4\pi r^2 \varepsilon_0}$$

二つの球面間の電位差 V は,

$$V = \int dV = \int_b^a -E\, dr = \int_b^a \frac{-Q}{4\pi r^2 \varepsilon_0}\, dr \quad (\because\ V_0 = 0)$$

$$= \frac{Q}{4\pi\varepsilon_0}\left[\frac{1}{r}\right]_b^a = \frac{Q}{4\pi\varepsilon_0}\left(\frac{1}{a}-\frac{1}{b}\right)$$

コンデンサーの容量 C は，コンデンサーの容量の定義が $C \equiv \frac{Q}{V}$ であるため，これに代入すると，

$$C = \frac{Q}{V} = \frac{4\pi\varepsilon_0 ab}{b-a}$$

となる．

演習 4.2. 球殻内に電荷が存在しない球殻の内側の電場は 0 である．

球殻の内側に電場が存在するのは，導体球殻の内側表面に正負の電荷が分かれて分布するときだけである．そこでこの正電荷から出て負電荷に至る電気力線を通り，その後導体内側表面付近を通って正電荷に戻る閉曲線 C を考える．この閉曲線 C に，電場に関する渦なしの法則を適用すると，電場の閉曲線 C に沿った線積分はゼロにならないといけない．しかしながら，導体の外の電気力線に沿って積分した電場はゼロではなく，また導体内では電場はゼロであるため，二つの和はゼロにはならない．よって，球殻内側表面に正負の電荷が分かれて存在するとする仮定が誤りである．よって，球殻内部には電場は存在しない．

演習 4.3. それぞれに蓄えられた電荷 Q_1 および Q_2 は，

$$Q_1 = C_1 V_1, \quad Q_2 = C_2 V_2$$

導線でつなぐので，電位 V が同じになり，つないだ後のそれぞれに蓄えられた電荷 Q'_1 および Q'_2 は，電荷の移動量を q とすると

$$Q'_1 = Q_1 - q = C_1 V_1 - q = C_1 V$$
$$Q'_2 = Q_2 + q = C_2 V_2 + q = C_2 V$$

となるので，電圧 V は，

$$V = \frac{C_1 V_1 + C_2 V_2}{C_1 + C_2}$$

となる．また，電荷の移動量 q は

$$q = C_1 V_1 - C_1 V = C_1\left(V_1 - \frac{C_1 V_1 + C_2 V_2}{C_1 + C_2}\right) = C_1 C_2\left(\frac{V_1 - V_2}{C_1 + C_2}\right)$$

● 第 5 章

演習 5.1. ガウスの法則を適用させると

(a) $D = \sigma_\mathrm{t} = \frac{Q}{S}$

(b) $E = \frac{D}{\varepsilon} = \frac{Q}{\varepsilon S}$

(c) 分極電荷密度を σ_p とすると，$E\,dS = \frac{\sigma_\mathrm{t}-\sigma_\mathrm{p}}{\varepsilon_0}\,dS$. よって，

$$\sigma_\mathrm{p} = \sigma_\mathrm{t} - \varepsilon_0 E = \left(1 - \frac{\varepsilon_0}{\varepsilon}\right)\frac{Q}{S}$$

(d) $U = \frac{1}{2}\varepsilon E^2 Sd = \frac{1}{2}\varepsilon\left(\frac{Q}{\varepsilon S}\right)^2 Sd = \frac{1}{2}\frac{dQ^2}{\varepsilon S}$

(e) 陽極で考える．陽極に印加されている電場 E は陰極上にある電荷が作り出す電場であり，これは極板間にかかっている電場の半分であるため，$F = Q \times \frac{1}{2}E = \frac{1}{2}\frac{Q^2}{\varepsilon S}$.

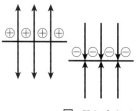

⬇ 足し合わせると

演習 5.2. (1)　極板間の誘電体が挿入されている部分を領域 A，誘電体が挿入されていない領域を領域 B とする．それぞれの電極に電荷 $\pm Q$ が帯電するとき，A の領域に帯電する電荷量を $\pm q_{\mathrm{A}}$ とし，B の領域に帯電する電荷 $\pm q_{\mathrm{B}}$ とする．もちろん $Q = q_{\mathrm{A}} + q_{\mathrm{B}}$ である．今閉曲面 C_{A} および C_{B} を右図のように取り，積分形のガウスの法則を適用させると，

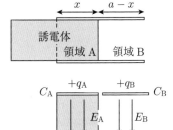

$$E_{\mathrm{A}}ax = \frac{q_{\mathrm{A}}}{\varepsilon_{\mathrm{r}}\varepsilon_0}, \quad E_{\mathrm{B}}a(a-x) = \frac{q_{\mathrm{B}}}{\varepsilon_0}$$

また，導体内は電位が一定であるので，極板間の電位差は A と B の両方の領域とも同じ電位差 V である．距離も同じであるため，電位の傾きである電場の大きさも同じである．よって，

$$E_{\mathrm{A}} = E_{\mathrm{B}} = E = \frac{V}{d}$$

よって，

$$q_{\mathrm{A}} = \varepsilon_{\mathrm{r}}\varepsilon_0 E_{\mathrm{A}}ax = \varepsilon_{\mathrm{r}}\varepsilon_0 ax\frac{V}{d}$$

$$q_{\mathrm{B}} = \varepsilon_0 E_{\mathrm{B}}a(a-x) = \varepsilon_0 a(a-x)\frac{V}{d}$$

ゆえに，

$$Q = q_{\mathrm{A}} + q_{\mathrm{B}} = \varepsilon_{\mathrm{r}}\varepsilon_0 ax\frac{V}{d} + \varepsilon_0 a(a-x)\frac{V}{d} = \{a + (\varepsilon_{\mathrm{r}} - 1)x\}\frac{\varepsilon_0 a}{d}V$$

コンデンサーの電気容量の定義より，

$$C = \{a + (\varepsilon_{\mathrm{r}} - 1)x\}\frac{\varepsilon_0 a}{d}$$

(2)　コンデンサーに蓄えられたエネルギーは

$$U = U_{\mathrm{A}} + U_{\mathrm{B}} = \frac{1}{2}\varepsilon_{\mathrm{r}}\varepsilon_0 E_{\mathrm{A}}^2 axd + \frac{1}{2}\varepsilon_0 E_{\mathrm{B}}^2 a(a-x)d$$

$$= \{a + (\varepsilon_{\mathrm{r}} - 1)x\}\frac{1}{2}\varepsilon_0 a\frac{V^2}{d}$$

(3)　誘電体にはたらく力を F とする．誘電体にはたらく力と釣り合う力（$= -F$）をかけながら誘電体を微小量 Δx だけ動かすと，誘電体（コンデンサー）は仕事 W（$= -F\Delta x$）をされる．一方，電極間の電位差は V のままであるため，$\Delta Q = \{(\varepsilon_{\mathrm{r}} - 1)\Delta x\}\frac{\varepsilon_0 a}{d}V$ だけ電荷は増える．電荷が増えるために電池がした仕事は $\Delta W = \Delta QV$ となる．よって，仕事の原理よりコンデンサーに蓄えられたエネルギーの増分は $\Delta U = -F\Delta x + \Delta QV$ となる．コンデンサーに蓄えられたエネルギー増分 ΔU は

$$\Delta U = \{a + (\varepsilon_{\mathrm{r}} - 1)(x + \Delta x)\}\frac{1}{2}\varepsilon_0 a\frac{V^2}{d} - \{a + (\varepsilon_{\mathrm{r}} - 1)x\}\frac{1}{2}\varepsilon_0 a\frac{V^2}{d}$$

$$= (\varepsilon_{\mathrm{r}} - 1)\Delta x \frac{1}{2}\varepsilon_0 a \frac{V^2}{d}$$

となる．これが，$-F\Delta x + \Delta QV$ と等しくなるので，

$$-F\Delta x = \Delta U - \Delta QV = (\varepsilon_{\mathrm{r}} - 1)\Delta x \frac{1}{2}\varepsilon_0 a \frac{V^2}{d} - (\varepsilon_{\mathrm{r}} - 1)\Lambda x \varepsilon_0 a \frac{V^2}{d}$$

$$= -\frac{1}{2}(\varepsilon_{\mathrm{r}} - 1)\Delta x \varepsilon_0 a \frac{V^2}{d}$$

よって，$F = (\varepsilon_{\mathrm{r}} - 1)\frac{1}{2}\varepsilon_0 a \frac{V^2}{d}$．$\varepsilon_{\mathrm{r}} - 1 > 0$ なので，F は正の力となる．力の方向は x 方向，すなわち，誘電体をコンデンサーに入れる方向にはたらいている．

演習 5.3. 今電荷 q $(0 < q < Q)$ がたまった状態を考える．このときの導体球が作る電場の大きさを求める．対称性より電場は球対称となっているので，球の中心から距離 r 離れた点での電場 E は，ガウスの法則より，

$$\int_{\mathrm{C}\,\mathrm{上}} \boldsymbol{E} \cdot d\boldsymbol{S} = E(r)4\pi r^2 = \frac{q}{\varepsilon_0} \quad \therefore \ E(r) = \frac{q}{4\pi r^2 \varepsilon_0}$$

球に q たまっている状態からさらに dq $(0 < dq \ll Q)$ を運んでくるときの仕事 dW は，

$$dW = \int_{\infty}^{a} -dq E(r)\,dr = \int_{\infty}^{a} -dq \frac{q}{4\pi r^2 \varepsilon_0}\,dr = dq \frac{q}{4\pi \varepsilon_0}\left[\frac{1}{r}\right]_{\infty}^{a}$$

$$= dq \frac{q}{4\pi \varepsilon_0 a}$$

となる．よって，0 から Q まで電荷をためるの必要な仕事 W_1 は，

$$W_1 = \int dW = \int_0^Q \frac{q}{4\pi \varepsilon_0 a}\,dq = \frac{Q^2}{8\pi \varepsilon_0 a}$$

このときの電場 $E(r)$ は，$E(r) = \frac{Q}{4\pi r^2 \varepsilon_0}$ である．球の外部の電場のエネルギーを計算するために，中心からの距離が r と $r + dr$ の間の微小空間（内径 r で厚さ dr の薄い球殻の空間）のエネルギー dW_2 を求める．電場のエネルギー密度 w は真空であるため，$w = \frac{1}{2}\varepsilon_0 E^2$ であるので，微小空間の体積を dV とすると，

$$dW_2 = w\,dV = \frac{1}{2}\varepsilon_0 E^2 \times 4\pi r^2\,dr = \frac{1}{2}\varepsilon_0 \left(\frac{Q}{4\pi r^2 \varepsilon_0}\right)^2 \times 4\pi r^2\,dr = \frac{Q^2}{8\pi \varepsilon_0 r^2}\,dr$$

よって，球外の電場のエネルギー W_2 は，

$$W_2 = \int dW_2 = \int_a^{\infty} \frac{Q^2}{8\pi \varepsilon_0 r^2}\,dr = \frac{Q^2}{8\pi \varepsilon_0}\left[-\frac{1}{r}\right]_a^{\infty} = \frac{Q^2}{8\pi \varepsilon_0 a}$$

ゆえに，$W_1 = W_2$ となり，電荷をためるのにした仕事（エネルギー）は，その結果生成された球外全空間の電場のエネルギーと等しくなる．

【別解】 今電荷 q $(0 < q < Q)$ がたまった状態を考える．このときの導体球表面の電位 V は，

$$V = \frac{q}{4\pi \varepsilon_0 a}$$

となる. よって, この状態から dq を電位 0 の無限遠方から運ぶのに必要な仕事 dW は, $dW = V\,dq$ となる. したがって Q まで導体球にためるのに必要な仕事 W_1 は,

$$W_1 = \int dW = \int_0^Q \frac{q}{4\pi\varepsilon_0 a}\,dq = \frac{Q^2}{8\pi\varepsilon_0 a}$$

後は上記と同じとなる.

● **第 6 章**

演習 6.1. 半径 a の円に内接する正六角形に紙面を上から見たときに時計回り方向に I の電流を流したときに, 正六角形の中心に作る磁束密度 $\boldsymbol{B}$ の向きと大きさを求めるために, まずは六角形の一辺が作り出す磁束密度 $\boldsymbol{B}_1$ を求める.

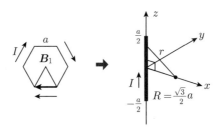

$\boldsymbol{B}_1$ は図の z 軸の $-\frac{a}{2}$ から $\frac{a}{2}$ の直線に電流 I が流れたときの, 直線から距離 $\frac{\sqrt{3}}{2}a$ 離れた地点の磁束密度なので, ビオ–サバールの法則より,

$$d\boldsymbol{B}_1 = \frac{\mu_0}{4\pi}\frac{I\,d\boldsymbol{z}\times\boldsymbol{r}}{r^3} = \frac{\mu_0}{4\pi}\frac{I|d\boldsymbol{z}||\boldsymbol{r}|\sin\theta}{r^3}\widehat{\boldsymbol{y}} = \frac{\mu_0}{4\pi}\frac{I\,dz\,R}{r^3}\widehat{\boldsymbol{y}}$$

$$= \frac{\mu_0}{4\pi}\frac{IR\,dz}{r^3}\widehat{\boldsymbol{y}}\quad(\widehat{\boldsymbol{y}}\text{ は }y\text{ 方向の単位ベクトル})$$

$$\because\quad \sin\theta = \frac{R}{r}\quad\text{ただし}\quad R = \frac{\sqrt{3}}{2}a,\quad r = \sqrt{z^2 + \left(\frac{\sqrt{3}}{2}a\right)^2}$$

よって磁束密度 $\boldsymbol{B}_1$ は $-\frac{a}{2}$ から $\frac{a}{2}$ まで $d\boldsymbol{B}_1$ を重ね合わせればよいので,

$$\boldsymbol{B}_1 = \int d\boldsymbol{B}_1 = \int_{-\frac{a}{2}}^{\frac{a}{2}}\frac{\mu_0}{4\pi}\frac{IR}{r^3}\widehat{\boldsymbol{y}}\,dz = \frac{\mu_0 I}{4\pi}\widehat{\boldsymbol{y}}\int_{-\frac{a}{2}}^{\frac{a}{2}}\frac{R}{r^3}\,dz = \frac{\mu_0 I}{4\pi}\widehat{\boldsymbol{y}}\int_{-\frac{a}{2}}^{\frac{a}{2}}\frac{R}{\left(\sqrt{z^2+R^2}\right)^3}\,dz$$

ここで積分のテクニックとして, $z = R\tan\phi$ とおくと,

置換積分対応表

z	ϕ
$-\frac{a}{2}$	$-\frac{\pi}{6}$
$\frac{a}{2}$	$\frac{\pi}{6}$

$$dz = R(\tan \phi)' \, d\phi = R\frac{1}{(\cos \phi)^2} \, d\phi$$

$$\begin{aligned}
\boldsymbol{B}_1 &= \frac{\mu_0 I}{4\pi}\widehat{\boldsymbol{y}} \int_{-\frac{\pi}{6}}^{\frac{\pi}{6}} \frac{R}{(R\sqrt{1+\tan^2 \phi}\,)^3} R\frac{1}{(\cos \phi)^2} \, d\phi \\
&= \frac{\mu_0 I}{4\pi}\widehat{\boldsymbol{y}} \int_{-\frac{\pi}{6}}^{\frac{\pi}{6}} \frac{R}{\left(R\sqrt{\frac{1}{(\cos \phi)^2}}\,\right)^3} R\frac{1}{(\cos \phi)^2} \, d\phi \\
&= \frac{\mu_0 I}{4\pi}\widehat{\boldsymbol{y}} \int_{-\frac{\pi}{6}}^{\frac{\pi}{6}} \frac{\cos \phi}{R} d\phi = \frac{\mu_0 I}{4\pi}\frac{1}{R}\left\{\sin \frac{\pi}{6} - \sin \left(-\frac{\pi}{6}\right)\right\} \\
&= \frac{\mu_0 I}{4\pi R}\left\{\frac{1}{2} - \left(-\frac{1}{2}\right)\right\}\widehat{\boldsymbol{y}} = \frac{\mu_0 I}{4\pi R}\widehat{\boldsymbol{y}}
\end{aligned}$$

$$\boldsymbol{B} = 6 \times \boldsymbol{B}_1 = \frac{3\mu_0 I}{2\pi R}\widehat{\boldsymbol{y}}$$

各辺が作る磁場の向きはすべて紙面に垂直の奥行方向であるため，正六角形の回路が作る磁場の向きは紙面に垂直の奥行方向．
$a = 1\,\mathrm{m}$, $I = 100\,\mathrm{A}$ なので，値を代入して，

$$|\boldsymbol{B}| = \frac{3\mu_0 I}{2\pi R} = \frac{3 \times 4\pi \times 10^{-7} \times 100}{2\pi \frac{\sqrt{3}}{2}} = 4\sqrt{3} \times 10^{-5} = 6.9 \times 10^{-5}\,\mathrm{T}$$

方向は紙面垂直奥行方向．

演習 6.2. AB 上の点 $\left(\frac{a}{2}, y, 0\right)$ から点 P を見た位置ベクトル $\boldsymbol{r}$ は，

$$\boldsymbol{r} = (0\boldsymbol{i} + 0\boldsymbol{j} + z_0\boldsymbol{k}) - \left(\frac{a}{2}\boldsymbol{i} + y\boldsymbol{j} + 0\boldsymbol{k}\right) = -\frac{a}{2}\boldsymbol{i} - y\boldsymbol{j} + z_0\boldsymbol{k}$$

ビオ–サバールの法則に代入すると，

$$d\boldsymbol{B} = \frac{\mu_0}{4\pi}\frac{I\,dy(\boldsymbol{j} \times \boldsymbol{r})}{r^3} = \frac{\mu_0}{4\pi}\frac{I\,dy}{r^3}\left(-\frac{a}{2}\boldsymbol{j} \times \boldsymbol{i} - y\boldsymbol{j} \times \boldsymbol{j} + z_0\boldsymbol{j} \times \boldsymbol{k}\right)$$

ベクトルの外積の計算では

$$\boldsymbol{P} = \overrightarrow{\mathrm{OP}} = (0, 0, z_0) = 0\boldsymbol{i} + 0\boldsymbol{j} + z_0\boldsymbol{k}$$

$$\boldsymbol{r} = \boldsymbol{P} - \boldsymbol{X}$$

$$\boldsymbol{X} = \overrightarrow{\mathrm{OX}} = \left(\frac{a}{2}, y, 0\right) = \frac{a}{2}\boldsymbol{i} + y\boldsymbol{j} + 0\boldsymbol{k}$$

$$\boldsymbol{i} \times \boldsymbol{j} = \boldsymbol{k}, \quad \boldsymbol{j} \times \boldsymbol{j} = \boldsymbol{0}, \quad \boldsymbol{j} \times \boldsymbol{k} = \boldsymbol{i}$$

よって $\boldsymbol{j} \times \boldsymbol{i} = -(\boldsymbol{i} \times \boldsymbol{j}) = -\boldsymbol{k}, \boldsymbol{j} \times \boldsymbol{j} = 0, \boldsymbol{j} \times \boldsymbol{k} = \boldsymbol{i}$ を代入して

$$d\boldsymbol{B} = \frac{\mu_0}{4\pi} \frac{I \, dy}{r^3} \left(\frac{a}{2} \boldsymbol{k} + z_0 \boldsymbol{i} \right)$$

となる. 線分 AB に流れる電流が作る磁束密度 $\boldsymbol{B}_{\mathrm{AB}}$ は $d\boldsymbol{B}$ を A から B まで積分したものなので,

$$
\begin{aligned}
\boldsymbol{B}_{\mathrm{AB}} &= \int d\boldsymbol{B} = \int_{-\frac{a}{2}}^{\frac{a}{2}} \frac{\mu_0}{4\pi} \frac{I \, dy}{r^3} \left(\frac{a}{2} \boldsymbol{k} + z_0 \boldsymbol{i} \right) \\
&= \frac{\mu_0 I}{4\pi} \left(\frac{a}{2} \boldsymbol{k} + z_0 \boldsymbol{i} \right) \int_{-\frac{a}{2}}^{\frac{a}{2}} \frac{1}{\sqrt{\left(\frac{a}{2}\right)^2 + (-y)^2 + z_0{}^2}^{\,3}} \, dy \\
&= \frac{\mu_0 I}{4\pi} \left(\frac{a}{2} \boldsymbol{k} + z_0 \boldsymbol{i} \right) \int_{-\frac{a}{2}}^{\frac{a}{2}} \frac{1}{\sqrt{y^2 + \left(\frac{a}{2}\right)^2 + z_0{}^2}^{\,3}} \, dy
\end{aligned}
$$

$R = \sqrt{\left(\frac{a}{2}\right)^2 + z_0{}^2}$, $y = R \tan \phi$ とおくと

$$dy = R(\tan \phi)' \, d\phi = R \frac{1}{(\cos \phi)^2} \, d\phi, \quad \cos \phi > 0$$

$$\tan \phi_0 = \frac{\frac{a}{2}}{R}, \quad \sin \phi_0 = \frac{\frac{a}{2}}{\sqrt{\frac{a^2}{2} + z_0{}^2}}$$

置換積分対応表

y	ϕ
$-\frac{a}{2}$	$-\phi_0$
$\frac{a}{2}$	ϕ_0

$$
\begin{aligned}
\boldsymbol{B}_{\mathrm{AB}} &= \frac{\mu_0 I}{4\pi} \left(\frac{a}{2} \boldsymbol{k} + z_0 \boldsymbol{i} \right) \int_{-\frac{a}{2}}^{\frac{a}{2}} \frac{1}{\sqrt{R^2 + y^2}^{\,3}} \, dy \\
&= \frac{\mu_0 I}{4\pi} \left(\frac{a}{2} \boldsymbol{k} + z_0 \boldsymbol{i} \right) \int_{-\phi_0}^{\phi_0} \frac{1}{R^3 \sqrt{\frac{1}{(\cos \phi)^2}}^{\,3}} R \frac{1}{(\cos \phi)^2} \, d\phi \\
&= \frac{\mu_0 I}{4\pi} \left(\frac{a}{2} \boldsymbol{k} + z_0 \boldsymbol{i} \right) \int_{-\phi_0}^{\phi_0} \frac{\cos \phi}{R^2} \, d\phi = \frac{\mu_0 I}{4\pi} \left(\frac{a}{2} \boldsymbol{k} + z_0 \boldsymbol{i} \right) \frac{1}{R^2} \Big[\sin \phi \Big]_{-\phi_0}^{\phi_0} \\
&= \frac{\mu_0 I}{4\pi R^2} \left(\frac{a}{2} \boldsymbol{k} + z_0 \boldsymbol{i} \right) 2 \sin \phi_0 = \frac{\mu_0 I}{4\pi \left(\frac{a^2}{4} + z_0{}^2 \right)} \frac{a}{\sqrt{\frac{a^2}{2} + z_0{}^2}} \left(\frac{a}{2} \boldsymbol{k} + z_0 \boldsymbol{i} \right)
\end{aligned}
$$

同様にして $\boldsymbol{B}_{\mathrm{CD}}, \boldsymbol{B}_{\mathrm{BC}}, \boldsymbol{B}_{\mathrm{DA}}$ は

$$\boldsymbol{B}_{\mathrm{CD}} = \frac{\mu_0 I}{4\pi \left(\frac{a^2}{4} + z_0{}^2\right)} \frac{a}{\sqrt{\frac{a^2}{2} + z_0{}^2}} \left(\frac{a}{2}\boldsymbol{k} - z_0 \boldsymbol{i}\right)$$

$$\boldsymbol{B}_{\mathrm{BC}} = \frac{\mu_0 I}{4\pi \left(\frac{a^2}{4} + z_0{}^2\right)} \frac{a}{\sqrt{\frac{a^2}{2} + z_0{}^2}} \left(\frac{a}{2}\boldsymbol{k} + z_0 \boldsymbol{j}\right)$$

$$\boldsymbol{B}_{\mathrm{DA}} = \frac{\mu_0 I}{4\pi \left(\frac{a^2}{4} + z_0{}^2\right)} \frac{a}{\sqrt{\frac{a^2}{2} + z_0{}^2}} \left(\frac{a}{2}\boldsymbol{k} - z_0 \boldsymbol{j}\right)$$

よって，z 方向以外は対称性より打ち消し合うことがわかる．ゆえに，正方形の辺を流れる電流が作る磁場 $\boldsymbol{B}$ は

$$\boldsymbol{B} = \boldsymbol{B}_{\mathrm{AB}} + \boldsymbol{B}_{\mathrm{BC}} + \boldsymbol{B}_{\mathrm{CD}} + \boldsymbol{B}_{\mathrm{DA}} = \frac{\mu_0 I}{2\pi \left(\frac{a^2}{4} + z_0{}^2\right)} \frac{a^2}{\sqrt{\frac{a^2}{2} + z_0{}^2}} \boldsymbol{k}$$

よって① $-\frac{a}{2}$，　② $-y$，　③ z_0，　④ $\boldsymbol{k}$，　⑤ $\frac{\mu_0}{4\pi} \frac{I\,dy}{r^3} z_0$，　⑥ 0，　⑦ $\frac{\mu_0}{4\pi} \frac{I\,dy}{r^3} \frac{a}{2}$，
⑧ $\frac{\mu_0 I}{4\pi \left(\frac{a^2}{4} + z_0{}^2\right)} \frac{a}{\sqrt{\frac{a^2}{2} + z_0{}^2}} z_0$，　⑨ 0，　⑩ $\frac{\mu_0 I}{4\pi \left(\frac{a^2}{4} + z_0{}^2\right)} \frac{a}{\sqrt{\frac{a^2}{2} + z_0{}^2}} \frac{a}{2}$，　⑪ 0，　⑫ 0，
⑬ $\frac{\mu_0 I}{2\pi \left(\frac{a^2}{4} + z_0{}^2\right)} \frac{a^2}{\sqrt{\frac{a^2}{2} + z_0{}^2}}$

【別解】 ベクトルで計算しなくても，線分 AB が作り出す磁場は点 P と辺 AB を含む平面で考えると，この平面に垂直な向きである．その大きさ dB は，

$$dB = \left| \frac{\mu_0}{4\pi} \frac{I\,d\boldsymbol{y} \times \boldsymbol{r}}{r^3} \right| = \frac{\mu_0}{4\pi} \frac{I\,|d\boldsymbol{y}|\,|\boldsymbol{r}|\sin\theta}{r^3} \phi = \frac{\mu_0}{4\pi} \frac{I\,dy\,R}{r^3}$$
$$= \frac{\mu_0}{4\pi} \frac{IR\,dy}{r^3}$$

$$\therefore\ \sin\theta = \frac{R}{r} \quad \text{ただし} \quad R = \sqrt{z_0{}^2 + \left(\frac{a}{2}\right)^2}, \quad r = \sqrt{y^2 + R^2} = \sqrt{y^2 + z_0{}^2 + \frac{a^2}{4}}$$

よって磁場 B_{AB} は $-\frac{a}{2}$ から $\frac{a}{2}$ まで dB を重ね合わせればよいので，

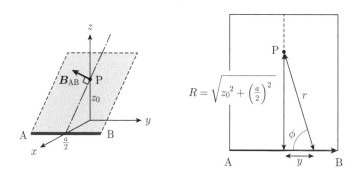

$$B_{\mathrm{AB}} = \int dB = \int_{-\frac{a}{2}}^{\frac{a}{2}} \frac{\mu_0}{4\pi} \frac{IR}{r^3} \, dy = \frac{\mu_0 I}{4\pi} \int_{-\frac{a}{2}}^{\frac{a}{2}} \frac{R}{r^3} \, dy = \frac{\mu_0 I}{4\pi} \int_{-\frac{a}{2}}^{\frac{a}{2}} \frac{R}{(\sqrt{y^2 + R^2})^3} \, dy$$

ここで積分のテクニックとして, $y = R\tan\phi$ とおくと, $dy = R(\tan\phi)' \, d\phi = R\frac{1}{(\cos\phi)^2} \, d\phi$ となる. よって,

置換積分対応表

z	ϕ
$-\frac{a}{2}$	ϕ_1
$\frac{a}{2}$	ϕ_2

$$
\begin{aligned}
B_{\mathrm{AB}} &= \frac{\mu_0 I}{4\pi} \int_{\phi_1}^{\phi_2} \frac{R}{(R\sqrt{1 + \tan^2\phi})^3} R \frac{1}{(\cos\phi)^2} \, d\phi \\
&= \frac{\mu_0 I}{4\pi} \int_{\phi_1}^{\phi_2} \frac{R}{\left(R\sqrt{\frac{1}{(\cos\phi)^2}}\right)^3} R \frac{1}{(\cos\phi)^2} \, d\phi \\
&= \frac{\mu_0 I}{4\pi} \int_{\phi_1}^{\phi_2} \frac{\cos\phi}{R} \, d\phi = \frac{\mu_0 I}{4\pi} \frac{1}{R} (\sin\phi_2 - \sin\phi_1) \\
&= \frac{\mu_0 I}{4\pi R} \left(\frac{\frac{a}{2}}{\sqrt{z_0{}^2 + \frac{a^2}{2}}} - \frac{-\frac{a}{2}}{\sqrt{z_0{}^2 + \frac{a^2}{2}}} \right) = \frac{\mu_0 I}{4\pi R} \frac{a}{\sqrt{z_0{}^2 + \frac{a^2}{2}}}
\end{aligned}
$$

z 方向以外は相殺されるので, B_{AB} の z 方向成分は, 相似より $B_{\mathrm{AB}}\frac{a/2}{R}$ となるので

$$
\begin{aligned}
B &= 4 B_{\mathrm{AB}} \frac{\frac{a}{2}}{R} = \frac{\mu_0 I}{2\pi R} \frac{a}{\sqrt{z_0{}^2 + \frac{a^2}{2}}} \frac{a}{R} = \frac{\mu_0 I a^2}{2\pi R^2 \sqrt{z_0{}^2 + \frac{a^2}{2}}} \\
&= \frac{\mu_0 I a^2}{2\pi \left(z_0{}^2 + \left(\frac{a}{2}\right)^2\right) \sqrt{z_0{}^2 + \frac{a^2}{2}}}
\end{aligned}
$$

となり, 同じ答えとなる. 平面をうまく見つければ, こちらのほうが早いがベクトルを使うと機械的に計算できるため, どちらの手法が良いのかはケースバイケースとなる.

演習 6.3. 半径 r, 幅 dr のリング状領域を流れる電流 dI は

$$dI = \rho r \omega \, dr$$

半径 R の円状電流が円の中心軸上の距離 z の地点に作る磁場は z 軸方向であり, その磁束密度の大きさ dB は,

$$dB = \frac{\mu_0 \, dI}{2} \frac{r^2}{(\sqrt{r^2 + z^2})^3} = \frac{\mu_0}{2} \frac{r^2}{(\sqrt{r^2 + z^2})^3} \rho r \omega \, dr$$

よって，距離 z の地点での磁束密度の大きさ B は

$$B = \int_0^R \frac{\mu_0}{2} \rho\omega \frac{r^3}{(\sqrt{r^2 + z^2})^3} \, dr$$

$r = z\tan\phi$ とおくと，

$$dr = z(\tan\phi)' \, d\phi = z\frac{1}{(\cos\phi)^2} \, d\phi$$

$$B = \mu_0 \rho\omega \int_0^{\tan^{-1}\frac{R}{z}} \frac{z^3 \tan^3\phi}{z^3 \left(\frac{1}{(\cos\phi)^2}\right)^3} z\frac{1}{(\cos\phi)^2} \, d\phi$$

$$= \mu_0 \rho\omega z \int_0^{\tan^{-1}\frac{R}{z}} \sin^3\phi\cos\phi \, d\phi$$

$\sin\phi = X$ とおくと，

置換積分対応表

ϕ	X
0	0
$\tan^{-1}\dfrac{R}{z}$	$X_0 = \sin\left(\tan^{-1}\dfrac{R}{z}\right)$ $= \dfrac{R}{\sqrt{R^2 + z^2}}$

$$dX = \cos\phi \, d\phi$$

$$B = \mu_0 \rho\omega z \int_0^{X_0} X^3 \, dX = \mu_0 \rho\omega z \frac{1}{4}\left(\frac{R}{\sqrt{R^2 + z^2}}\right)^4$$

$$= \frac{\mu_0 \rho\omega z R^4}{4(R^2 + z^2)^2}$$

演習 6.4. 対称性より，電流によって生成される磁場は軸対称，かつ向きは周方向となる．半径 r の円周を閉曲線 Γ として，アンペールの法則より，$0 < r < a$ では

$$\oint_{\Gamma 上} \boldsymbol{B} \cdot dl = 0$$

よって $B = 0$. $a < r < b$ では

$$\oint_{\Gamma 上} \boldsymbol{B} \cdot dl = \mu_0 I$$

$$B = \frac{\mu_0 I}{2\pi r}$$

向きは右手の法則の方向．$b < r$ では，

$$\oint_{\Gamma\pm} \boldsymbol{B} \cdot d\boldsymbol{l} = +I - I = 0$$

よって $B = 0$.

● 第 7 章

演習 7.1.　トムソンパラボラの内部（ローレンツ力がはたらく領域）において，x 方向の速度は加速度を a，滞在時間を t とすると，

$$v_x = a\,t = \frac{q}{m}vB \times \frac{L}{v}$$

トムソンパラボラ出口での xy 座標をそれぞれ x_0, y_0 とすると，外部は力がはたらかないので等速度運動を行う．よって，スクリーンの x 座標 X_0 は

$$X_0 = x_0 + \frac{v_x}{v}l = \frac{1}{2}\frac{q}{m}vB\left(\frac{L}{v}\right)^2 + \frac{q}{m}vB\frac{L}{v}\frac{l}{v} = \frac{q}{m}B\frac{L^2}{v}\left(\frac{1}{2}+\frac{l}{L}\right)$$

同様にして，スクリーンの y 座標 Y_0 は

$$Y_0 = y_0 + \frac{v_y}{v}l = \frac{1}{2}\frac{q}{m}E\left(\frac{L}{v}\right)^2 + \frac{q}{m}E\frac{L}{v}\frac{l}{v} = \frac{q}{m}E\left(\frac{L}{v}\right)^2\left(\frac{1}{2}+\frac{l}{L}\right)$$

$$= \frac{q}{m}EL^2\left(\frac{1}{2}+\frac{l}{L}\right)\frac{1}{v^2}$$

よって，トムソンパラボラに入ってくる速度 v は X_0 を用いて表すと，

$$\frac{1}{v} = X_0\frac{1}{\frac{q}{m}BL^2\left(\frac{1}{2}+\frac{l}{L}\right)}$$

これを Y_0 の式に代入すると，

$$\therefore \quad Y_0 = \frac{q}{m}EL^2\left(\frac{1}{2}+\frac{l}{L}\right)\left(X_0\frac{1}{\frac{q}{m}BL^2\left(\frac{1}{2}+\frac{l}{L}\right)}\right)^2 = \frac{m}{q}\frac{E}{B^2}\frac{1}{L^2\left(\frac{1}{2}+\frac{l}{L}\right)}X_0^2$$

よって，放物線 $Y_0 = \frac{m}{q}\frac{E}{B^2}\frac{1}{L^2\left(\frac{1}{2}+\frac{l}{L}\right)}X_0^2$ を描く．また，係数より，Hg^+, Hg^{2+} では，電荷 (q) の大きい Hg^{2+} のほうが下に来る放物線となる．

演習 7.2.　(1)　ローレンツ力 F_L は，

$$F_L = evB - eE = 0$$

よって $E = vB$．一方，この直方体の幅を w とすると，電流密度の定義 $\boldsymbol{J} = (-e)n\boldsymbol{v}$ より

$$v = \frac{J}{en} = \frac{i}{enwt}$$

よって $V = Ew = \frac{iB}{ent}$.

(2)　(1) で求めた式に代入すると

$$V = \frac{iB}{ent} = \frac{1.00 \times 1.00}{1.602 \times 10^{-19} \times 8.50 \times 10^{28} \times 0.500 \times 10^{-3}} = 1.50 \times 10^{-7}\,\text{V}$$

(3) 磁場が同じであればホール電圧は伝導電子密度 n に反比例する. そのため伝導電子密度が導体よりも小さい半導体を用いたほうがホール電圧が大きくなり, 精度良く計測できるようになる.

演習 7.3. 電荷がしたがう運動方程式は

$$m\frac{d\boldsymbol{v}}{dt} = q(\boldsymbol{E} + \boldsymbol{v} \times \boldsymbol{B})$$

xyz 成分で書き表すと

$$m\frac{dv_x}{dt} = qv_y B, \quad m\frac{dv_y}{dt} = -q(v_x B - E), \quad m\frac{dv_z}{dt} = 0$$

初期条件より, $v_z(0) = 0$, および $z(0) = 0$ なので, z 座標は 0 のままとなり, xy 平面上での運動となる. 一方, $v'_x = v_x - \frac{E}{B}$ とおくと, 上記の微分方程式は

$$\frac{dv'_x}{dt} = \frac{qB}{m}v_y \equiv \omega v_y, \quad \frac{dv_y}{dt} = -\frac{qB}{m}v'_x \equiv -\omega v'_x$$

よって,

$$\frac{d^2 v'_x}{dt^2} = -\omega^2 v'_x$$

この微分方程式の解 ($A\sin\omega t + B\cos\omega t$) を初期条件 $\boldsymbol{v} = \boldsymbol{0}$ で解くと,

$$v'_x = v_x - \frac{E}{B} = -\frac{E}{B}\cos\omega t, \quad v_y = \frac{E}{B}\sin\omega t$$

よって,

$$v_x = \frac{E}{B}(1 - \cos\omega t), \quad v_y = \frac{E}{B}\sin\omega t$$

ゆえに, $t = 0$ で原点である初期条件を用いると,

$$x(t) = \frac{E}{B\omega}(\omega t - \sin\omega t), \quad y(t) = \frac{E}{B\omega}(1 - \cos\omega t)$$

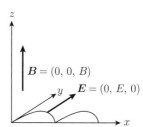

● 第 8 章

演習 8.1. 磁化が $\boldsymbol{M}$ であるため, 磁気モーメント $\boldsymbol{m}_s$ の大きさ $|\boldsymbol{m}_s|$ は,

$$|\boldsymbol{m}_s| = |\boldsymbol{M}V| = M\pi a^2 \delta$$

マクロな環状電流 I を考えると, この磁気モーメントの大きさは $|\boldsymbol{m}_s| = I\pi a^2$ であるため, I は,

$$I = \frac{|\boldsymbol{m}_s|}{\pi a^2}$$

となる. 円盤は薄いため磁束密度はこの環状電流が作り出す磁束密度と同じになる. よって,

$$B = \frac{\mu_0 I}{4\pi a}2\pi = \frac{\mu_0 I}{2a} = \frac{\mu_0}{2a}\frac{|\boldsymbol{m}_s|}{\pi a^2} = \frac{\mu_0}{2a}\frac{M\pi a^2 \delta}{\pi a^2} = \frac{\mu_0 M\delta}{2a}$$

となる.

演習 8.2. (1) 物質中のアンペールの法則は

$$\oint_{\Gamma 上} \boldsymbol{H} \cdot d\boldsymbol{l} = \sum I \quad (\text{ただし } \boldsymbol{B} = \mu \boldsymbol{H})$$

となる. Γ を環状中心から距離 r $(R - \frac{a}{2} \le r \le R + \frac{a}{2})$ の円とすると, 上のアンペールの法則は以下のように書き換えられる.

$$2\pi r \frac{B}{\mu_{\mathrm{r}}\mu_0} = iN$$

よって,

$$B = \frac{\mu_{\mathrm{r}}\mu_0 iN}{2\pi r}$$

(2) 磁束密度をコア断面で面積積分すると, 磁束は求まる. 円環の中心軸を y 軸とすると,

$$\phi = \int B\,dS = \int_0^a \int_{R-\frac{a}{2}}^{R+\frac{a}{2}} \frac{\mu_{\mathrm{r}}\mu_0 iN\,dr dy}{2\pi r} = \frac{\mu_{\mathrm{r}}\mu_0 iNa}{2\pi} \int_{R-\frac{a}{2}}^{R+\frac{a}{2}} \frac{dr}{r} = \frac{\mu_{\mathrm{r}}\mu_0 iNa}{2\pi} \ln \frac{R+\frac{a}{2}}{R-\frac{a}{2}}$$

$R \gg a$ なら $\frac{\mu_0 iNa^2}{2\pi R}$ となる.

演習 8.3. 例題 8.4 と同様にして解くと,

$$H_0 = \frac{\mu_{\mathrm{r}}NI}{l + \mu_{\mathrm{r}}\delta - \delta} = \frac{\mu_{\mathrm{r}}NI}{(l-\delta) + \mu_{\mathrm{r}}\delta}$$

$$B_0 = \mu_0 H_0 = \frac{\mu_0 \mu_{\mathrm{r}}NI}{(l-\delta) + \mu_{\mathrm{r}}\delta} = \frac{\mu NI}{(l-\delta) + \mu_{\mathrm{r}}\delta}$$

よって, 間隔が $5\,\mathrm{mm}$ のとき, 磁場の強さ H_0 と磁束密度 B_0 は,

$$H_0 = \frac{5000 \times 20 \times 10}{(0.15 - 0.0050) + 5000 \times 0.005} = \frac{5000 \times 20 \times 10}{0.15 + 25} = 4.0 \times 10^4 \,\mathrm{A \cdot m^{-1}}$$

$$B_0 = \mu_0 H_0 = 4\pi \times 10^{-7} \times 4.0 \times 10^4 = 5.0 \times 10^{-2} \,\mathrm{T}$$

間隔が $1\,\mathrm{cm}$ のとき, 磁場の強さ H_0 と磁束密度 B_0 は

$$H_0 = \frac{5000 \times 20 \times 10}{(0.15 - 0.010) + 5000 \times 0.010} = \frac{5000 \times 20 \times 10}{0.14 + 50} = 2.0 \times 10^4 \,\mathrm{A \cdot m^{-1}}$$

$$B_0 = \mu_0 H_0 = 4\pi \times 10^{-7} \times 2.0 \times 10^4 = 2.5 \times 10^{-2} \,\mathrm{T}$$

と, 2 倍に間隔を広げると磁束密度は半分になる.

● **第 9 章**

演習 9.1. ミニトマトの大部分は反磁性物質である水でできている. 鉛直に置かれたソレノイドに電流を流して, 磁場が広がっている上端部にミニトマトを置くと, 外部磁場と反対向きの磁気モーメントが発生し, 磁場の強い領域から弱い領域に向かう力がはたらきミニトマトは上向きの力を受ける. これが重力と釣り合うのである. カエルも同様に水を多く含んでいるため, 浮き上がることは可能である.

演習 9.2. アンペールの法則より，ソレノイドコイルの中の磁束密度は

$$B = \mu_r \mu_0 nI = \mu_r \times 4\pi \times 10^{-7} \times 1000 \times 1.00$$
$$= \mu_r \times 4\pi \times 10^{-4}$$

一方，$B = 1.30 \times 10^{-3}$ なので，これより比透磁率 μ_r は，

$$\mu_r = \frac{1.30 \times 10^{-3}}{4\pi \times 10^{-4}} = 1.03 > 1$$

よって 1 よりも大きいが，ほぼ 1 であるため，常磁性体と考えられる．

演習 9.3. 原子 1 個あたりに直接に寄与する電子の数を n とする．今 1 mol のコバルトの体積 V は

$$V = \frac{58.9\,\text{g}}{8.90\,\text{g·cm}^{-3}} = 6.62\,\text{cm}^3 = 6.62 \times 10^{-6}\,\text{m}^3$$

原子 1 個あたりに関与する電子スピンの数が n 個であり，スピン 1 個あたりの磁気モーメントはボーア磁子 $\mu_0 = \frac{eh}{4\pi m} = 9.27 \times 10^{-24}\,\text{J·T}^{-1}$ であるので，1 mol のコバルトの磁気モーメントの総和 $\sum_s m_s$ は，N_A をアボガドロ数とすると，

$$\sum_s m_s = n \times \mu_0 \times N_A$$

磁化の定義より，飽和したときの磁化 M_s は

$$M_s = \frac{1}{V} \sum_s m_s = \frac{n \times \mu_0 \times N_A}{V}$$
$$= \frac{1}{6.62 \times 10^{-6}} \times n \times 9.27 \times 10^{-24} \times 6.02 \times 10^{23}$$

飽和磁束密度 B_s と磁化 M_s の関係は

$$B_s = \mu_0 \left(\frac{1}{\chi} + 1 \right) M_s \approx \mu_0 M_s$$

よって，

$$M_s = \frac{B_s}{\mu_0} = \frac{1.75}{4\pi \times 10^{-7}}$$
$$= \frac{1}{6.62 \times 10^{-6}} \times n \times 9.27 \times 10^{-24} \times 6.02 \times 10^{23}$$
$$\therefore \quad n = \frac{1.75 \times 6.62 \times 10^{-6}}{4\pi \times 10^{-7} \times 9.27 \times 10^{-24} \times 6.02 \times 10^{23}}$$
$$= 1.65$$

よって，1.65 個．

● 第 10 章

演習 10.1.　(1)　図の点線のような積分経路 Γ を取り，アンペールの法則の積分形に代入すると，

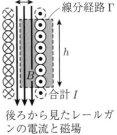

線分経路 Γ

合計 I

後ろから見たレールガンの電流と磁場

$$\oint_{\Gamma 上} \boldsymbol{B} \cdot d\boldsymbol{l} = Bh = \mu_0 I$$

よって

$$B = \frac{\mu_0 I}{h}$$

また，インダクタンスの定義より，インダクタンス $L(x)$ はループをよぎる磁束を電流で割った値であり，B はループ内では一定であるため，

$$L(x) = \frac{\phi}{I} = \frac{BS}{I} = \frac{\mu_0 dx}{h}$$

(2)　$F = \dfrac{I^2}{2} \dfrac{\partial L}{\partial x} = \dfrac{I^2}{2} \dfrac{\mu_0 d}{h} = \dfrac{(400000)^2}{2} \dfrac{4\pi \times 10^{-7} \times 10 \times 10^{-3}}{100 \times 10^{-3}} = 1.0 \times 10^4\ \text{N}$

(3)　速度 v は，

$$v = \sqrt{2\frac{F}{m}x} = \sqrt{2\frac{1.0 \times 10^4}{0.005} 1.0} = 2.0 \times 10^3\ \text{m·s}^{-1}$$

と，ライフル銃から発射される弾の速度がだいたい $1000\ \text{m·s}^{-1}$ なのでその 2 倍ぐらいの速度で投射物を打ち出すことができる．長さを 2 倍にすると，

$$v = \sqrt{2\frac{F}{m}x} = \sqrt{2\frac{1.0 \times 10^4}{0.005} 2.0} = 3.4 \times 10^3\ \text{m·s}^{-1}$$

と速度が $\sqrt{2}$ 倍になる．ある小説でも同様の改良が行われていたが精度が上がるのかは別問題である．

演習 10.2.　コイル平面の法線（コイル平面に垂直な線）と磁場 $\boldsymbol{B}$ のなす角を θ とおくと，$\theta = \omega t + \theta_0$ となるので，コイルを貫く鎖交磁束 Φ' は

$$\Phi' = NBa^2 \cos\theta = NBa^2 \cos(\omega t + \theta_0)$$

よって誘導起電力 V は

$$V = -\frac{d\Phi'}{dt} = NBa^2\omega \sin(\omega t + \theta_0)$$

コイルに流れる電流 I によって力を受ける軸を通る二辺は上下で力が釣り合うが，軸を通らない二辺（N 本あるので）はそれぞれ $F = NIBa$ の大きさの磁場に垂直な力を受け，これがトルクとなる．このトルクの大きさ τ は

$$\tau = 2 \times F \times \frac{a}{2} \sin\theta = NIBa^2 \sin(\omega t + \theta_0) = \frac{V}{R} Ba^2 \sin(\omega t + \theta_0)$$

$$= \frac{N^2 B^2 a^4 \omega}{R} \sin^2(\omega t + \theta_0)$$

これは常にコイルの回転を妨げる向きにはたらくので，コイルを一定の角速度 ω で回転させるためには，この力に対抗して逆向きのトルクをかけ続ける必要がある．ちなみに，回路で消費されるパワー P は結局は仕事率になることもわかる．

$$P = \frac{V^2}{R} = \frac{N^2 B^2 a^4 \omega^2}{R} \sin^2(\omega t + \theta_0) = \tau \times \omega = 2 \times F \times \frac{a}{2} \times \omega$$

演習 10.3. 無限に長い直線導線に電流 I が流れているときに，この導線から距離 R 離れたところの磁束密度 B は，積分形のアンペールの法則を用いると，

$$B = \frac{\mu_0 I}{2\pi R}$$

よって，一辺 a の正方形コイル（導線までの距離は r）を貫く磁束 ϕ は，

$$\phi = \int_0^a \int_r^{r+a} B \, dR dz = a \int_r^{r+a} \frac{\mu_0 I}{2\pi R} \, dR = a \frac{\mu_0 I}{2\pi} \ln \frac{r+a}{r}$$

よって，コイルに発生する起電力 V は，

$$V = -\frac{d\phi}{dt}$$

導線とコイルの距離 r は時間とともに変化していくので，r は時間の関数である．よって，

$$V = -\frac{d\phi}{dt} = -\frac{d}{dt}\left(a\frac{\mu_0 I}{2\pi} \ln \frac{r+a}{r}\right) = -\frac{d}{dr}\left(a\frac{\mu_0 I}{2\pi} \ln \frac{r+a}{r}\right)\frac{dr}{dt}$$

ある時刻 t での距離は，$r + ut$ とおけるので，

$$\frac{dr}{dt} = u$$

よって，$t = 0$ での $V(0)$ は，

$$V(0) = -a\frac{\mu_0 I}{2\pi}u\frac{d}{dr}\left(\ln \frac{r+a}{r}\right) = -a\frac{\mu_0 I}{2\pi}u\left(\frac{1}{r+a} - \frac{1}{r}\right) = a^2\frac{\mu_0 Iu}{2\pi}\frac{1}{r(r+a)}$$

【別解】 アンペールの法則より，

$$B(r) = \frac{\mu_0 I}{2\pi r}, \quad B(r+a) = \frac{\mu_0 I}{2\pi(r+a)}$$

微小時間 Δt での磁束の変化は，増加分と減少分を考慮すると，

$$\Delta\phi = B(r+a)u\Delta ta - B(r)u\Delta ta$$

よって，起電力 V は，

$$V = -\frac{\Delta\phi}{\Delta t} = B(r+a)ua - B(r)ua = ua\left\{\frac{\mu_0 I}{2\pi(r+a)} - \frac{\mu_0 I}{2\pi r}\right\}$$

$$= \frac{\mu_0 Iua}{2\pi}\left(\frac{1}{r+a} - \frac{1}{r}\right) - \frac{\mu_0 Iua^2}{2\pi r(r+a)}$$

と同じになる.

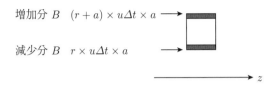

増加分 B $(r+a) \times u\Delta t \times a$

減少分 B $r \times u\Delta t \times a$

z

● 第11章

演習 11.1. キルヒホフの法則より,

$$RI - L\frac{dI}{dt} = 0$$

これは電流 I に関する微分方程式であるので,解くと

$$I = A\exp\left(-\frac{R}{L}t\right)$$

$t = 0$ で $I = \frac{V_0}{R}$ なので,$A = \frac{V_0}{R}$. よって,

$$I = \frac{V_0}{R}\left\{\exp\left(-\frac{R}{L}t\right)\right\}$$

L の値を大きくすると,右図のグラフのように,電流の減衰は緩やかになる.

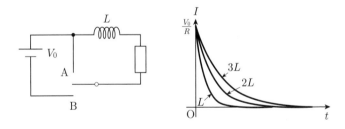

演習 11.2. 距離が離れるにしたがい,コイルを貫く磁束は減少し,誘導起電力が小さくなり,十分なエネルギーが伝達できなくなるため. またコンデンサーの容量は,共振周波数 f が

$$f = \frac{1}{2\pi}\frac{1}{\sqrt{LC}}$$

より,次のようになる.

$$C = \frac{1}{L}\left(\frac{1}{2\pi f}\right)^2 = \frac{1}{1.5 \times 10^{-5}}\frac{1}{(2 \times \pi \times 13.56 \times 10^6)^2}$$

$$= 9.2 \times 10^{-12}\,\text{F} = 9.2\,\text{pF}$$

演習 11.3.　キルヒホフの法則より，

$$-R\frac{dQ}{dt} - \frac{Q}{C} = 0$$

これは電荷 Q に関する微分方程式であるので，解くと

$$Q(t) = A\exp\left(-\frac{t}{RC}\right)$$

時間 $t = 0$ で $Q = Q_0$ より，$A = Q_0$. よって，$Q(t) = Q_0\exp\left(-\frac{t}{RC}\right)$，電流 $I = \frac{dQ}{dt}$ であるので，

$$I(t) = -\frac{Q_0}{RC}\exp\left(-\frac{t}{RC}\right)$$

となる．また抵抗で消費される電力 P は

$$
\begin{aligned}
P &= \int_0^\infty RI^2\,dt = \int_0^\infty R\left\{-\frac{Q_0}{RC}\exp\left(-\frac{t}{RC}\right)\right\}^2 dt \\
&= R\left(\frac{Q_0}{RC}\right)^2 \int_0^\infty \left\{\exp\left(-\frac{t}{RC}\right)\right\}^2 dt \\
&= \frac{Q_0^2}{RC^2}\int_0^\infty \exp\left(-\frac{2t}{RC}\right) dt = \frac{Q_0^2}{RC^2}\left(-\frac{RC}{2}\right)(0-1) = \frac{Q_0^2}{2C}
\end{aligned}
$$

これは $t = 0$ において，コンデンサーに蓄えられていたエネルギーに等しい．

● 第 12 章

演習 12.1.　運動する電荷が空間に作る電磁場は一般に特殊相対論の取り扱いが必要であるが，速度が光速 c よりも十分小さいので，相対論の効果は無視できる．よって，この運動する電荷の時刻 t での位置を $x(t)$ とすると，このとき点 P に作る電場は，$\widehat{\boldsymbol{x}}$ を x 方向の単位ベクトルとすると

$$\boldsymbol{E}(\mathrm{P}) = \frac{1}{4\pi\varepsilon_0}\frac{q}{R-x}\widehat{\boldsymbol{x}}$$

とおける．したがって，電束密度 D は

$$\boldsymbol{D} = \varepsilon_0\boldsymbol{E} = \frac{1}{4\pi}\frac{q}{(R-x)^2}\widehat{\boldsymbol{x}}$$

このとき，P に生じる変位電流密度 $\boldsymbol{J}$ は，

$$\boldsymbol{J} = \frac{\partial\boldsymbol{D}}{\partial t} = \frac{\partial}{\partial t}\left\{\frac{1}{4\pi}\frac{q}{(R-x)^2}\right\}\widehat{\boldsymbol{x}} = \frac{1}{4\pi}\frac{2q}{(R-x)^3}\frac{dx}{dt}\widehat{\boldsymbol{x}} = \frac{1}{2\pi}\frac{q}{(R-x)^3}v\widehat{\boldsymbol{x}}$$

よって，この粒子が原点を通るときの変位電流密度 J は

$$\boldsymbol{J} = \frac{1}{2\pi}\frac{q}{(R-0)^3}v\widehat{\boldsymbol{x}} = \frac{qv}{2\pi R^3}\widehat{\boldsymbol{x}}$$

演習 12.2. 電極間の電位差を求める．キルヒホフの法則より，

$$R\frac{dQ}{dt} + \frac{Q}{C} = 0$$

となる．よって微分方程式は以下のように変形できる．

$$\frac{dQ}{dt} = -\frac{Q}{RC}$$

この微分方程式の解は，

$$Q = Ae^{-\frac{1}{RC}t} \quad （A：積分定数）$$

$t = 0$ で $Q = Q_0$ より，

$$Q = Q_0\,e^{-\frac{1}{RC}t}$$

よって，コンデンサー間の電圧 V は

$$V = \frac{Q}{C} = \frac{Q_0}{C}\,e^{-\frac{1}{RC}t}$$

変位電流密度 $\frac{\partial D}{\partial t}$ は，

$$\frac{\partial D}{\partial t} = \frac{\partial}{\partial t}(\varepsilon_0 E) = \frac{\partial}{\partial t}\left(\frac{\varepsilon_0 V}{d}\right) = \frac{\varepsilon_0}{d}\frac{Q_0}{C}\frac{\partial}{\partial t}\left(e^{-\frac{1}{RC}t}\right) = -\frac{\varepsilon_0}{d}\frac{Q_0}{RC^2}e^{-\frac{1}{RC}t}$$

となる．極板間を流れる変位電流は円盤の表面積を S とすると，変位電流密度は電極間で一定なので，

$$-S\frac{\varepsilon_0}{d}\frac{Q_0}{RC^2}e^{-\frac{1}{RC}t} = -C\frac{Q_0}{RC^2}e^{-\frac{1}{RC}t} = \frac{Q_0}{RC}e^{-\frac{1}{RC}t} \quad \left(\because\ C = \frac{\varepsilon_0 S}{d}\right)$$

となり，回路を流れる電流 $I = \frac{dQ}{dt} = -\frac{Q_0}{RC}e^{-\frac{1}{RC}t}$ と等しくなる．

● 第13章

演習 13.1. (1) 導体軸方向に電圧が加えられているため，導体軸方向に電流が流れる．よって電場は導体軸方向を向いている．一方導体中を流れる電流によって作り出される磁場はアンペールの法則より周方向を向いている．

(2) 導体円柱側面において，電場の向きは軸方向（紙面右手）であり，磁場の向きは周方向（右端面から見た場合，反時計回り方向）であるため，その外積であるポインティングベクトルは径方向中心向きである．

(3)　ポインティングベクトルの大きさ S は

$$S = |E \times H| = \left| \frac{V}{l} \times \frac{I}{2\pi a} \right| = \frac{RI^2}{2\pi al}$$

となる．分母は導線の表面積，分子は単位時間あたり（1 秒あたり）に発生するジュール熱と等しくなる．すなわち外部から供給された電力は導体円柱の側面から流入し，ジュール熱となって導体内で消費されるということになる．

演習 13.2.　TV 局が出している電波の強度 I は

$$I = \frac{1}{2}\sqrt{\frac{\varepsilon_0}{\mu_0}} E_0^2 = \frac{1}{2}\frac{\sqrt{\mu_0 \varepsilon_0}}{\mu_0} E_0^2 = \frac{1}{2}\frac{E^2}{\mu_0 c}$$

$$= \frac{\frac{1}{2} \times (10 \times 10^{-3})^2}{4\pi \times 10^{-7} \times 3.0 \times 10^8} = 1.33 \times 10^{-7}\,\mathrm{A}$$

$$P = \int I\, dS = 1.33 \times 10^{-7} \times 2\pi \times (100 \times 10^3)^2 = 8.4 \times 10^3\,\mathrm{W}$$

オーダーとしては TV 局の電波塔からは 10 kW 程度で電波が出ている．

演習 13.3.　$E_y = g(z - vt)$ を z および t で微分すると，$\frac{\partial E_y}{\partial z} = g'$, $\frac{\partial E_y}{\partial t} = -v\,g'$.
マクスウェル方程式（ファラデーの法則より）$\frac{\partial E_y}{\partial z} = \mu\frac{\partial H_x}{\partial t}$ に代入すると

$$\frac{\partial H_x}{\partial t} = \frac{1}{\mu}\frac{\partial E_y}{\partial z} = \frac{1}{\mu}g' = -\frac{1}{\mu v}\frac{\partial E_y}{\partial t} \quad \therefore\quad H_x = -\frac{1}{\mu v}E_y = -\sqrt{\frac{\varepsilon}{\mu}}\,E_y$$

同様にして，

$$\frac{\partial H_y}{\partial t} = -\frac{1}{\mu}f' = \frac{1}{\mu v}\frac{\partial E_x}{\partial t}$$

よって $H_y = \frac{1}{\mu v}E_x = \sqrt{\frac{\varepsilon}{\mu}}\,E_x$. マクスウェル方程式より z 方向の E も H もゼロである．よって，

$$\boldsymbol{E} \cdot \boldsymbol{H} = E_x H_x + E_y H_y + E_z H_z = -\sqrt{\frac{\varepsilon}{\mu}}\,E_x E_y + \sqrt{\frac{\varepsilon}{\mu}}\,E_x E_y + 0 = 0$$

よって，E と H は直交する．

演習 13.4.　帆の面積を A とする．完全に反射されるので，力は

$$F = 2\frac{IA}{c}$$

これが万有引力と釣り合うので，

$$\frac{GmM}{r^2} = 2\frac{IA}{c}$$

よって，

$$A = \frac{GmMc}{2Ir^2} = \frac{6.67 \times 10^{-11} \times 310 \times 1.99 \times 10^{30} \times 2.99 \times 10^8}{2 \times (1.50 \times 10^{11})^2 \times 1.40 \times 10^3}$$

$$= 1.95 \times 10^5\,\mathrm{m}^2$$

よって，一辺およそ 450 m の巨大な帆を広げる必要がある．

● 第14章

演習 14.1. 屈折率 1 から屈折率 $\sqrt{3}$ の物質に入射する際のブリュースター角を求める. 条件より

$$\left(\frac{n_1 \cos\theta_T - n_2 \cos\theta_B}{n_1 \cos\theta_T + n_2 \cos\theta_B} \right)^2 = 0$$

よって, $n_1 \cos\theta_T - n_2 \cos\theta_B = 0$. また, スネルの屈折の法則より $n_1 \sin\theta_B = n_2 \sin\theta_T$. よって

$$\tan\theta_B = \frac{\sin\theta_B}{\cos\theta_B} = \frac{\frac{n_2}{n_1} \sin\theta_T}{\frac{n_1}{n_2} \cos\theta_T} = \left(\frac{n_2}{n_1} \right)^2 \tan\theta_T$$

一方, $n_1 \cos\theta_T = n_2 \cos\theta_B$ より,

$$(n_1 \cos\theta_T)^2 = (n_2 \cos\theta_B)^2 = n_2^2 (1 - \sin^2\theta_B)$$

$n_1 \sin\theta_B = n_2 \sin\theta_T$ を代入して

$$n_1^2 \cos^2\theta_T = n_2^2 \left\{ 1 - \left(\frac{n_2}{n_1} \right)^2 \sin^2\theta_T \right\}$$

$$\frac{n_1^2}{n_2^2} \cos^2\theta_T = 1 - \left(\frac{n_2}{n_1} \right)^2 \sin^2\theta_T = 1 - \left(\frac{n_2}{n_1} \right)^2 \left(1 - \cos^2\theta_T \right)$$

$$= 1 - \left(\frac{n_2}{n_1} \right)^2 + \left(\frac{n_2}{n_1} \right)^2 \cos^2\theta_T$$

$$\cos^2\theta_T = \frac{1 - \left(\frac{n_2}{n_1} \right)^2}{\frac{n_1^2}{n_2^2} - \frac{n_2^2}{n_1^2}} = \frac{\frac{n_1^2 - n_2^2}{n_1^2}}{\frac{n_1^4 - n_2^4}{n_1^2 n_2^2}} = \frac{n_2^2}{n_1^2 + n_2^2}$$

$$\cos^2\theta_T = \frac{1}{1 + \tan^2\theta_T} = \frac{n_2^2}{n_1^2 + n_2^2}$$

$$\Leftrightarrow 1 + \tan^2\theta_T = \frac{n_1^2 + n_2^2}{n_2^2} = 1 + \frac{n_1^2}{n_2^2}$$

今 $\theta_T < \frac{\pi}{2}$ なので, $\tan\theta_T > 0$, よって, $\tan\theta_T = \frac{n_1}{n_2}$.

$$\therefore \quad \tan\theta_B = \left(\frac{n_2}{n_1} \right)^2 \tan\theta_T = \left(\frac{n_2}{n_1} \right)^2 \frac{n_1}{n_2} = \frac{n_2}{n_1} = \frac{\sqrt{3}}{1}$$

よって $\theta_B = 60°$. そのため, ちょうどブリュースター角でレーザーは入射されていることになる.

屈折の法則より,

$$n_1 \sin\theta_B = n_2 \sin\theta_T$$

よって,

$$\sin\theta_T = \frac{n_1 \sin\theta_B}{n_2} = \frac{1 \times \frac{\sqrt{3}}{2}}{\sqrt{3}} = \frac{1}{2}$$

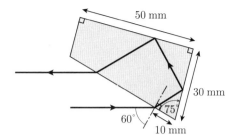

これより，$\theta_T = 30°$．幾何形状より，次の平面への入射角は $90 - (180 - 75 - 60) = 45°$．屈折率 $\sqrt{3}$ から屈折率 1 の物質へ入射された際の全反射角は，

$$\sin \theta = \frac{n_1}{n_2} = \frac{1}{\sqrt{3}} = \frac{\sqrt{3}}{3} < \frac{\sqrt{2}}{2}$$

よって，45 度の入射では，全反射する（全反射角は 35.3 度）．また次の境界面も幾何形状より，入射角は 45 度なので，全反射する．次の境界面の入射角は 30 度であるため，反射せずに，そのまま透過していき，その角は 60 度となる．つまり，レーザー光線はそのまま全量がプリズムから反射されることになる．

演習 14.2. レーザーがガラス片を屈折することにより，レーザー（電磁波）の方向が変わり，このとき，ガラス片には力がはたらく．ニュートンの第二法則により，a のレーザーによって物体に作用する力 $F = \frac{\Delta P}{\Delta t}$ は，
レーザーの進行方向：

$$F = -\frac{\Delta P}{\Delta t} = -\frac{AI}{c}(\cos \theta - 1) = -\frac{10 \times 10^{-3}}{3 \times 10^8}(\sqrt{0.91} - 1) = 1.5 \times 10^{-12}\,\mathrm{N}$$

レーザーの進行方向に対して垂直方向：

$$F = -\frac{\Delta P}{\Delta t} = -\frac{AI}{c}(-\sin \theta - 0) = \frac{10 \times 10^{-3}}{3 \times 10^8} \times 0.3 = 1.0 \times 10^{-11}\,\mathrm{N}$$

同様に，b のレーザーによって物体に作用する力は
　レーザーの進行方向：$F = -\frac{5.0 \times 10^{-3}}{3 \times 10^8}(\sqrt{0.91} - 1) = 7.5 \times 10^{-13}\,\mathrm{N}$
　レーザーの進行方向に対して垂直方向：$F = -\frac{5 \times 10^{-3}}{3 \times 10^8} \times 0.3 = -5.0 \times 10^{-12}\,\mathrm{N}$
よって，a，b 合わせると，
　レーザーの進行方向：$2.2 \times 10^{-12}\,\mathrm{N}$
　レーザーの進行方向に対して垂直上向き：$F = 5.0 \times 10^{-12}\,\mathrm{N}$

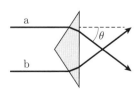

演習 14.3. 背の高さの違いから，大人は直接ペンギンが見えるだけではなく，水面で全反射した光が目に入るが，子供の目には全反射する光は届かないため，大人だけ 2 匹いるように見える．

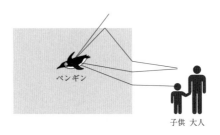

ペンギン

子供 大人

演習 14.5. 臨界角を θ_{m} とおくと，

$$\sin\theta_{\mathrm{m}} = \frac{n_2}{n_1} = \frac{1.45}{1.463} = 0.991$$

$\theta_{\mathrm{m}} = 82.3°$ 以上の角でクラッドに入射される必要がある．よってコアに入射される角は $90 - 82.3 = 7.7°$ 以内であれば，コアとクラッドの境界で全反射する．またこの光ファイバ中の光の伝搬速度（位相速度）v_{p} は，

$$v_{\mathrm{p}} = \frac{c}{n} = \frac{2.998 \times 10^8}{1.463} = 2.049 \times 10^8\,\mathrm{m \cdot s^{-1}}$$

となる．

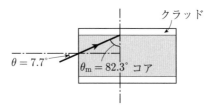

クラッド

$\theta = 7.7°$ $\theta_{\mathrm{m}} = 82.3°$ コア

索　引

著者略歴

山本直嗣
やま もと なお じ

2004年　東京大学大学院工学系研究科
　　　　航空宇宙工学専攻修了
現　在　九州大学大学院総合理工学研究院教授
　　　　博士（工学）

主要著訳書

「水素―将来のエネルギーを目指して―」（共著）
　（養賢堂，2006）

*ライブラリ 新物理学基礎テキスト＝**Q5***
レクチャー 電磁気学
───────────────────────
2023 年 9 月 10 日 ©　　　　　　初 版 発 行

著　者　山本直嗣　　　　発行者　森平敏孝
　　　　　　　　　　　　印刷者　小宮山恒敏
───────────────────────
発行所　　　株式会社　サイエンス社

〒151-0051　東京都渋谷区千駄ヶ谷1丁目3番25号
営 業 ☎(03)5474-8500(代) 振替 00170-7-2387
編 集 ☎(03)5474-8600(代)
FAX ☎(03)5474-8900

印刷・製本　小宮山印刷工業（株）
《検印省略》

サイエンス社のホームページのご案内
https://www.saiensu.co.jp
ご意見・ご要望は
rikei@saiensu.co.jp　まで.

ISBN 978-4-7819-1579-1

PRINTED IN JAPAN